风景园林快速设计与表现

刘志成　主编

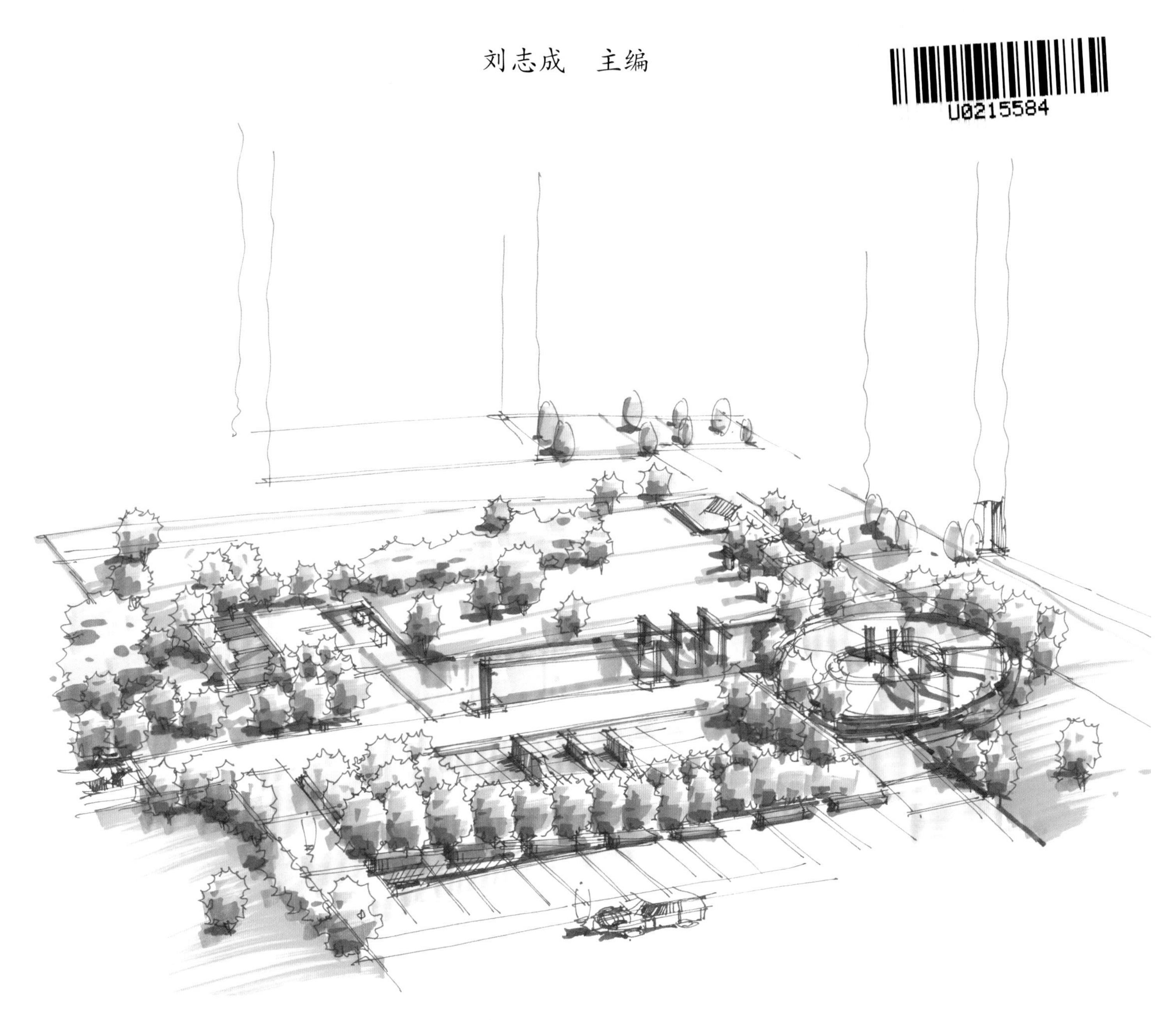

中国林业出版社

图书在版编目（CIP）数据

风景园林快速设计与表现 / 刘志成 主编 . —北京：中国林业出版社，2012.1（2021.12重印）
ISBN 978-7-5038-6345-5

Ⅰ.①风… Ⅱ.①刘… Ⅲ.①园林设计 Ⅳ.① TU986.2

中国版本图书馆 CIP 数据核字（2011）第 201568 号

本书编委会

主　　编：刘志成
编　　委：许晓明　赵　睿　刘卓君　骆　杰　毕翼飞　李子玉　周　鑫　徐思婧
　　　　　毛　茜　安文娴　董　瑜　万乔希　徐　琳　杨　光　尹　庆　张　彦
封面设计：杨　光

说明：许晓明主要参与了全书各章的编写工作，赵睿主要参了第三章的部分工作，刘卓君、杨光、董瑜、毕翼飞主要参与了第二章的部分工作，骆杰、万乔希、徐琳、尹庆和张彦主要参与了第四章和第五章的部分工作，李子玉、安文娴主要参与了第五章的部分工作，周鑫、徐思婧和毛茜也都参与了第二章的部分工作。各位同学都参加了第六章的编写。

中国林业出版社·建筑与家居出版分社
责任编辑：李　顺
出版咨询：（010）83143569

出　　版：中国林业出版社（100009　北京西城区德内大街刘海胡同 7 号）
印　　刷：河北京平诚乾印刷有限公司
发　　行：中国林业出版社
电　　话：（010）83145500
网　　站：http://lycb.forestry.gov.cn/
版　　次：2012 年 1 月第 1 版
印　　次：2021 年 12 月第 7 次
开　　本：885mm × 1194mm　1/12
印　　张：17
字　　数：450 千字
定　　价：88.00 元

前　言

风景园林设计是一项内容广泛而又具体入微的工作，从构思到最终完成是一个非常复杂的系统过程，其可以划分为不同的设计阶段，如：概念设计、方案设计、扩初设计、施工设计等。仅就方案设计阶段而言，其内容也是多层次的，成果通常包括分析图、总平面图、竖向设计图、种植设计图、道路交通设计图、基础设施设计图、表现图等一系列图纸和设计说明书，从不同的角度来表达设计的内容与特征。

“快速设计”是就时间要素而定义的特殊类型，“快”是相对的时间概念，是指需要在较短时间内完成设计，一般在3小时到8小时之间。快速设计被频繁地应用于教学训练或设计考试，在实际工作中，这种高效的设计方式同样经常出现，只是称谓不同。

就设计的目标与特征而言，快速设计与常规设计并没有本质差异，只是舍弃了一些辅助内容，可以理解为一种“精炼版”的方案设计，完成的图纸总量较少，但同样需要明确体现设计的目标、特征，表达并体现场所的功能、形式、空间构成，以及植被、地形、水体、构筑物、道路交通布局等方面的内容。由于需要在短时间内完成，要求设计者具备扎实的专业素质与设计能力。

快速设计并不是“简单的设计”。许多初学者常常认为仅仅将植物、地形、水体、道路广场、构筑物等要素随意地拼凑起来，形成一个“大拼盘”，即可大功告成，这种想法是完全错误的。很多同学在还没有接受基础设计训练之前，就直接进入快速设计训练，并不知道设计方案到底要考虑、解决什么问题，经常感觉无从下手、一片茫然，只能靠背图聊以应付；或者仅仅追求图面效果，对设计的目的和内容不作全面设想，更无从把握。

本书针对快速设计的特点，系统总结了快速设计与表现的内容、过程与方式，梳理、概述了风景园林设计的基础知识，并针对精选的8个快速设计试题，优选部分备考同学的快速设计方案进行展示与评析，希望读者能够深入、具体地理解和把握设计的内容、表现方式、设计深度等问题。

全书分为六章，第一章为绪论，主要介绍快速设计的意义、基本要求、练习思路及方法等内容；第二章为设计基础，概括性地阐释了快速设计必须具备的基础知识；第三章为快速设计表现，系统分析、归纳了快速表现的方法，并提供了详实的范例；第四章为快速设计要点，系统总结了快速设计中必须注意的问题；第五章为快速设计实例分析，主要针对北京林业大学近年考研真题及设计方案实例进行评析，类型多样，内容详实，供读者归纳学习；第六章为快速设计资料集，收集、整理了一些局部节点平面图和快速设计方案供读者参考。本书资料集部分收集并临摹了部分园林图书及网络上的资料，在此深表感谢。

书中所有设计试题均为北京林业大学园林学院近年来的考试真题，所有与这些试题对应的图纸均由在读研究生设计、绘制，并经过认真分类、筛选。它们也许并不“十全十美”，但扎实可靠，平易近人。

编著者

2011年6月

目 录

1 绪　　论

“快速设计”可以对应不同的设计阶段、设计深度或设计内容，如概念阶段的快速设计、方案阶段的快速设计，或植物种植的快速设计、竖向地形的快速设计等。每一种快速设计表达的内容和目的各不相同。本书的重点在于方案阶段的快速设计，最终完成的成果主要包括分析图、总平面图与表现图三类。

1.1　快速设计的意义

快速设计是训练思维能力、提高设计素养的必要手段。在快速设计中，设计人员需要集中精力，归纳、总结出场地的主要矛盾和特性，并在短时间内组织、安排各项内容，提出解决方案，完成设计图纸。快速设计的本质是对设计人员基本素养的训练，对于提高设计人员的思维能力和设计能力大有益处。

快速设计具有广泛的适用性。首先，快速设计是实际工作的需要。实际设计工作中，常常需要在很短的时间内完成设计方案，供业主参考，有时甚至需要现场进行设计；在设计的初始阶段，也需要快速提出多件设计构思并完成一系列设计与表现图，以便于进行多种设计思路的比较和与同事进行交流。

其次，快速设计是检测设计人员设计能力和素质的有效途径。在各院校和设计单位中，快速设计普通用于检测学生和应聘者的专业素质；在职业资格评定时，也常作为考试内容之一。

因此，快速设计是训练设计思维的有效途径，也是一名成熟设计师必备的专业素养。

1.2　快速设计的基本要求

1.2.1　掌握必要的风景园林专业知识

设计者须准确掌握风景园林设计基础知识，并经过一定时间的设计训练，才能进行快速设计。我们必须建立这样一个认知：要完成一个高质量的快速设计方案，必须从“慢速设计”——即从认真而深入、循序渐进的设计训练开始。对于在校学生，快速设计训练必须建立在全面课程设计训练基础之上。课程设计是在一个较长的时间阶段内完成的设计训练，通过老师的引导对某一课题进行深入而全面的学习过程。同学们在反复思考、推敲的过程中理解设计，把握设计的内容、思路、步骤和方法，最终完成设计任务。

每一个设计都有特定的设计目标、设计内容，都有各自要解决的问题。目标的确立与园林绿地的类型密不可分，不同的园林绿地，如公园绿地、街旁绿地、附属绿地、防护绿地等，功能定位不同，建设目标和需要解决的问题也存在差异，需要区别对待。因此设计的第一步应是明确设计项目的用地性质，确立合理的设计目标，提出需要解决的问题，把握问题的实质，寻求解决问题的思路和方法。这就要求我们在平时的学习和训练过程中，理解、掌握优秀案例的设计目标与思路，并能够将这种目标与具体的设计风格、手法相对应。盲目地死记硬背设计方案并不足取，我们需要理解其形式特征、空间构成，乃至于材料选择的目的与意义。作为一个初学者，只有通过一系列训练，掌握不同类型园林绿地的设计思路，理解设计的“要旨”，才有可能在短时间内完成快速设计任务。

除此之外，也要注重培养正确的设计思维，了解和熟悉常规手法和风景园林要素，并积累一些设计技巧。

1.2.2 具备一定的美学基础和良好的快速表现能力

风景园林设计是一门艺术，是创造美的劳动。设计人员要有一定的美学基础，具备一定的造型能力和对空间的塑造能力，平时应有意地、逐步地培养自己的美学修养。

“设计方案图”是将我们的理想或者概念展现出来的一系列图纸，其核心是图示表达。图示是一种语言，它表达了空间的结构、形式的特征和组成要素的存在方式与状态。表现图是表达设计意图的重要工具，优美的表现效果会给人以良好的印象，因而十分重要。

快速设计是以徒手表现为基础的设计过程，表现图效果的好坏自然是成败的关键因素之一。如果没有一定的表现能力，再好的设计构思和方案也无法清晰、准确地呈现。徒手表现有其自身的方法与规律，需要系统地训练方可把握。但必须明确风景园林设计不等于“画画”，我们只是通过这种特定的方式展示设计的内容与特征，最终的目的是使方案得以较全面的表达。

由于快速设计的时间有限，表现强调“快速、有效”。而通常许多同学的表现能力不适合快速设计要求，在表现上消耗过多时间，无形中缩短了设计构思的时间，导致方案设计不理想，十分可惜。因此，平时应总结快速实用的表现方法并反复练习，这一点对于快速设计十分重要。

1.3 快速设计的标准和成果要求

快速设计成果最终反映应试者的综合专业素养，包括设计能力和表现技能两个方面。一般说来，一个优秀的快速设计成果，首先应满足设计的基本要求，包括：

- 符合设计的内容要求与设计深度要求。
- 思路清晰，重点明确，目标定位准确。
- 重视设计与场地特征的融合。
- 功能布局与空间结构合理。
- 形式塑造恰当。
- 与周围环境相呼应。
- 方案表现准确清晰。
- 符合设计规范的基本要求。

就快速设计的特点而言，在以上的基本要求中，需要特别强调的是：

- 目标明确：必须在短时间内清晰、准确理解设计要求，把握重点内容。
- 方案完整：使设计方案形成一个完整的功能、形式、空间的系统，避免随意的方案拼凑。
- 手绘表现效果突出：良好的手绘效果是设计方案质量的重要保证。

1.4 快速设计的误区及注意事项

1.4.1 忽视审题，抓题就画

快速设计都有时间限制，很多应试者担心时间不够，拿到题后随便浏览一下，就匆忙开始作图，由此导致跑题、偏题或者遗漏考点等原则性错误。因此，拿到题目后应该认真读题和审题，明确设计的内容与要点，并对整个快速设计的过程步骤有大体安排，做到心中有数。

1.4.2 定性不准，偏离方向

在准备快速设计考试时，很多同学容易忽略对用地性质的理解与把握，对项目的用地性质定位不准，如明明是绿地，反而做成广场，只关注硬质场地的形态和构成，忽视植物等软质景观，忽视绿色环境的营造，忽视空间系统的塑造。

1.4.3 只重表现，不重设计

快速设计是对应试者设计思维和设计素养的考察，而不只是对表现技法的检测。表现手法只是设计思维的反映，不是快速设计考察的核心。许多应试者只注重表现技法的训练，忽视设计素养的培养、提高，实在是舍本逐末。

1.4.4 缺乏全局意识，因小失大

在实际应试中，有许多同学或陷入某一局部的细部设计中，或拘泥于图面表现，从而导致在某个细部浪费过多时间，而失去对整个设计的总体把握，最终无法全面完成整个设计任务。因此，在快速设计过程中应该时刻保持清醒的头脑，按部就班，分清主次。快速设计不同于课程设计，不必面面俱到，其重点在于方案的构思，要抓住设计的主要矛盾。因此，在满足功能要求的前提下，要理顺布局与结构，在设计深度上有主有次，对重要节点深入推敲，非重点部分不必强求完美。在有限的时间内，设计者要把主要的精力集中于设计的主要方面，切忌陷入繁多的细部考虑。

1.4.5 生搬硬套，堆砌模板

盲目的准备方案模式、套路，胡乱的堆砌是快速设计中的常见问题。有些同学用简单的套用方案的方式完成快速设计，导致设计方案无法与设计要求和场地环境特征相切合。准备一定的模式并没有错，这也是学习、归纳和总结的过程。然而，过分拘泥于此，会造成设计思维的狭隘，无法很好地应对复杂多变的设计任务和现状问题。加上设计时间有限，很多同学不分析现状，不顾及整体布局，胡拼乱凑之前死记硬背的模板、模式或局部节点，往往造成方案呆板，整体性差等问题。每一个方案都是针对具体的现实情况和要求，精心设计而来，并不一定适合其他情况，方案设计时要具体情况具体分析。囫囵吞枣地背方案、胡拼乱凑的拼方案，必然导致方案设计质量低下。

1.4.6 缺乏时间计划，缺图赶图

合理安排快速设计中各个步骤的时间非常重要，切忌缺图。不少同学由于准备快速设计经验不足，没有时间计划，时间往往不够用，匆匆赶图而导致图面质量下降，十分可惜。在平时练习时，应注意总结出适合自己的快速设计步骤和时间分配模式。

1.5 快速设计准备与练习的基本思路

快速设计的准备过程是艰辛的，需要长期的专业知识的积累和积极有效的思路与方法。一般包含以下三个基本过程：重在平时，精于熟练，成于速度。

1.5.1 重在平时

平时的积累，是做好快速设计的基础。“巧妇难为无米之炊”，没有平时的积累，快速设计时肯定无从下手，一片茫然。平日应掌握扎实的理论基础、培养正确的设计思维、学会分析优秀的成功案例、掌握各种风景园林要素的设计要点，有一定的课程设计练习。在此基础上，总结一些常用的设计手法和表现手法，并积累一些常用的基本模型和模式。

在风景园林规划与设计的学习过程中，需要经历从临摹、记忆、模仿到创作的过程。在这一过程中，对于成功案例的学习是十分重要的一步。这些案例通常具有一定的代表性、典型性和实践意义，并能集中体现设计的精髓。对于这些案例进行准确而透彻的分析，是提高设计水平的一个有效途径，也是理解设计的一个重要阶段。这一过程应建立在掌握基本设计理论的基础之上。扎实的理论是实践的基础，而实践是进一步深入理解理论的过程。在这个过程中，可以针

对快速设计进行一些归纳总结，如不同绿地类型设计要点，不同场地的处理方式等。归纳和总结，是在量变基础上的质变，对设计素养提高和快速设计意义重大。

1.5.2 精于熟练

熟能生巧，熟练是完成高质量设计的基础，对于短时间的快速设计尤其是如此。许多同学由于不够熟练，不能较好地完成快速设计。熟练的基础除一定数量的训练外，还需要认真、系统的总结。对于总结的模式、模型和技巧，要尝试应用到不同要求的题目中，尝试各种变化的可能，反复练习，直到烂熟于心、随手拈来、应用自如才行。这些不仅需要记忆，更需要深入的理解和灵活的应用。

1.5.3 成于速度

速度是完成高质量方案的保证，缺图对于快速设计评分影响较大。因此，在快速设计准备过程中，应试者一定要做相应的速度练习。速度的提高，来自正确的快速设计方法和步骤，也来自于平时的积累和总结，更在于反复的练习，同时也得益于一个良好的应试状态和清醒的头脑。

2 设计基础

风景园林设计是一项复杂的工作，范围广泛而多样，涉及多个方面与层次，比如：功能布局、空间布局、形式布局、道路交通规划、景观结构、生态格局、文化内涵与其具体的体现或展示方式、植被规划、水景组织、地形处理、设施选择与布置等。本章仅就其主要内容和常规思路做一个概述性的梳理，以期能够帮助希望提高快速设计水平与能力的读者们理清脉络，快速准确地把握设计的思路与要领。内容包括现状分析、构思与布局、园林绿地类型、各主要园林要素设计等4个方面。其中，各方面又有其多样而复杂的内容，并且不同的项目需要分析与阐述的内容也不尽相同，需要平时认真思考和训练，理解和把握各方面内容在实际设计过程中的思路与方法。

2.1　现状分析

现状分析是把握现状特点、理解场地内在结构的过程。

在设计的起始阶段，我们需要快速地把握场地的特征和周边环境对其的影响，以图示化的符号语言加以表达，并分析场地内部各要素，理出头绪，为下一步的构思与布局做铺垫。作为构思草图，此时所画的现状分析图是“自说自话”式的，是设计者的一种自我交流，图面可以较潦草，但对于每个条件都应做到具体、确定的分析。其最重要的作用是帮助我们将现状条件、特征和我们对于场地的理解“图示化”地反映出来，直观地体现在图面上。未来的方案是一种图示化的表达，它从现状条件、构思布局的图示演化而来，因此，这一过程是不可或缺的步骤，可以为设计构思打下良好的基础。

事实上，每一块场地都有其自身的特征，即在设计之前已经具备的特征，是其区别于其他场地的独特属性，甚至可以认为已经具备了某些“性格”，需要我们去寻求、掌握，为未来方案的个性寻求立足点。有些特征不符合，或不完全符合未来设计方案的需求，需要在此基础上对其进行改造，或加以完善。场地特征的形成不仅依赖于其内部现有的各种元素及其组合方式，还受到包括周边环境对其的限制和影响，需要认真理解把握、扬长避短，设计出符合场地特征的理想方案。

2.2　构思与布局

风景园林设计的构思与布局是通过系统分析场地的现状特征，明确场地的用地性质、规模、功能等具体要求，提出方案发展的目标与方向的过程。其核心工作是进行组织与策划，最终确定设计方案的具体内容与布置方式。这一过程中的思维活动主要包括：

（1）梳理已知条件，掌握场地特征；

（2）明确设计目标，把握设计方向；

（3）确定功能内容，合理组织布置；

（4）明确场所氛围，塑造空间系统；

（5）提出景观发展的设想，确定总体的景观特征与结构；

（6）把握实际内容，完成形式构成等内容。

2.2.1 构思与目标定位

对于一个设计的入手方式，不同的人会选择不同的方式。设计构思阶段可以选择的切入点往往是多种多样的，思考的范围也是多层次的。比如，可以从用地性质与目标定位；功能要求与展开方式；立地条件与植物种植等方面进行选择……可以说，解决设计问题的方法与途径多种多样，我们要从中找出需要解决的主要问题，明确设计的发展方向，准确定位、确立目标。其具体方式与途径并没有一个固定的、死板的套路，它考验的是设计者的长期知识积累、专业素养、想象力与灵感等。

在快速设计题目中，一般来说试题已明确提出场地应满足的功能，我们需要完成的是：提出具体的设计目标和方案发展方向，即提出目标思维，在现有地块上创造性地解决矛盾和满足需求。这一阶段主要包括：

首先，明确用地性质。用地性质是决定设计方案的目标、发展方向和特色的基础因素。

其次，设计者需要根据场地特征、功能要求、地域文化等方面内容，对现有地块提出创造性设想。

一般来说，一个好的方案应综合考虑生态、功能、审美三方面的要求，三者相互作用，构成一个整体。

生态是展开设计的基础，任何设计都必须考虑场地与环境之间联系，如何与自然相互作用、相互协调，对环境的影响最小等。建设具有良好生态环境的户外场所是本行业毋庸置疑、无可取代，也无法回避的责任与义务，每一个方案都必须考虑该项目的建设对生态环境的影响与作用，并将其作为方案进一步发展（满足功能与审美需求）的基础，场地内的一切活动安排都有利于，或者起码不破坏区域的生态环境。有时，生态主题会成为方案发展的核心和重点，成为设计中最重要的方向，如对于以污染、废弃地块的改造利用为题的地块，则需要将生态修复作为首选的设计目标。

功能是设计展开的前提，每一个项目都包含具体的功能需求，没有使用价值的场所是不存在的。在构思阶段需要明确项目的主要功能作用，并确定其发展规模、展开方式、环境特征等方面的内容。每一项功能内容都具有一些常规性解决方式与途径，需要通过平时的训练加以理解和掌握。同时，每一个项目，每一块场地都具有自己的个性，相同的功能内容在具体的某个项目中，又具有个性化展开和发展的可能。如果我们能够把握其个性化特征，并找到一条合理的，乃至于完美的发展、组织途径，无疑是最终完成一个理想的方案的重要基础。对于有特定使用功能的场地，需要考虑相应的设施、人性化的尺度、便捷的交通等具体内容。

审美建立在理想的生态环境和完善的使用功能基础之上，是一个更为“高级”的内容，也是必须要考虑的因素。这是一个非常复杂的话题，在此只能简单概述。虽然当今的设计并非总是将审美作为第一要务，而且，对于完美花园或公园的评价标准也与过去有很大差异，但审美需求终究是一个无法回避的话题。只要有人的存在，就必将产生审美需求。作为设计师，我们需要满足使用者对于环境的审美需求，而非我们自己的需求。这种具体的审美需求与地域特征、场地个性、环境特征密切相关。对于环境审美而言，视觉因素占有很大比重，大部分美好的愿望与设想终将通过具体的实体形式体现和表达。所以，在众多的审美因素当中，方案的形式风格是一个十分重要的方面，是方案的总体特征与定位的集中体现，更多的与观念相对应，与理念、概念相协调。因此，方案的形式风格适应场地个性、适应环境特征、适应使用人群的特征与需求，就成为建设“美好”环境的坚实基础。形式趣味，或者称为局部特征，即具体的形式操作手段或手法，是形成优美环境的另一个重要环节。通过完美的比例、恰当的尺度、舒适的材质、多样的肌理等具体的处理手法，形成理想的艺术效果，以创造生动的表现形式，引起人的精神共鸣。形式趣味的形成依赖于具体的局部处理方式，孕育于统一与变化的矛盾冲突之中。对于这种趣味变化的把握依赖于平时的训练与积累，系统性学习和对形式构成等相关理论与方法的理解是掌握这些手法的基础。选择恰当的要素体现设计目的同样十分重要，每一种要素都有其自身的特点，丰富的地形、开阔的水体、葱郁的植物、典雅的建筑、曲折的小桥、错落的山石、绚丽的灯光……每一种元素都可以给带来美的享受。作为设计师不仅要知道它们是美的，更需要把握它们之间的异同，以便于恰当准确的加以利用。

上述三个方面是设计过程中需要考虑的最基本内容，它们不是孤立存在的，而是相互融合，并且相互转化的。良好的生态环境通常具有优美的景致，同时也是一项重要的功能；完善的功能设施也可以给人带来审美体验；而审美本身未尝不是一项重要的功能。我们应该以上面三方面为出发点，展开设计、权衡利弊、强化目标，进一步明确设计发展的主要方向。对于不同的项目，上述三个方面的侧重点可能不同，因场地而异、因具体要求而异，也可能因人而异。

经过以上的思考，我们形成了一些粗略的方向性思路，明确了设计的目标，但其包含范围仍比较宽泛，有待进行进一步深入、细化。下一步首先需要完成的工作就是布局——将上述设想逐一分类、分层次、有序地安排到场地当中。

2.2.2 布局

布局是界定总体关系和结构的过程，包括确定不同类型的功能组团之间的位置及相互关系、不同类型的空间组团之间的位置及相互关系、不同类型的交通系统之间的位置及相互关系，以及功能、形式、交通、景观等要素之间的协调与关联。这些内容需要在平时的训练过程中认真细致地推敲，提出完整的设想，并通过具体设计方案加以落实、体现。

在快速设计题目中，布局是设计者在现状分析和方案构思的基础上，系统安排、组织各方面具体内容的思维活动。其中各要素之间又相互交叉，需要我们将设计思维同步展开，并统一全面地对待它们，决不能把它们独立分开看待。

对于某一个具体方案而言，这些内容并非同等重要。尤其是对于快速设计，不一定需要面面俱到，我们在完成过程中必须强调重点。就布局而言，功能布局、空间构成、形式组织和景观结构是设计或规划的基本内容，必须得到良好的体现，其他方面则视具体情况而定，有时需要得到突出和强调。

下面我们从功能布局、空间构成、景观结构以及形式组织四个方面来说明：

（1）功能布局

在综合考虑用地特征和功能特征之后，我们还需要进一步将选定的功能内容安排到具体的区域位置之上。当场地与环境没有特别的倾向时，我们通常选择从功能布局入手。功能常常是设计任务书中提出的明确要求，必须得到保障，应成为设计展开的基础和立足点。尤其在快速设计中，在短时间内从功能布局入手往往最容易把握。

一个公园往往具有多样的功能，才可以开展多种活动。这些活动多样复杂，需要统一组织、安排，使它们不至于相互干扰，并便于使用和管理。一个具体的场所，或用于康体健身、或用于儿童嬉戏、或满足安静休息需求，或展示某类物品、纪念某个人物和事件……总之，目标是明确、清晰的，我们需要做的就是如何把各种不同的使用需求分类，并使各种类型的活动对应于各种具体的位置，将它们合理地安排在给定的场地之中。常规的做法是将相同类型的活动安排在一个相对集中的区域内，将公园用地划分为不同的功能区。这一过程称为功能分区，最终形成一张“功能分区图”。

根据公园的内容特点与需要，可以有不同的分区方式。可以按活动内容进行功能分区，如：文化活动区、娱乐活动区、康体活动区、公园管理区等；还可以按照不同的服务对象进行分区，如分为：儿童活动区、青少年活动区、中老年人活动区等。功能分区的主要内容包括三个方面：活动设施的安排、区域规模与范围的确定以及交通组织。恰当的设施选择、合理的区域划分和便捷的交通组织是评价功能布局的基本标准。不同的绿地类型，分区也不尽相同。

下面是某小型庭院设计过程（方案）。如图，是由图书馆、会议室、管理中心等建筑围合的公共场地。根据人们的需要和场地条件进行划分，并赋予不同职能，以图示化的方

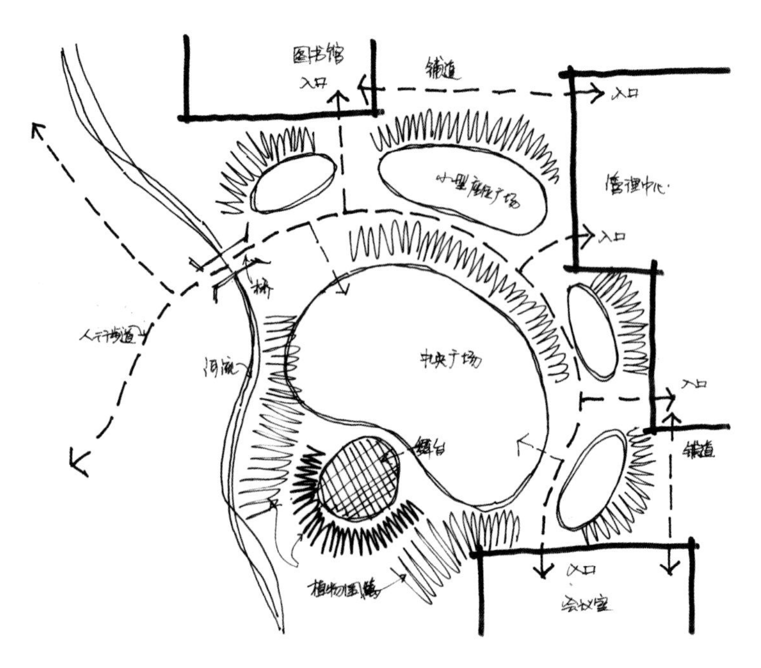

图 2-1　某庭院设计之功能分区图

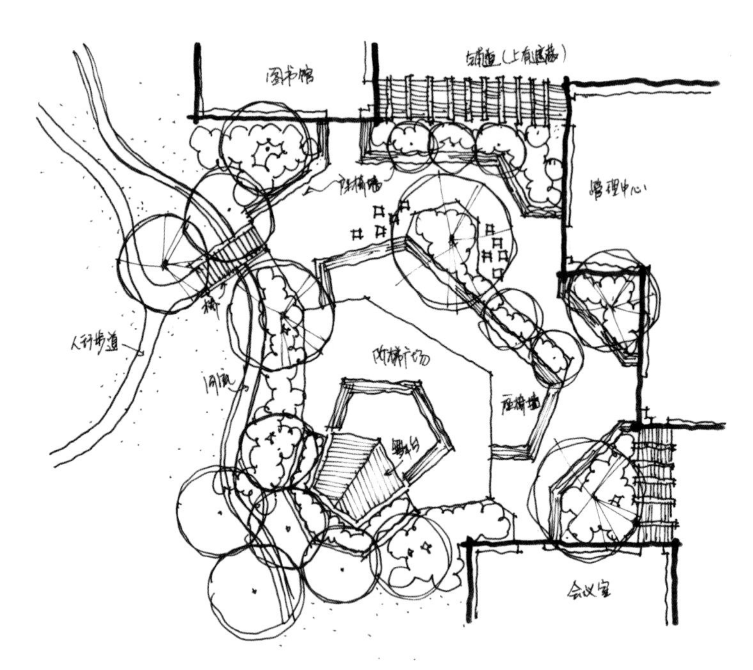

图 2-2　某庭院设计方案

式表达功能布局，为设计中的各种构想提出最基本的依据与框架，成为进一步深化设计的基础。

该方案的设计以功能分区图为依据逐步展开。在完成功能分区后，进一步明确不同功能场所的空间范围，确定绿地、场地、交通等内容的形式特征。然后，依照人们喜好及生活需求在场地内选择、布置功能设施和景观构成元素（如植物、构筑物、台地、花架、花坛等）。即该方案以功能为出发点进行规划，将一些美学原理运用到空间规划组织的过程中，最终整合出一片功能与景观兼顾的户外空间。

（2）空间构成

空间是可以被感知的，与人的活动和感受密不可分。[1] 设计者需要将场地布置成多个不同的空间单元以满足不同的功能要求，让使用者易于把握，为其活动的展开提供便捷场所，并组织这些空间单元使之井然有序。因此空间构成常常对公园的功能价值具有决定性影响，成为公园设计前期必然要考虑和谋划的重要内容。

任何一个多样变化的场所都可分解为不同的空间单元，这些单元的相互关系建立了一个系统，整个空间系统应有恰当的逻辑秩序。快速设计是在短时间内表达个人设计构想的手段，空间塑造作为设计的基础，在概念性规划阶段就必须加以考虑。我们进行设计时应当根据设计场地大小、设计要求深度的不同，从空间单元的塑造和空间系统的组织两个方面塑造场所的特征。

● 空间单元

空间单元是空间组合的基本单位，每一个空间单元由界面围合、限定而成，界面是围合空间单元的基本要素。对于空间单元的认知与处理包括：空间界面，空间形态，空间尺度与开合等方面的内容。

a. 空间界面

在空间的塑造过程中，我们实际上是在对空间界面进行各种处理与操作，而最终我们关注的是被围起的虚空的部分——空间。起围合作用的界面只是我们创造空间的手段和工具，我们通过塑造界面来塑造我们需要的空间。界面的虚实、形式、尺度、色彩等属性影响着空间的属性。按界面所处的位置，可以把界面分为 3 种：①顶界面；②侧界面；③底界面（如图 2-3）。

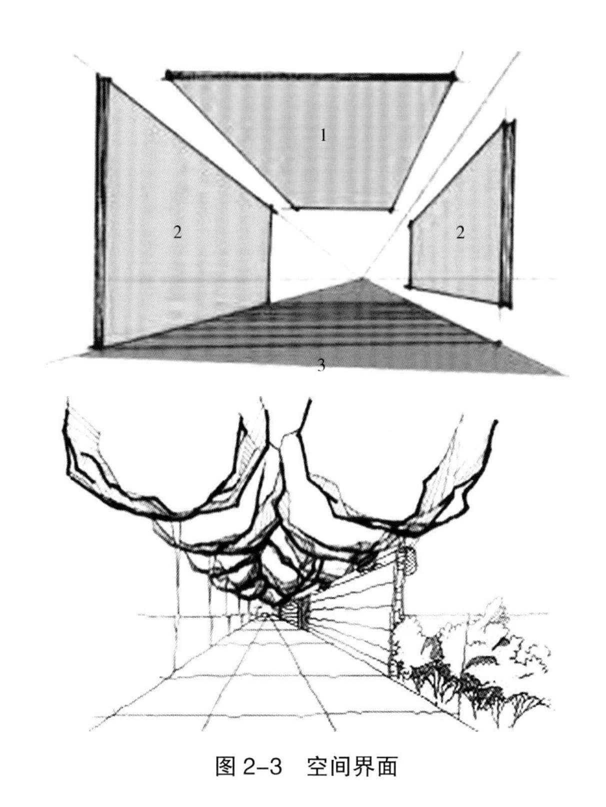

图 2-3　空间界面

c. 空间尺度及开合

就空间单元而言，空间尺度及空间开合是非常重要的两个方面。空间尺度指空间单元三维量度上的大小。空间开合即空间单元的围合程度。两者具有很强的相关性，故一起讨论。

空间按界面围合的封闭程度，可以分为闭锁空间、开敞空间和半开敞空间 3 种不同的类型。通常大尺度的空间给人开敞的感觉，小尺度空间则显得较封闭、静谧，不同的场所需要封闭程度不同的空间。在面积较大绿地中，一般要创造封闭度多样的空间，以满足不同类型活动。

影响空间封闭感的因素有很多，主要有：界面的围合程度、界面高度、观察者与空间界面之间的距离等因素。其中边界的围合程度在很大程度上影响着空间的开合，当边界慢慢打开时，空间与周围环境建立了联系。

在户外环境中，顶界面一般是乔木的树冠或建、构筑物的顶棚，当然，天空可以被看做自然存在的顶界面。我们通常在底界面、侧界面及天空间创造景观。底界面形式趋于多样化，这不仅表现在材质和质感上，还可以结合地形而产生变化。同时，底界面（区域）的同一性对于界定空间非常重要。侧界面也可称为空间边界，具有限定视觉空间和围合空间的作用，是风景园林设计中最重要的界定空间的因素。界面的形式有很多，可以是坚硬的地面或者松软的草地，可以是密实的墙体或者是疏松的林带……不同的界面可以塑造不同特色的空间。植物、地形和构筑物是快速设计中塑造空间界面的主要手段。

b. 空间形态

空间的形态塑造是设计的重要内容之一。空间形态的塑造依赖于围合空间的界面，界面的形状、材质、肌理、尺度决定空间单元的特征，在空间布局时应当注意不同空间形态的结合，避免单调或结构散乱。

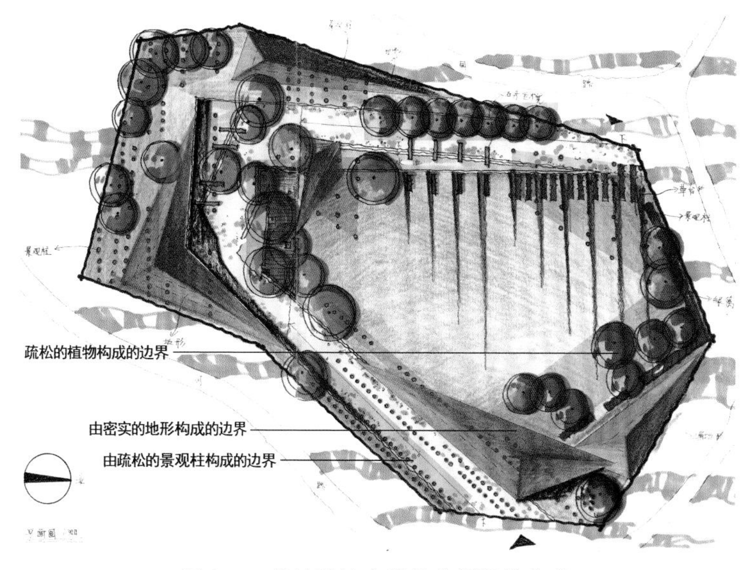

图 2-5　快速设计中常见空间塑造方式

● 空间系统

对于区域范围较大、内容多样的场所，单纯靠对环境元素的认知是无法清晰地描述环境的总体特点的。任何一个功能多样的场所都要求有不同的空间单元，这些空间单元及其之间的相互关系构成空间系统。空间系统，即不同空间单元共同构成的一个相互关联的整体，是设计中需要把握的重点。

a. 相邻接空间的相互关系

相邻接的两个空间之间的基本关系类型主要有：包含关系、穿插关系、邻接式空间关系、以公共空间连接的空间关系4种。[2]

包含关系：在一个大空间中包含一个到多个独立存在的小空间。可以在尺度、形式、位置、朝向、开合等方面使大空间与小空间、不同小空间之间趋同或趋异，以塑造有趣的空间关系，达到所需要的空间效果。

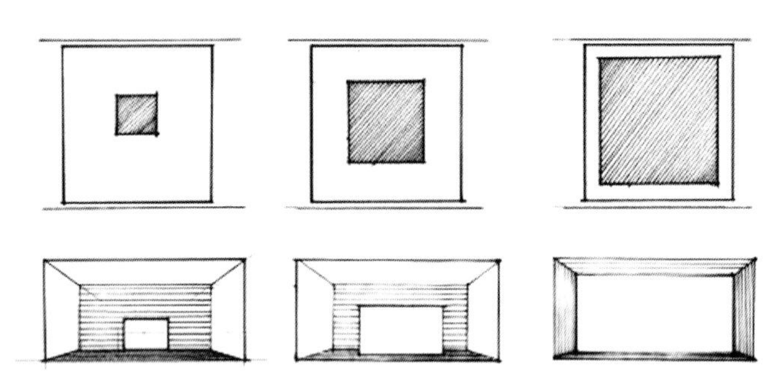

图 2-6　包含关系模式 [二]

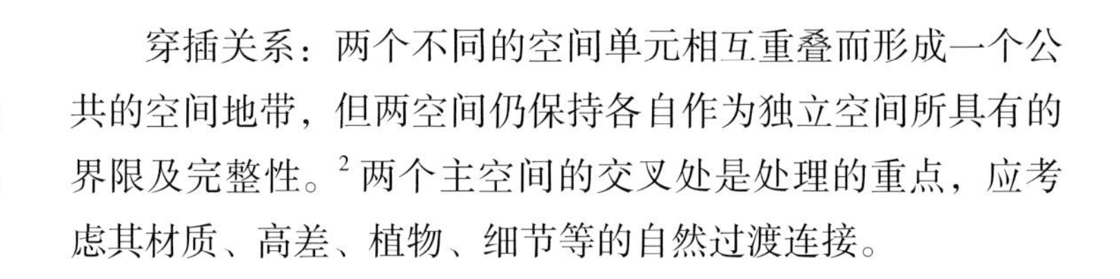

穿插关系：两个不同的空间单元相互重叠而形成一个公共的空间地带，但两空间仍保持各自作为独立空间所具有的界限及完整性。[2] 两个主空间的交叉处是处理的重点，应考虑其材质、高差、植物、细节等的自然过渡连接。

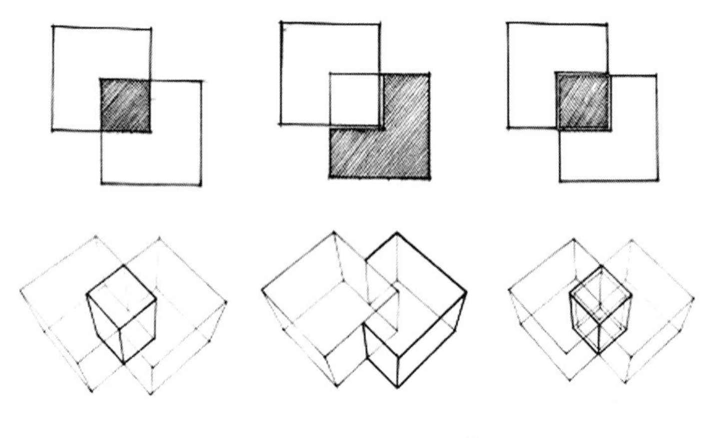

图 2-8　穿插关系模式 [二]

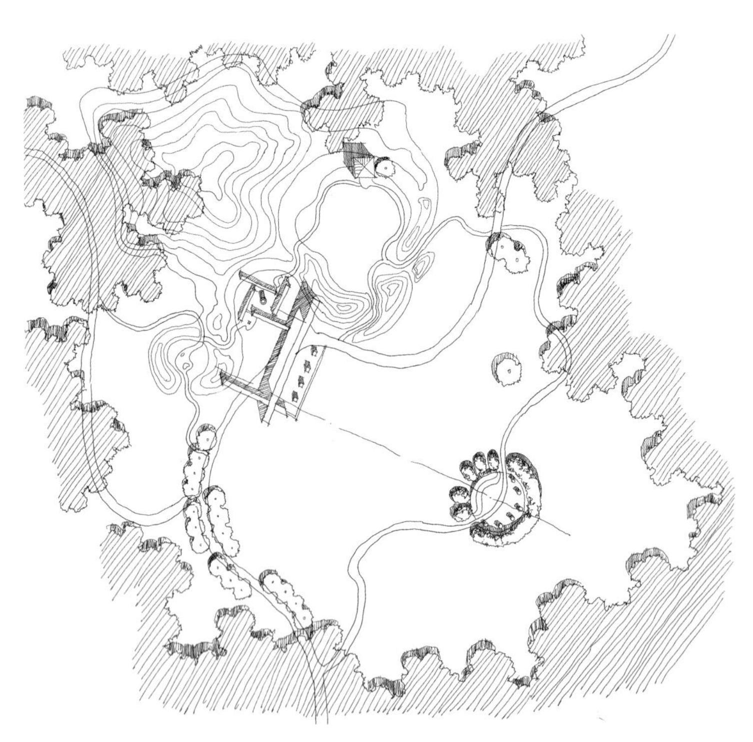

图 2-7　包含关系示例

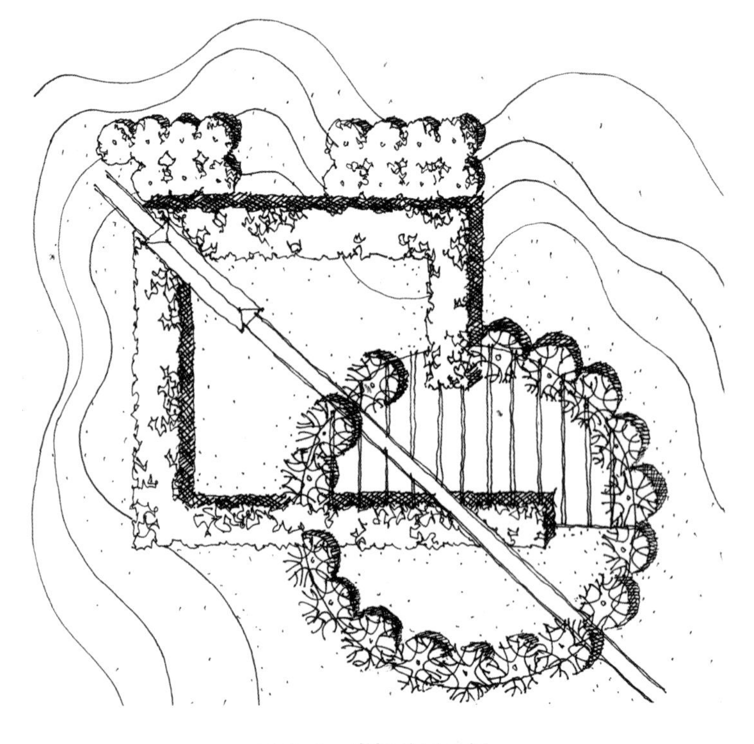

图 2-9　穿插关系示例

邻接式空间关系：最常见的空间关系，即两个独立存在的相邻的空间单元。相邻空间之间的视觉及空间的连续程度，取决于既将它们分隔，又将它们联系在一起的面的特点，[2] 空间转换的特点与趣味也由这个面的特点决定。

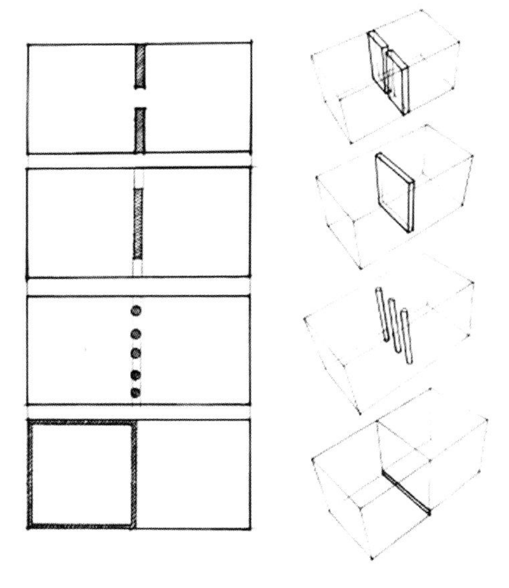

图 2-10　邻接式空间关系模式 [二]

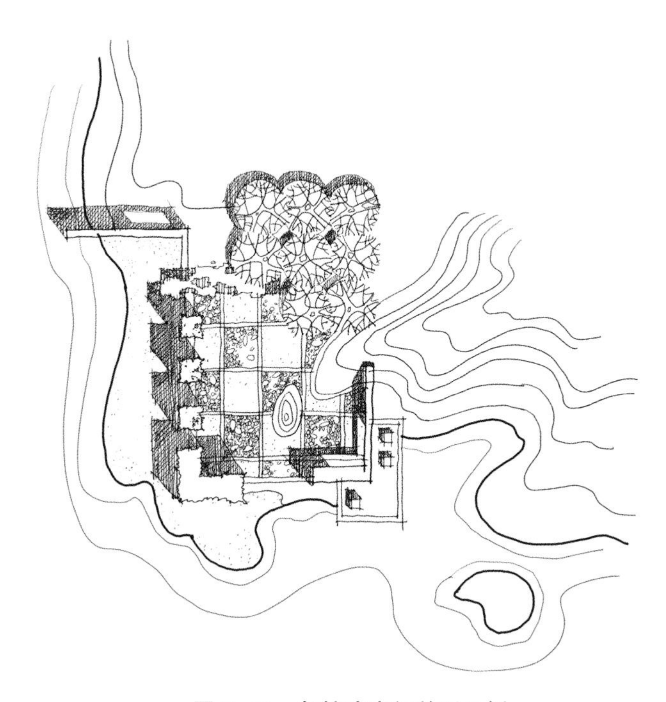

图 2-11　邻接式空间关系示例

以公共空间连接的空间关系：由第三个空间来过渡并联系两个或多个空间。过渡空间为周围的空间序列增加了一种体验类型，起到过渡、连接、衬托的作用。以公共空间作为过渡空间来连接和组织周围空间的方法在风景园林设计中是最常见、最普遍的空间处理方式之一。

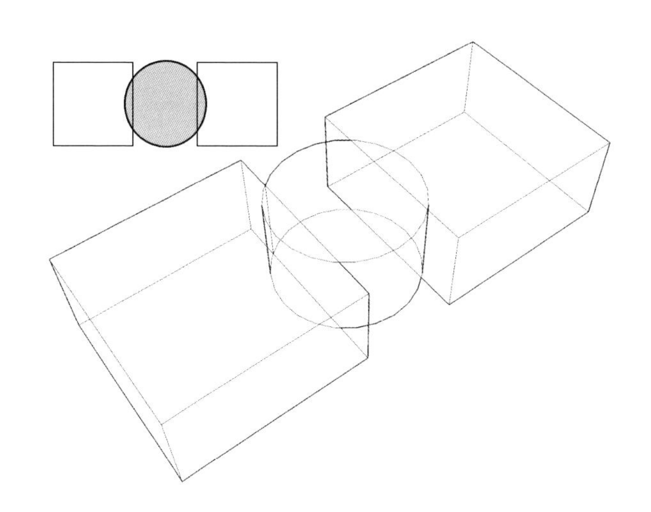

图 2-12　以公共空间连接的空间关系模式 [二]

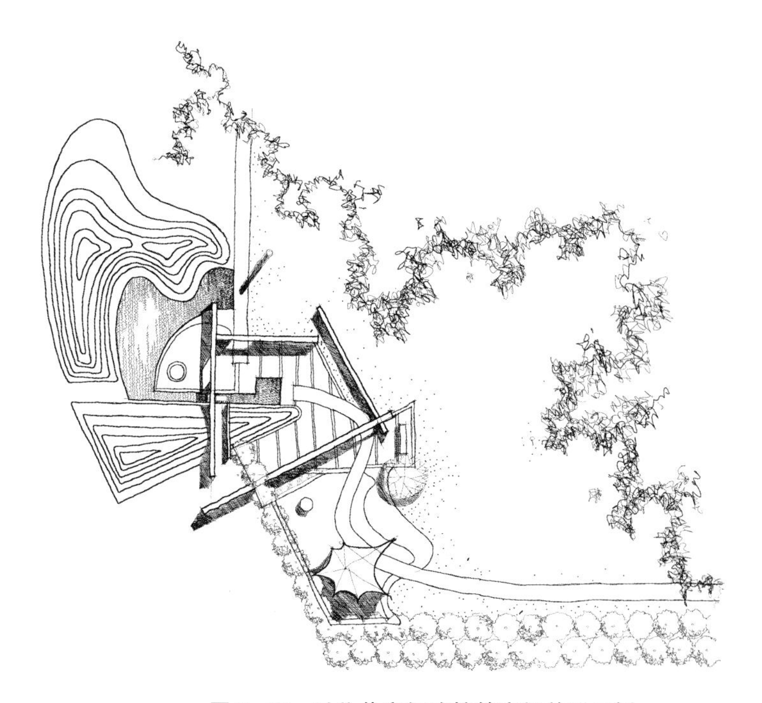

图 2-13　以公共空间连接的空间关系示例

b. 空间组合

多个空间以一定的逻辑秩序结合，共同构成一块场地的空间系统。美国建筑理论家弗朗西斯·D·K·Ching 在其所著的《建筑：形式·空间和秩序》中将建筑空间组合方式划分为：集中式、线式、辐射式、组团式和网格式。[2] 笔者认为这些方式不仅适用于建筑，也适用于风景园林设计。

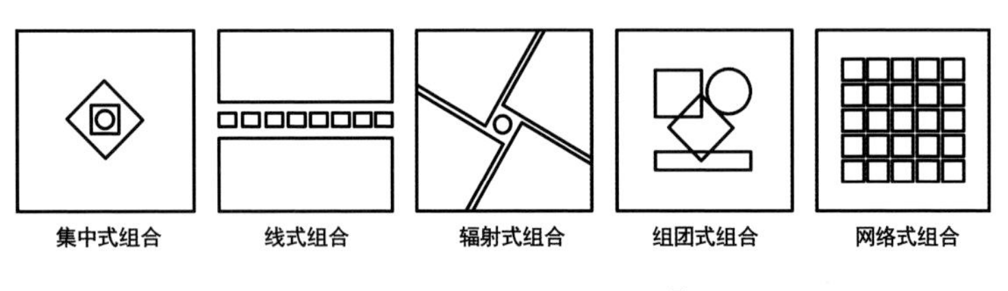

图 2-14　空间组合方式 [三]

集中式组合：在一个中心主导空间周围布置多个次要空间，并与之呼应。中心空间与周围空间一般具有鲜明的尺度对比，中心空间起主导作用，地位突出，并具有控制力和凝聚力。例如，雪铁龙公园周围一系列小庭院构成的次要空间紧紧环绕由中央草坪所形成的主体空间，空间的等级次序一目了然。

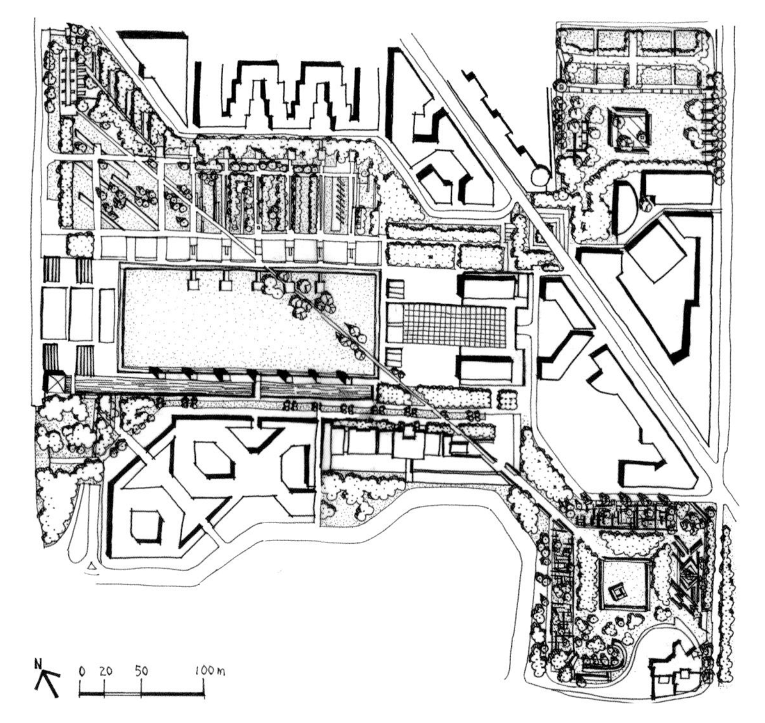

图 2-16　集中式组合示例 [三]（雪铁龙公园平面）

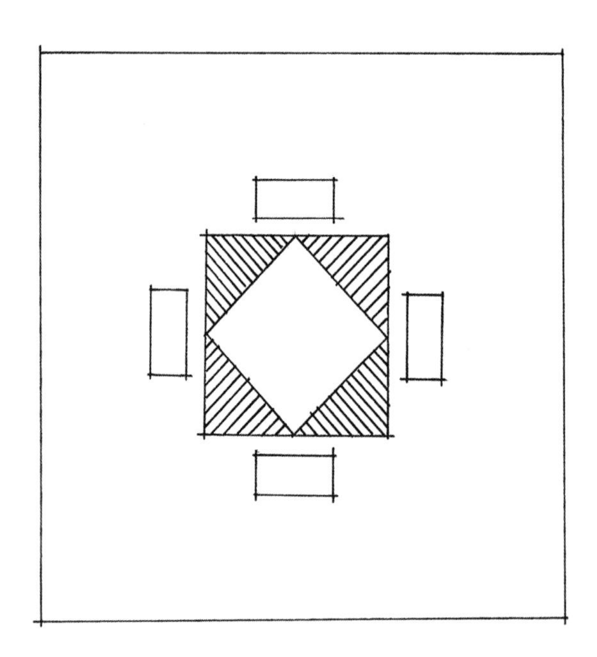

图 2-15　集中式组合模式

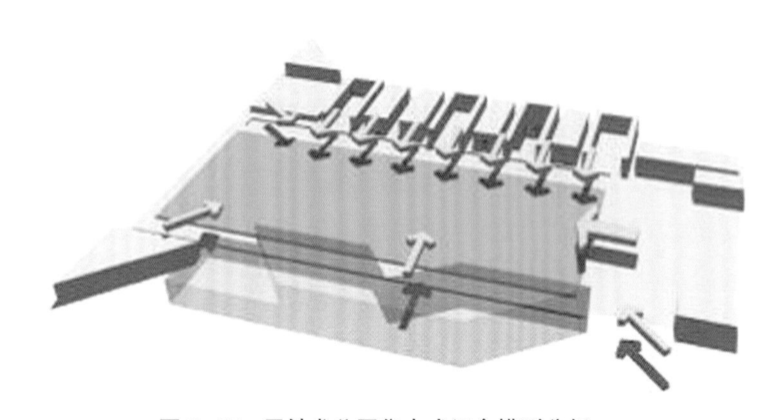

图 2-17　雪铁龙公园集中式组合模型分析

线式组合：一系列的空间单元以线式直接连接，或由一个单独的线性空间串联而组成的序列。在线式组合中，可以通过某一空间单元的尺寸、形式和所处位置的不同，来强调其功能或象征意义上的重要性。线式组合路线可根据环境的变化而调整，采用直线式、折线式、弧线式，或环绕一片水面、或穿越一丛树林，或改变其空间单元朝向以获得更好的光照和视野。

辐射式组合：一个居于中心的主导空间和多个线式组合呈放射状向外延伸。集中式组合是内向性的结构，而辐射式组合则是一个外向性的组合方式。在园林绿地中往往表现为从一个景观中心向外延展出若干条景观轴线，从而加强整体布局的控制力。每一条向外辐射的“线”作为一个空间单元或空间组合，可以通过变化来强调不同的空间特性。

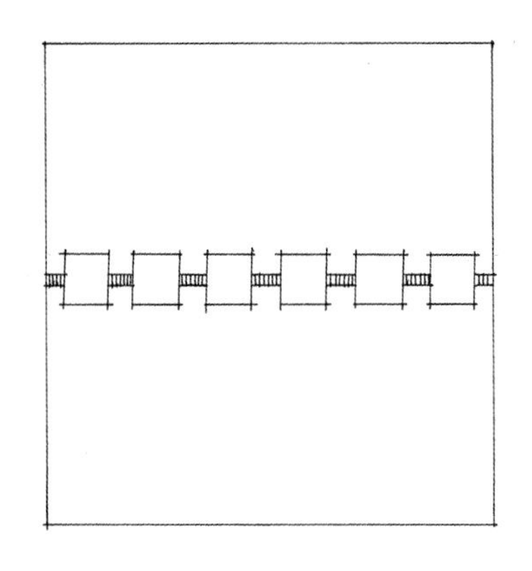

图 2-18　线式组合模式

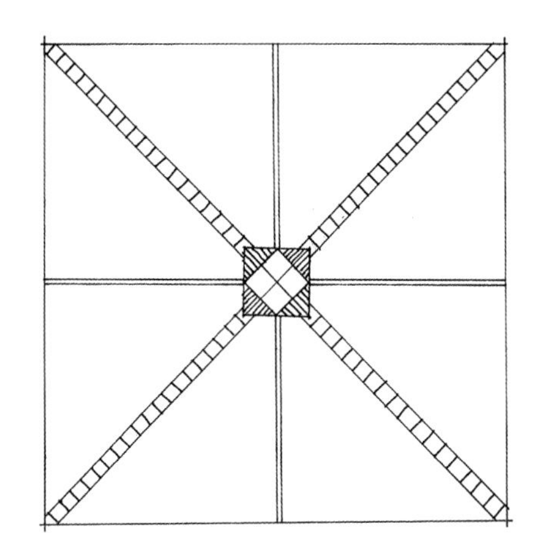

图 2-20　辐射式组合模式

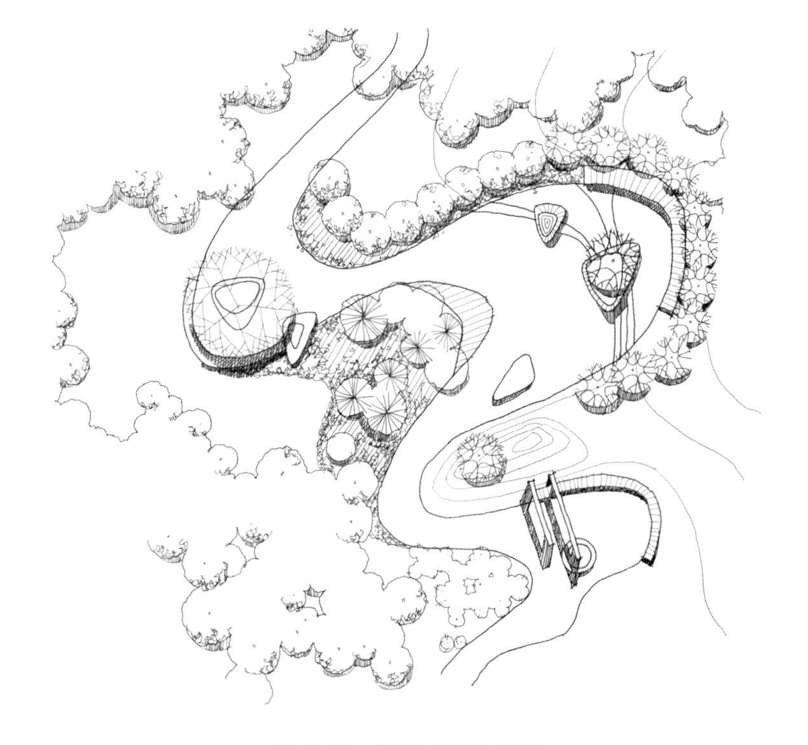

图 2-19　辐射式组合示例

图 2-21　线式组合示例

组团式组合：通过形式或功能的同一性将多个空间单元紧密连接，从而使其作为一个整体形态出现在园林绿地布局中。可以是重复的空间单元，也可以是尺度、形式、功能各不相同的空间，后者则需要采用对称、轴线等空间布局方式来建立联系。组团式组合模式没有明显的主导空间，在园林绿地中，均质化或者近似均质化的空间单元可以通过地形、水体的穿插组织来构成一个相对独立的整体。

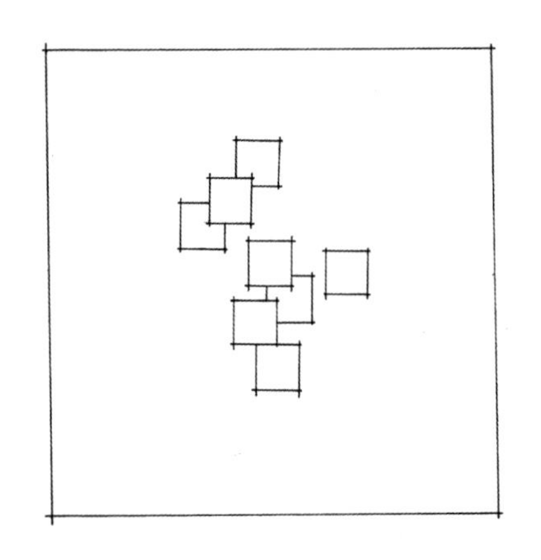

图 2-22　组团式组合模式

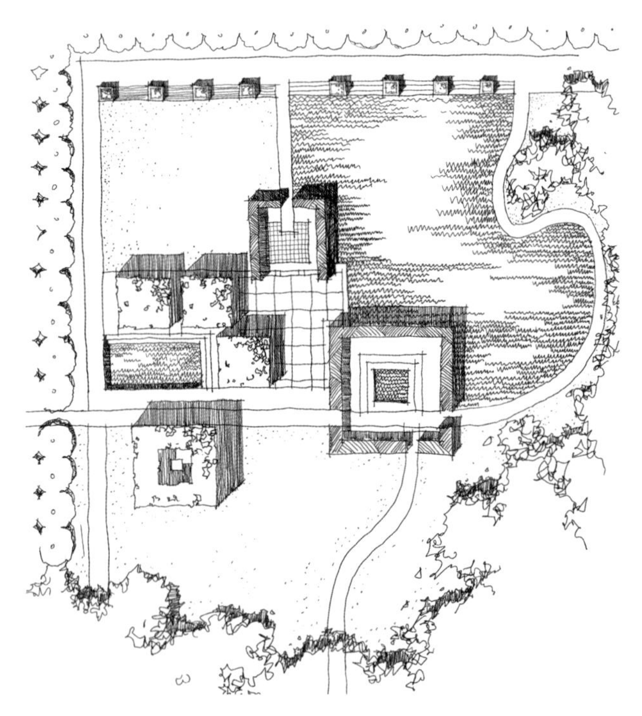

图 2-23　组团式组合示例

网格式组合：将一组相对均质化的空间单元通过方格网的模式加以控制和组合，从而构成一个整体。该模式对整体布局具有很强的控制力，但有时会显得过于刻板。在组织空间时，可以在网格下根据实际需要，组合或改变某一个空间单元的形态来体现空间的趣味性。

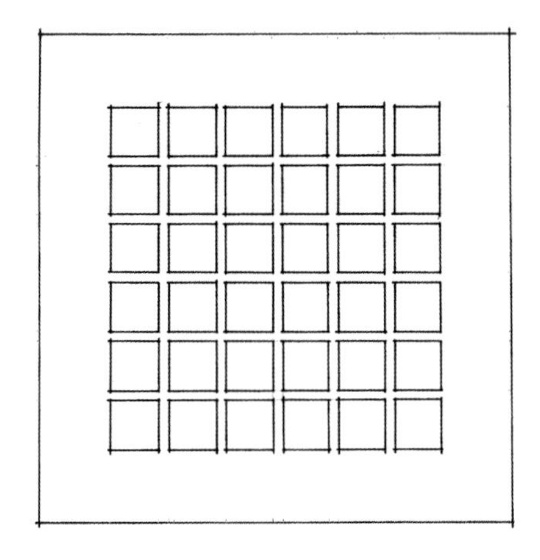

图 2-24　网格式组合模式

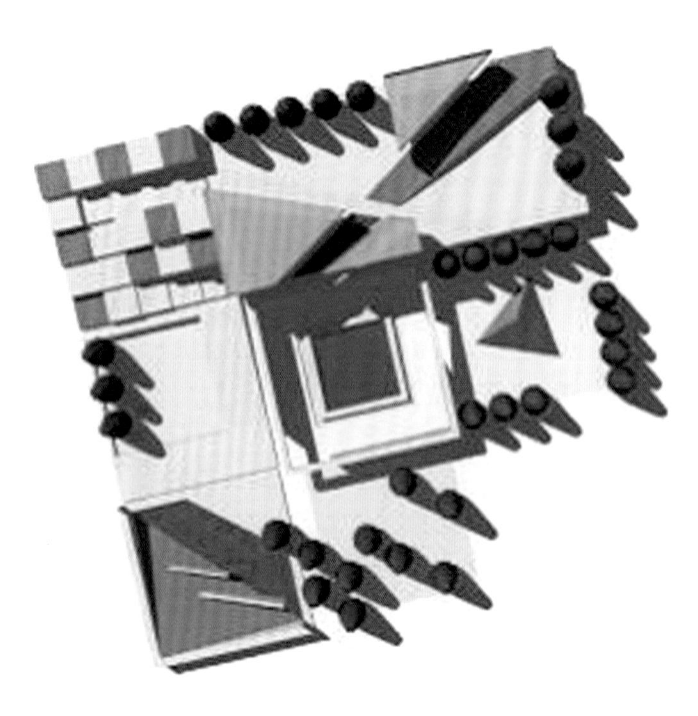

图 2-25　网格式组合示例

（3）景观结构

一个绿地的景观，内部有其自身的构成关系，向外则要求与环境相关联，两者共同确定了绿地的景观结构。景观结构由节点、透景线、景区和景观序列构成，是一个点、线、面相结合的布局系统。统一和谐、实现多样化是景观的两个原则。统一和谐即要求整体要高于部分，而多样性的绿地则更具吸引力，有利于激起使用者参与的兴趣。景观结构的确立明确了不同景区的景观特征，并建立了各景区之间的联系。构筑理想的景观系统，无论是节点、透景线还是景区都应有主次、强弱之分，以便形成一个脉络清晰的整体结构。同时，园林绿地的景观结构应该与场地的肌理相结合，反映园林绿地生于斯长于斯的特质。

● 节点

景区内重要的景点构成景观节点，体现该景区的主要景观特征，并具有控制作用。景观节点可以是观赏者往来集中的焦点，也可以是观赏者游览的兴奋点、高潮点。节点既是聚焦点同时也是连接点，园林绿地常常通过景观节点的连接、过渡，完成景区的转换和联系。景观节点不同于场地中的“标志物”，是一个区域的概念，具有一定的面积。景观节点一定要符合场地特征，是周边景观特征的集中体现。同一景区的各个节点应存在一定的个性差异。

● 透景线

透景线是指在景观塑造过程中，具有统摄作用的视线延展线。透景线建立了景点与景点、景区与景区之间的联系，通常连接主要节点，使分散的节点产生关联性，是区域景观体系的重要元素；透景线有时也可以是一条放射线，由一个节点发出，无限延展。透景线可分为景观轴线和景观视廊两种类型，是快速设计中能够凸显景观结构的有效方法，对于控制整体结构很有帮助。

a. 景观轴线

景观轴线是生成秩序的重要方法。轴线有对称轴线和不对称轴线之分，但不论何种轴线都是一种两侧均衡的形式结构。对称轴线：具有强烈的控制力，各种环境要素以中轴线为准，分中排列。由于轴线的统领，景观空间单元会得到大于个体的景观效果，形成类似鱼骨状的景观体系，形成庄严大气的景观特征，适用于纪念性、庄重感、具有古典美的场所。不对称轴线：更多考虑景观单元的非对称性，各个景观单元沿着景观轴线呈大体均衡的布置；较之对称轴线，可以给人以轻松、活泼、动感的视觉效果。

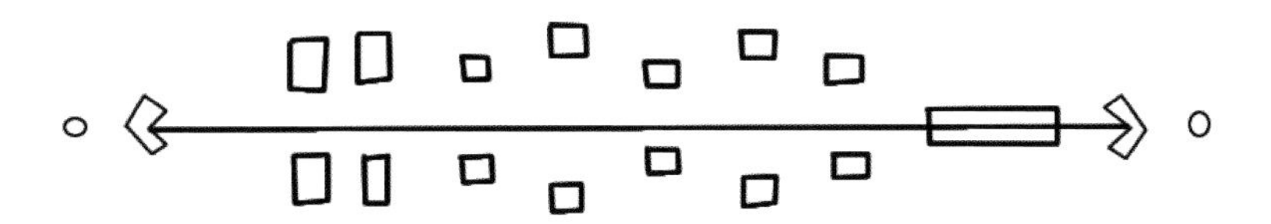

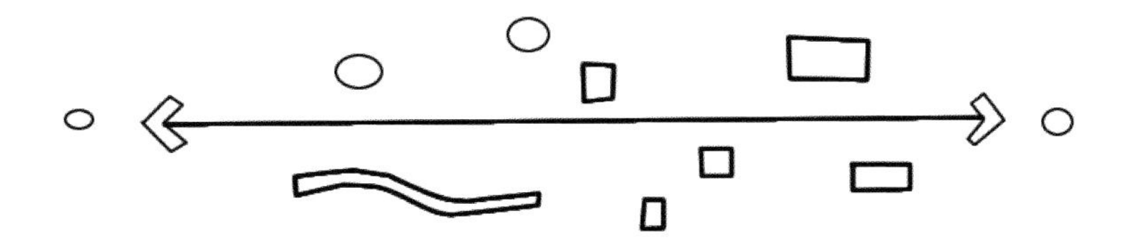

图 2–26　对称轴线与不对称轴线 二

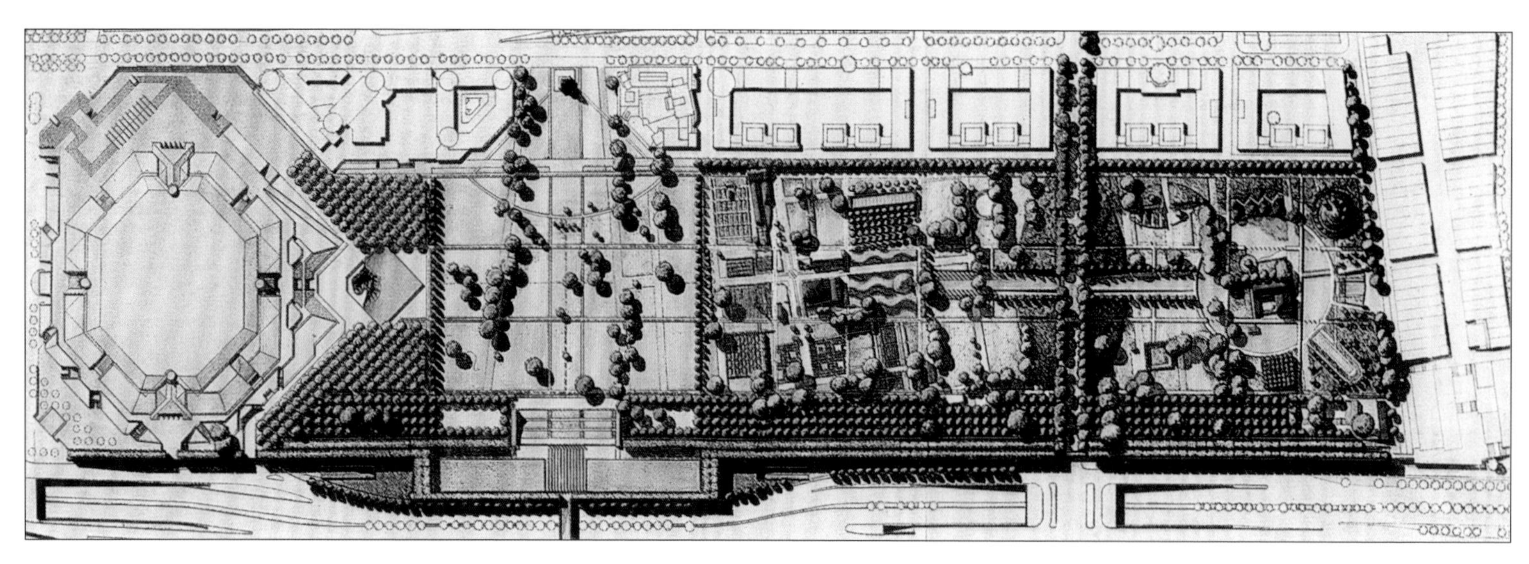

图 2-27　贝尔西公园平面 [四]

贝尔西公园延续了中世纪城市空间尺度，利用东西贯通的轴线，将城市的新旧部分有机联系起来。

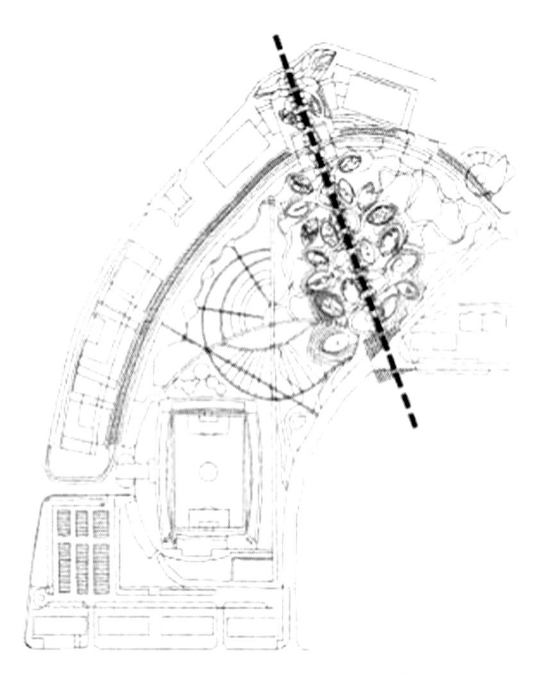

图 2-28　诗人的花园平面 [五]

诗人的花园中，“诗人通道”从南至北穿越整个公园，20 个小花园围绕通道呈不对称布局，给人轻松活泼之感。

b. 景观视廊

景观视廊是一种无形的“线”，其两侧景物不存在对位关系。中国传统园林中的对景线所形成的结构是一种典型的景观视廊类型，建立起不同景观单元之间相互对应的关系。

如拙政园中部庭园开辟了四条深远的透景线，整个中心水面在东、西、西南留有水口，伸出水湾，有深远不尽之意。这四条因山就水而成的景观视廊将分散的景点组织起来，形成了有序的景观系统。设计者充分利用山水布局完成了对景观的深远意向的追求，极大地丰富了拙政园的景观形象。

● 景区

景区是指具有相同或相似的景观特征的区域，景观分区不同于功能分区。一个场所具有不同的景观类型，可以划分成不同的景区。景区的划分基于两方面的原因，一方面是不同的功能内容需要不同的环境与之相对应；另一方面是为了满足人们的审美需求，需要多样而富有变化的景观。

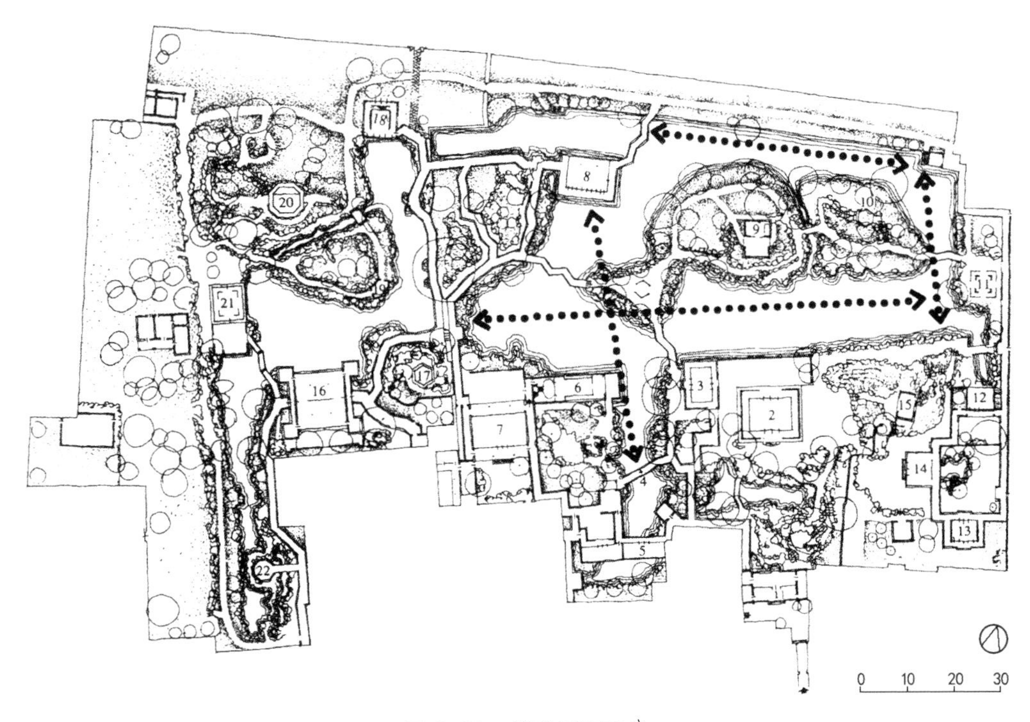

图 2-29　拙政园平面 六

景区根据景观特征来划分可以分为宏伟、静谧、亲切等，根据所构成景观要素的不同可分为山体景观区、湿地景观区、湖区、草坪景观区、疏林景观区、密林景观区等等。某一景区随时间推移具有可变性和多重性。同一景区中，景观在四季中呈现出不同的视觉感受，具有季相变化，可以配合多重功能来体现；同时景观在其形成初期、成型期到晚期一直处在变化中，使景区具有了生命力的属性。

我们需要通过不同景区之间的分隔与联系，使场所既存在变化又不至于杂乱无序，并成为一个有机整体。通常景区边缘具有多样性的特征，包括生态多样性，人们活动行为的多样性等等。在各个景区之间，边缘起到了“缝合”的作用，建立起景区之间有机的联系。在较大的园林绿地中可能具有多个景区，各个景区之间应建立明确的关系，或相互关联、渗透，或相互对比。

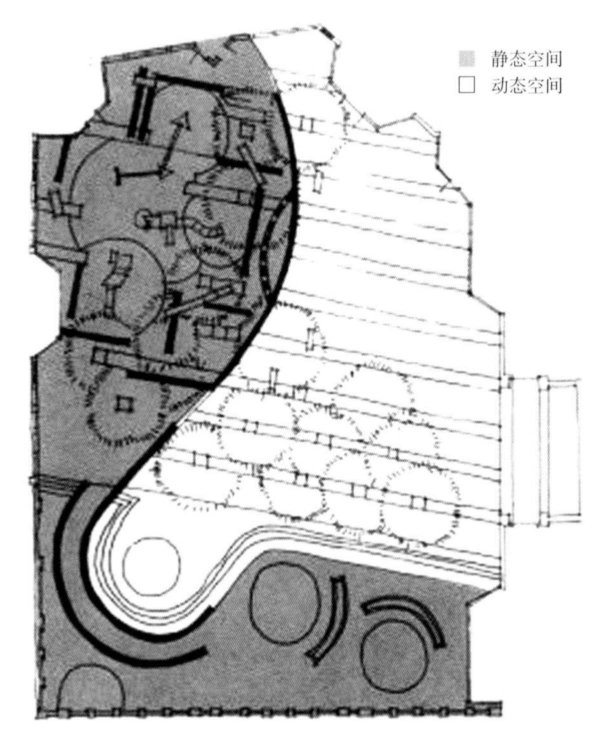

图 2-30　哈特福德小学操场平面 五

例如，哈特福特小学操场（见图 2-30）通过一条“蛇形墙”，将一个方形空间通过向心和离心分成动区、静区，娱乐设施被墙体包围着，墙的分与合、围与透，创造出充满乐趣的场所。

● 景观序列

景观序列的组织主要是指对各造景要素进行时间上和空间上的组织与安排，景观序列是实现公园完整性的重要手段，也是将景观与游人游览心理相结合的组景方式。园林绿地设计中，景观序列的组织可以通过垂直空间、水平空间、境界与意境层次的有序变化来实现。通过道路转折、地形起伏、林木遮掩、空间渗透等处理手法使各类景物有机组合，将不同景观加以串联、导引、强化，形成一个具有“起、承、转、合”的富有韵律美的游览线路。园林绿地的开放性，更加强调与城市相衔接以及对人的关注，这些问题的解决均需要通过景观序列的合理组织来实现。

（4）形式组织

形式风格、形式结构、局部特征是形式组织的主要内容。在进行设计时我们需要掌握风景园林设计的主要形式风格类型及其思想与文化内涵；理解并把握不同风格的形式结构特征；学会使用能够体现场所个性特征的形式设计手法。在快速设计中，形式组织是体现场所特征最直观的表现，应当在平时训练中根据场地特征进行准备，形成相对固定的形式组织方式。

● 形式风格

形式风格是对场所形式特征的总体表述，是设计作品在整体上呈现出的具有代表性的独特、稳定的面貌。在形式塑造的过程中，首先要明确我们要设计一个具有什么样形式特征的作品。通常我们会选择一种在学习过程中深深打动我们的，为我们所认知的特定的形式风格。这就要求我们对一些重要的形式风格具有一定的把握能力，理解它们的设计思想，明确其形式特征和设计手法，切忌一知半解，盲目模仿。

我们最熟悉的形式风格莫过于中国古典园林。作为自然式园林的代表，中国古典园林推崇佛家与道家的世界观和方法论，讲究“生境、画境和意境”，具有鲜明的风格特点。庭园的叠山理水，要达到“虽由人作，宛自天开”的境界，即便是人工建筑也要和谐地融糅于自然环境之中。融诗画艺术于园林艺术之中，讲究意境的涵蕴，将创作者的情感、理念融于景物之中，从而引发观赏者的联想。

法国古典主义园林是大家熟知的另一种风格，设计哲学源自“人本主义”思想，追求清晰、明确、合乎逻辑的形式结构，强调“美”的人本属性，以凡尔赛宫为代表，通过对称的轴线、均衡的布局、精美的几何构图、恰当的比例与尺度，体现了对形式美的追求和推崇。

无论中国还是西方历史园林，均以形式的审美体验和评价为基本设计原则，强调园林的文化与精神属性。然而，现代设计的指导思想发生了巨大变化，内容丰富多样，并且还在不断发展、转化。如：

强调功能是现代设计发展的起点，也是标志性的观点。这种形式组织的思路是以功能界定形态，主张形式必须与功能内容相符合，形式必须反映功能内容。提倡经济实用，反对高造价，是多数人能够接受的思路。

功能主义使普通百姓能够在繁华的都市中体验美好的自然环境，波普艺术对现代风景园林设计的影响则使百姓拥有了自己的精神家园。基于这样一种思潮，很多现代设计的形式特征与时代的脉搏密切相关，以夸张的形式特征吸引人们的注意力，色彩艳丽，带有很强的流行艺术倾向。

当前，在全球一体化的巨大浪潮中，强调地域特征成为设计中的一个非常值得关注的重要问题。地域主义强调场所自身的发展脉络与特征，寻求传统文化与现代生活方式的结合点，以期改善人居环境，突出场所的地域特征，促进城市的可持续发展。因此，形式的生成与场地自身的特征密不可分，与当地的传统形式特征相关联。

自然界在其漫长的演化过程中，形成一个自我调节系统，维持自身的生态平衡。生态设计反映了人类的新梦想，是一种新的美学观和价值观。生态设计强调区域环境的自然属性，通过生态保护与生态恢复等手段，把人类对环境的负面影响控制在最小程度，以期达到建设理想人居环境的目标。在这种思想的指导下，形式的塑造过程与生态恢复技术与措施密切相关，通常以自然、清新的形式风格来体现。

现代设计的思想与手法是如此的丰富多样，让我们应接不暇，作为现代社会的一员，现代设计思想与风格对我们也产生了巨大影响。我们需要对其有基本了解，并对其中主要思想、理论、风格、代表人物有一定的认知、理解与把握。对当前主要设计热点问题要有清晰的认识。

● 形式结构

形式结构是形式布局的主要内容，可以理解为特定形式风格的构成特征和规律。形式风格决定形式结构，或者说形式结构的表达体现形式风格，塑造形式风格。形式结构的生成过程是对某一整体中的各组成部分或各要素的组织与协调过程，目的在于形成一个条理分明的形象。各种形式体块和线条的主次、强弱、排列顺序和疏密节奏构成了场所的形式结构。影响形式结构的因素非常多样，不同的设计思想需要不同的形式结构加以体现，从而形成所谓的“风格”。每种风格都有各自不同的构成法则，每一种成功的风格都具有清晰的形式结构系统和稳定的形式构成法则。如上所述，无论是古典园林，还是现代设计风格，都具有自身的结构特征，对于这种规律性的内容需要在平时的学习中总结、概括。

另一方面，形式的构成法则有其自身的规律，源自相关的造型与设计理论。形式构成训练中运用抽象的形式符号——点、线、面来组成结构严谨、富有极强的律动感和形式感的平面，是我们进行形式组织的重要手段。学习构成的意义在于认识形式构成规律，训练和把握形式组织的能力，提高创造能力。在平面构成作品中，基本型是按照特定的规律排列组合的，基本型受“骨骼”的制约，这些“骨骼”即为形式结构。在风景园林设计中，平面图是表现空间、结构的最详细且直观的形式，其中的实体要素均可以抽象为点、线和面，也同样应该具有特定的结构，它们的组合规律应符合基本的形式构成原则。所以，就形式特征而言，优秀的风景园林设计作品可以是一幅优秀的构成作品。同理，一幅好的构成作品必然对设计的形式组织具有积极的参考价值。

我们不妨用几个实例来说明构成理论对于形式结构塑造的价值。这里不是要生搬硬套地将平面构成与设计强拉在一起，仅是希望通过一些具体的转化过程提示读者形式构成对于设计作品的形式结构形成的意义、具体方式及这种转化过程存在的多种方式与可能性。

学生作业一

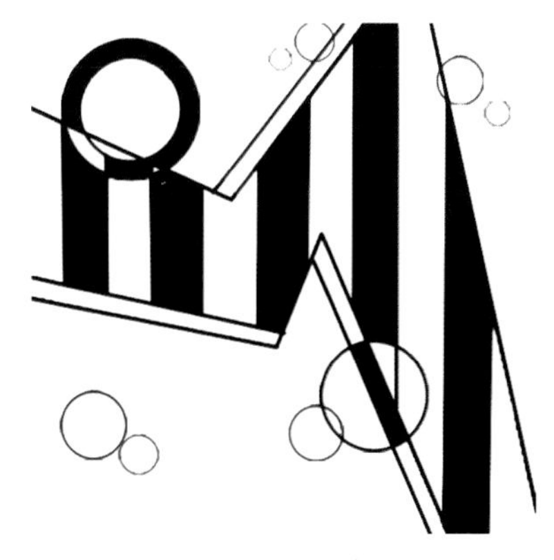
图 2-31 七

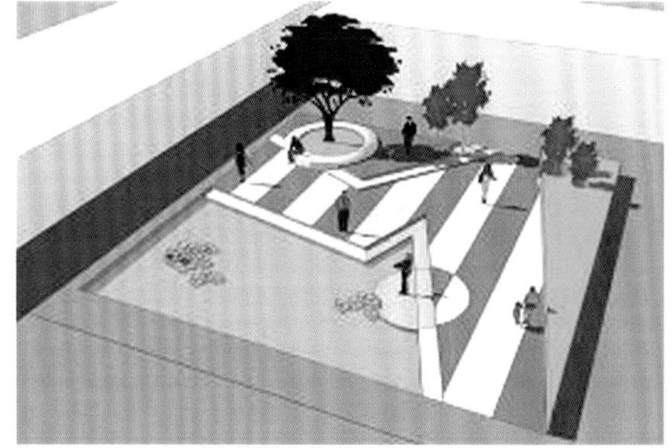
图 2-32

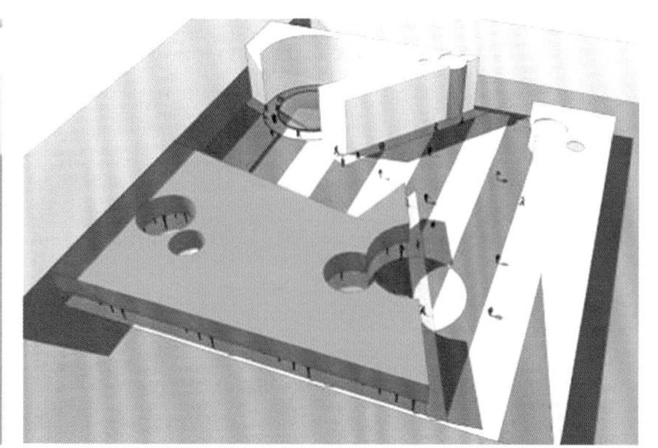
图 2-33

学生作业二

图 2–34 [八]

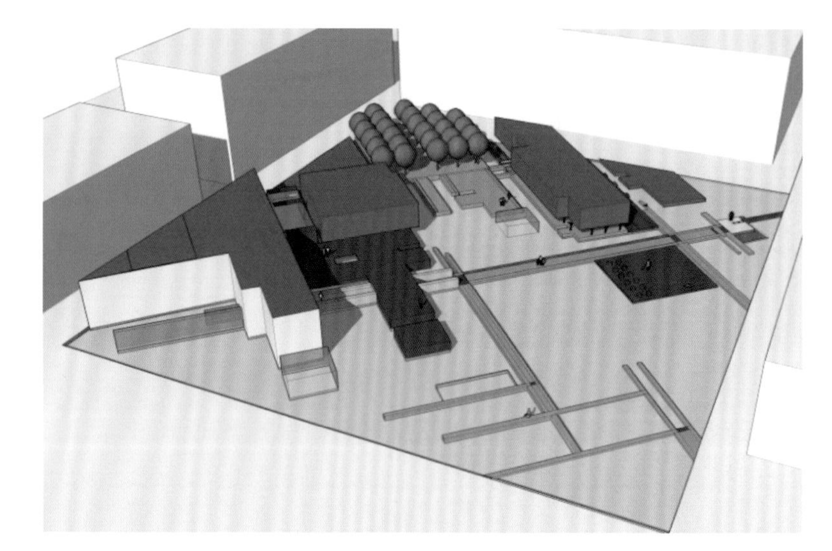

图 2–35

学生作业三

图 2–36 [七]

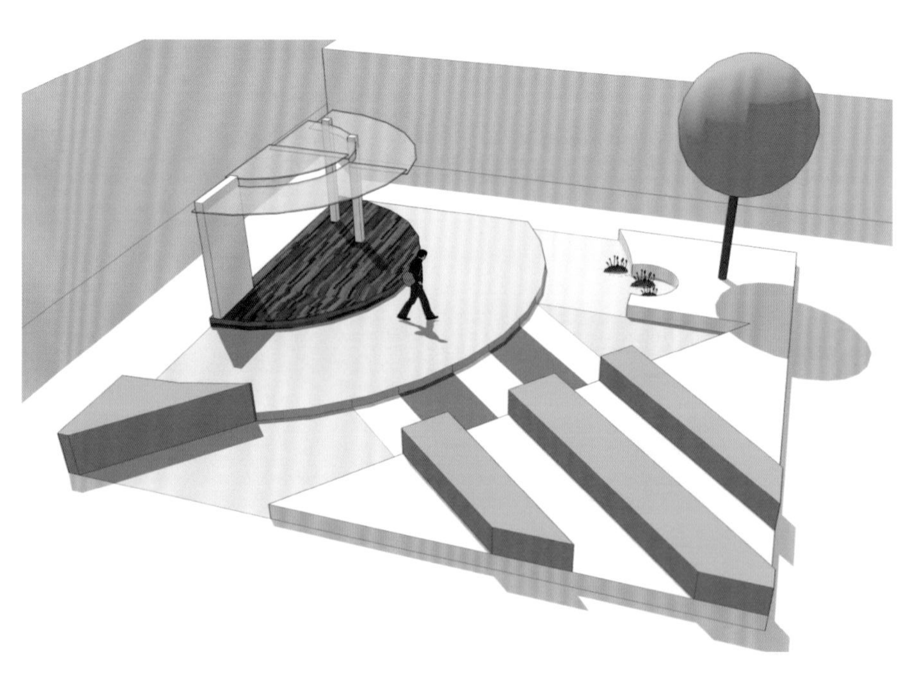

图 2–37

学生作业四

图 2-38 九

图 2-39

学生作业五

图 2-40 十

图 2-41

由美国设计师格兰特·W·里德著的《从概念到形式》则采用了更为直接的途径。即从功能出发，通过功能分析图与形式“骨骼”的叠合定义设计的形式结构，较为简约、快速，功能对于形式结构的生成产生了重大影响。这是形式组织的一种最常用的思路与方法，也是一个相对简单、易于上手的途径。尤其适合于中、小尺度的设计。

功能分析图反映了设计需要安排的主要内容

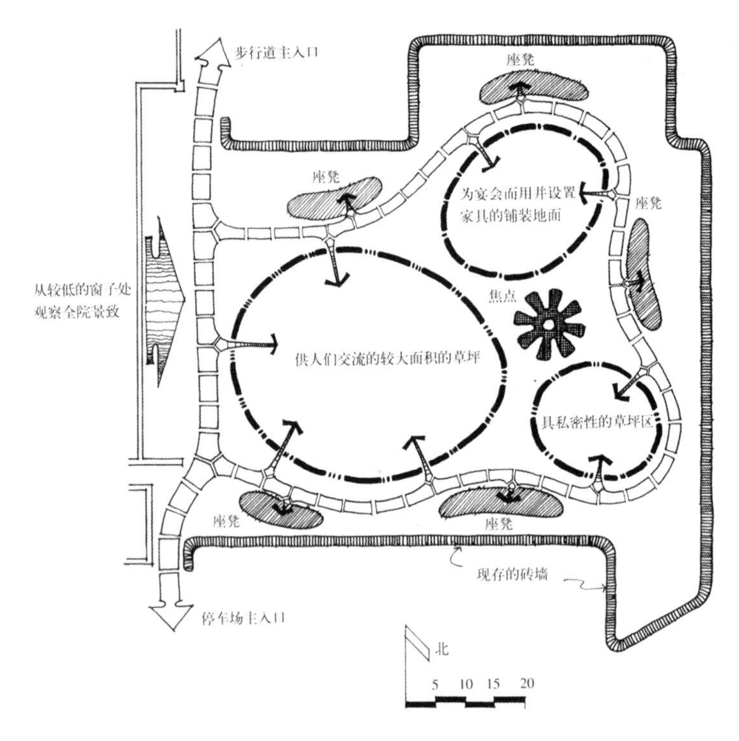

图 2-42　功能分析图

在功能分析图的基础上，采用了基本图形要素作为形式构成的基本单元，并对其进行重复布置

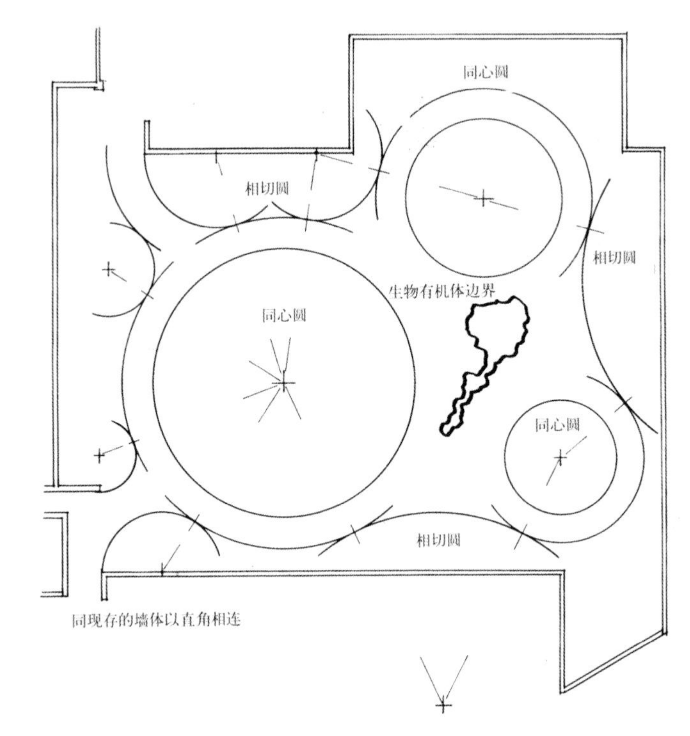

图 2-43　形式构成图

最终的设计方案按照使用目的划分出不同的空间单元，统一于母形中

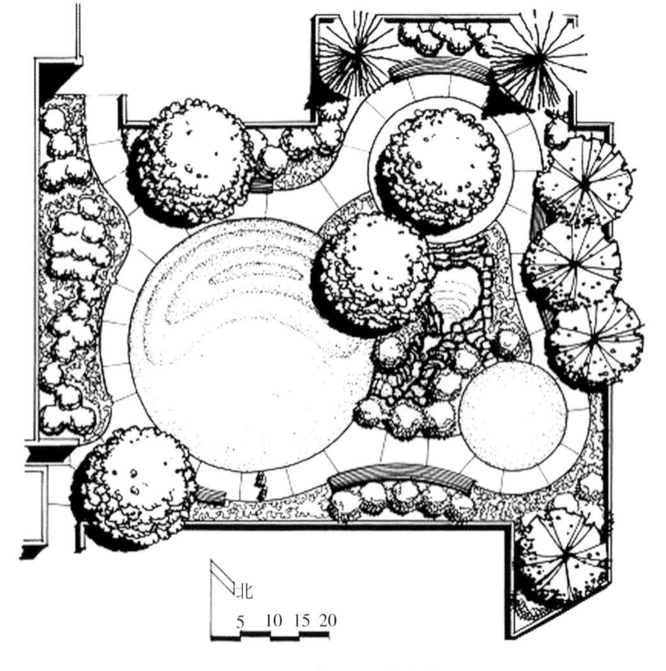

图 2-44　庭院设计方案

● 局部特征

仅仅把握结构还不够，理想的结构关系只是成功的一半，还需要充分发挥想象力，以独特的、富有表现力的设计语言深入展开，使方案拥有更为具体的内容与特点。相同风格的不同作品在局部处理上存在差异，在此将这种差异称为局部特征。局部特征是构筑场所趣味与个性的有效方式。在形式生成过程中，要注意从概念到形式转化过程的多种可能性。不同的绿地需要用不同的形式组织方式完成设计，有些绿地由于其特定的性质和要求，使用功能非常简单，形式构成就变得非常灵活。

从功能布置到形式生成是一个再创造的过程。同样的功能布局，可以对应不同的形式。大部分功能内容对场地的形式要求是比较宽泛的，如打太极拳、喝茶或是散步，这些活动的基本需求是足够面积或长度的场地，而对于场地的形式，规则抑或是自然，对使用本身并没有影响。对于一个项目，功能内容是相对具体而稳定的，形式的建构应以满足功能需求为准则，而形式特征会因人而异，因此功能与形式并非一一对应关系，可以理解为“一题多解”。在形式结构相同的前提下，也可以有很多具体的局部差异。

如下图，各设计方案具有相同的形式结构，其形式单元的主次、形式节奏的变化基本一致。它们根据不同的骨骼网络转化而来，形成了多样的局部变化。

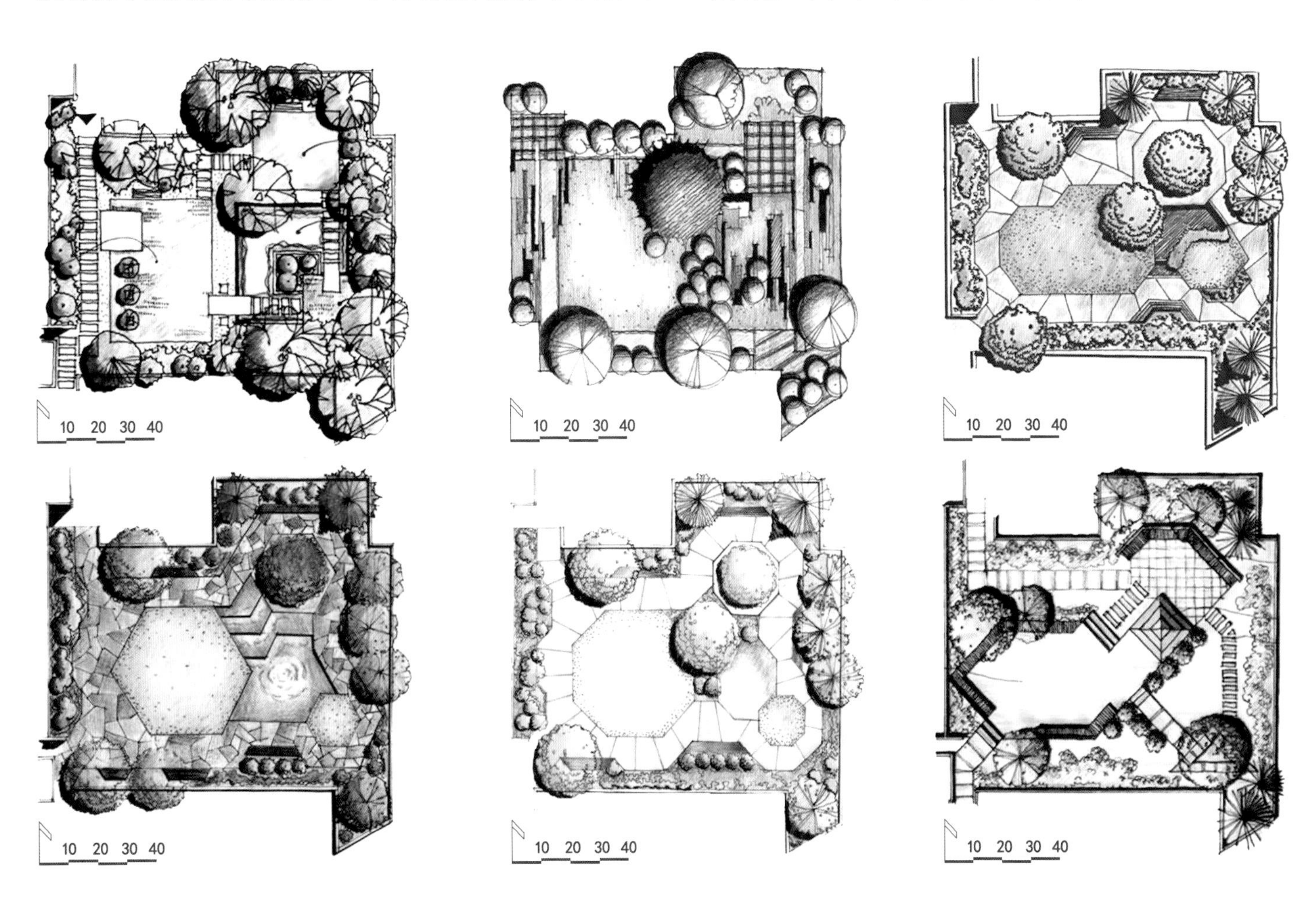

图 2-45　相近形式结构的不同庭院方案设计

对于任何一种结构，进一步深化的途径也是多方面的，如：

从某种造景要素入手。如强调水，可以采取突出水景的手法，或营造尺度亲切、活动丰富的滨水空间；或利用水的动静变化形成节奏变化强烈的空间序列；亦可通过静态水面烘托宁静氛围。如强调石头，则可以用石材烘托凝重、沉静的氛围，整齐排列的石块具有序列感、厚重感，而散置的石块可以体现原生质朴的美。玻璃材质可以突出时代感，其质地给人以透明、轻盈的感觉，用来表现纯粹、简洁的景观。植物元素的应用则更为多样，可以从形态、色彩、大小、质感等多方面入手，这里不做深究。

从特定的使用需求入手，如突出设施的舒适与实用性以及人性化的尺度，强调场地中设施的完善，以及与周围环境间便捷的交通等，继而再展开形式塑造。如以运动为主题则需要考虑设置一定的活动场地及设施，场地的尺度、形态、材质将对活动内容产生很大影响。

从某一形式要素入手，如利用色彩、材质塑造特征，或以某种形状为基本型为单元，展开组织重构，形成局部的特征。

还可以从其他角度去考虑，比如从文化元素入手，利用具体的文化符号，通过抽象、符号化的手法体现其文化特征；从生态入手，以多样性为原则，因地制宜创造小气候，利用雨水收集、废物利用、节能减排等技术措施以达到场地实用性、可观性和可持续性，创造生动有趣的表现形式。

千万不要忘记，上述这些具体的思考是建立在初始目标定位基础之上的深化，并不是说可以任选其一、任意为之，而是需要抓住主要矛盾与问题，提出适宜于场地发展需要的策略，选择一条最适合于该设计场所特点与既定的发展目标的途径，进行独具匠心的拓展设计。

总之，构思与布局是一个复杂的问题，因为它涉及的内容非常深入而广泛。在此需要强调，我们之所以将其划分为不同的层次和方面，是为了更为清楚的阐述其内容，逐一分析的目的是为了更好地整合。对于一个场所，功能、空间、形式、景观四个方面本来就是一体的。对于初学者，需要逐一把握，然后融会贯通。我们希望通过以上的分析与阐释之后，读者能够理解各部分的具体内容，并将它们融为一个整体。在此过程中，“把握核心，抓住要点”是解决问题的关键所在。

2.3 园林绿地类型

城市绿地分为五大类：公园绿地、附属绿地、防护绿地、生产绿地和其他绿地。快速设计考题几乎涉及全部绿地类型，但通常集中在公园绿地和附属绿地中。相同类型的绿地往往具有一致性的特点、规律和原则去遵循和参照，因此本节针对各类常考绿地的特点做一些简要分析。

2.3.1 公园

公园绿地是快速设计考试中最常出现的类型。一般而言，与附属绿地不同，公园是一个独立的系统，它可能包含众多的内容与矛盾需要我们去处理与解决，在设计过程中不仅需要突出的形象思维能力，也需要良好的逻辑思维能力。每个人都应该在自己的头脑建立一个系统——一套城市公园的理想格局与框架。它包括理想的空间格局、理想的功能内容、理想的特征、理想的尺度等，它们共同构建了理想的户外活动空间——一个完美无缺的公园。对于公园设计，整体结构、布局、节奏和尺度控制是最重要的。

（1）综合性公园

综合性公园是以为大众提供丰富多样的户外活动为主要内容，各类活动设施完善的大型城市绿地。综合性公园，面积较大、功能完善、景观丰富，主要考查设计者对于现状的分析、整体的结构布局、尺度的控制，以及与用地外围城市环境的融合和局部重要节点的细部设计等除此之外，其他考点一般也较多。

内容的多样性，要求设计过程中一般要将各个活动项目按其类型与特点分类、分组，相对集中地布置于一个区域内，并构成一系列内容各异的功能区，即功能分区。如：儿童活动区、文化娱乐区、中老年人活动区、康体活动区、公园管理区等。有效组织这些活动内容将成为设计中重要的部分。此外，公园内景观的有效组织与营造同样非常重要，每一种类型的活动都需要与之相呼应的景观环境，理解并掌握不同行为所需要的场所的景观特征是设计者必须把握的基本技能，要做到全园景观类型丰富多样，同时要注意突出特色，避免千篇一律。综合性公园的内容与特征使其必然可以成为一个独立的、自成一体的体系而存在于城市环境之中。也正因为如此，如何使公园与城市成为一个有机的整体也是设计中的重点之一。由于面积较大，综合性公园已成为城市居民接触自然、放松心情的主要场所，因此较多采用自然式布局，混合式和规则式的布局也适合于综合性公园。

（2）专类公园

专类公园一般具有特定的主题内容，并常常伴随着个性化的形式和景观。快速设计中常见的有展览花园、雕塑园等。专类公园一般面积不是太大，功能需求和空间结构也较综合性公园简单。因此主要考点是对于主题的表达，因此需要明确设计的目标，突出其主题特征。如展览花园，需要通过塑造具有一定个性特征的空间，使穿行者获得印象深刻的体验，当然这种体验要切合主题。而雕塑园主要是创造纯净、简明的展览空间，设计合理的参观流线和展品陈列方式，并为不同展品所需的特定环境营造与之相对应的景观氛围等。总之，专类公园的设计应当主题明确、个性鲜明。

（3）带状公园

带状公园是沿城市道路、城墙、水滨等，有一定游憩设施的狭长形绿地。通常具有一定宽度（8m以上），为城市居民提供休息、游览服务。

带状公园设计在保持线性整体的连续性与完整性的同时，如何构筑不同地段的个性问题成为设计需要解决的核心矛盾。带状公园要充分考虑城市景观的需求，应与相邻的城市功能区在景观上互为呼应、互为补充。基本手法是横向分段组织，每段布局可各具特色，但总体要求统一。为了便于行人出入，带状公园的出入口一般与两旁主要功能区或建筑的出入口相应而设。但出入口不宜过多，以不使内部绿地分割得过于破碎，同时要注意与外部道路的隔离，保证游赏区有一个宁静、卫生和安全的环境。

对于临水的带状公园，应尽量将水景融于绿地之中，滨水带的处理是重点之一。充分利用驳岸以及堤坝等特有元素进行设计，营造一个宜人的亲水环境，如条件允许可设游船码头、观景台、赏鱼区等。

（4）街旁绿地

街旁绿地是位于城市道路用地之外，相对独立成片的小型绿地，是供人们休息、交谈、锻炼、夏日纳凉及进行一些小型文化活动的场所。包括街道广场绿地、小型沿街绿化用地。

街旁绿地面积较小，布局和结构相对简单，重点是与周围城市空间结构的衔接。设计中应充分利用场地特征，做到特点鲜明突出，布局简洁紧凑，空间需要有一定层次。由于尺度小，受城市形态影响较大，因此街旁绿地的形式也多采用规则式，与城市的规整形态相协调。

定位是街旁绿地设计的难点。不同街旁绿地的周边环境差异很大，在具体的设计案例中，如何进一步确定其具体的功能取向与形式特征常常令人困扰。由于面积小，通常情况下，如何利用街旁绿地形成良好的街道景观，同时又能够使进入其中的游人从嘈杂的城市环境中脱离出来，进入相对自然、安静的环境中，是这类绿地设计需要解决的主要矛盾。需要设计者根据具体情况，选择恰当的思路和方式。

2.3.2 附属绿地

附属性是附属绿地的最大特点，通常它不必、甚至不应该具备独立的“品性”，可能没有独立的交通体系、设施体系，甚至没有景观的主体，在功能和审美方面，一般是主体单元（如建筑）的补充和完善。因此，在设计过程当中，需要根据具体情况进行准确定位。此外，要在满足功能的基础上尽量保证有效的绿地面积，因为我们设计的是绿地，不是广场。定位不准，将绿地设计成广场是快速设计中最易犯的错误之一。

建筑附属绿地可以简单地理解为建筑周边的或之间的绿地，一般被建筑和道路分割得较为破碎。在一个特定的区域内，如一个校园或某个行政机构的大院内，如出现集中的面积较大的绿地非常难得，需要在综合分析整个区域外部空间结构的基础上，确定其发展方向，尽可能保留其空间和形态的完整性，不宜过多分割。

另一方面，如何进一步塑造环境的整体性，如何通过附属绿地将区域内的建筑、交通以及其他设施有效地组织起来，构成一个综合、有机的整体，是附属绿地设计的另一重要内容。这一过程的核心是对整个区域空间与景观特征的再塑造或完善，是对整个区域空间、整体风貌和场所氛围的塑造过程，不仅仅是种几棵树，设置几个场地和坐凳的问题。简单的“零件”或者“词语”拼凑是无法解决问题的，区域内各块绿地在形式或功能上需要相互联系或补充。

（1）居住绿地

首先应对居住区内部各地块进行准确的功能定位，如入口空间、组团核心绿地、交通空间和宅前绿地等。根据各地块的功能定位进行深入的细化设计。居住区绿地使用最多的人群是老人和儿童，要特别布置适宜他们活动和游戏的场所。同时由于与住宅建筑相接，要考虑建筑的基础绿化，要配合住宅类型、间距大小、层数高低及建筑平面关系等因素综合考虑布置。居住区内各组团绿地既要保持格调的统一，又要在立意构思、布局方式、植物选择等方面做到多样化，在统一中追求变化。

组团核心绿地是居民户外活动的核心，需要充分考虑居民日常活动的需求，为居民的公共活动提供相应的场地和设施，场地和设施的多功能性要得到应有的强调。核心绿地与居住区公园的区别除面积相对较小、功能相对单一外，还在于它更需要营造一个素雅、亲切、安静、祥和的景观环境提供便捷、实用的功能内容。多以植物造景为主进行布局，主要利用植物组织和分隔空间，宁静的水面、高大的庭荫树、亲切尺度的草坪、舒适的多功能场地是居住环境的主要构成元素，如能适当点缀令人感到亲切和欢快的小品，则更能营造良好的生活氛围。

（2）校园、办公绿地设计

校园功能区划明确，各功能区相对独立，所以环境整合尤为重要。需要通过附属绿地的设计将各功能区的建筑、户外空间、交通整合成为一个有机统一的整体。

校园规划的绿地率较高，结合校园功能区划，一般大学校园绿地分为：教学科研区环境绿地、学生生活区环境绿地、教职工住宅区环境绿地、校园道路绿地等。各个分区绿地应根据其功能特点进行设计。如教学科研区周围绿地主要满足教学、科研、试验和学习需要。绿地应为师生提供一个安静、优美的户外交流和休息环境。对于学生生活区的绿地，应创造多种适合于日常生活和户外活动的绿地空间，大学生的集体活动与交流的需求很强，因此应该尽量创造些适合于此类活动的空间，以便于他们进行集体活动、演讲、小型演出等。

此外，校园主楼户外环境绿化应突出学校特色，反映校园的文化气质，如体现学校的历史、专业特征、文化特征等。绿地风格应与建筑风格相协调，也要考虑一定的俯瞰效果。

（3）商务办公绿地

商务办公附属绿地一般包括：办公楼前区、庭园区、屋顶花园等。商务外环境的整体绿化设计应具有该企业特有的文化和内涵，各区之间应合理布局，形成系统，并在构图上形成统一的风格。同时作为附属绿地，在与主体建筑协调的同时，也要与周边景观相呼应。多数商务活动区融商务活动与办公一体，其环境不仅是员工交流和休息的场所，更多的是作为公共空间而存在。因此外环境需要很强的公共性与开放性。所以一般具有较大的铺装面积。对于以办公为主的商务外环境其空间具有内向而私密的特点，主要供公司内部人员及访客使用，形式常常具有很强的个性。

（4）庭院设计

庭院是附属绿地中一类很特殊的绿地，因此单独阐述。庭院最主要的特征是封闭性，四周被建筑物或构筑物围合，一般面积较小，因此设计时内部空间构成一般简明，通常为一至多个空间单元的组合，关键是塑造空间的特色和趣味性。在深入设计时，需控制好尺度和细部设计。此外，庭院和周围建筑的关系也是处理的重点，包括出入口、室内观赏点、风格的协调以及从建筑上鸟瞰的效果等。同时功能定位应准确，当同时有多个庭院时，各自准确的定位和相互之间的互补更为重要，或为交通空间、或为展示空间、或为建筑内人员提供室外的休息和交流空间等。

2.4 风景园林要素

熟练掌握各风景园林要素设计要点，是基本的设计素养，也是快速设计的基础。风景园林设计多以地形、水体、植物、道路、场地和建构筑物为基本要素来塑造良好的生态环境，形成优美、宜人的空间环境（其他要素还包括各类活动设施、声、光等）。因此，在学习和实践过程中，需从这几方面着手，利用这些基本要素来构筑三维空间，并形成能满足特定活动需求的场所系统。本节以设计要素类型为划分依据，逐一对每一种要素的特征和设计应用中的要点，以及快速设计中易出现的错误加以阐述，使读者能够对这些基本要素和各单项设计的主要内容有一个较为系统的认知。在平时的学习和准备训练过程中，也要反复地研究各种要素，积累各要素的设计要点，有针对地学习、研究和体会优秀案例，并注意各个要素之间的相互呼应与协调，以便于在快速设计中能够得心应手。

2.4.1 地形设计

（1）概述

地形设计是风景园林设计中一个重要环节，是户外环境营造的必要手段之一。地形是指地表在三维项度上的形态特征，除最基本的承载功能外，还起到塑造空间、组织视线、调节局部气候和丰富游人体验等作用。同时，地形还是组织地表排水的重要手段。部分同学在快速设计中常常缺失地形设计，致使方案无论在功能上，还是在风格特征上都无法令人满意。

地形可以塑造场地的形式特征，并对绿地的风格特征影响很大。地形从形态特征上可分为自然地形和规则地形，以规则形态或有机形态雕塑般地构筑地表形态，构成地表肌理，能给人以强烈的视觉冲击，形成极具个性的场所特征和空间氛围，是现代风景园林设计的常用手法。

快速设计中地形的表现方式一般采用等高线。其他常用到的辅助表现方式有控制点标高、坡向、坡度标注等。

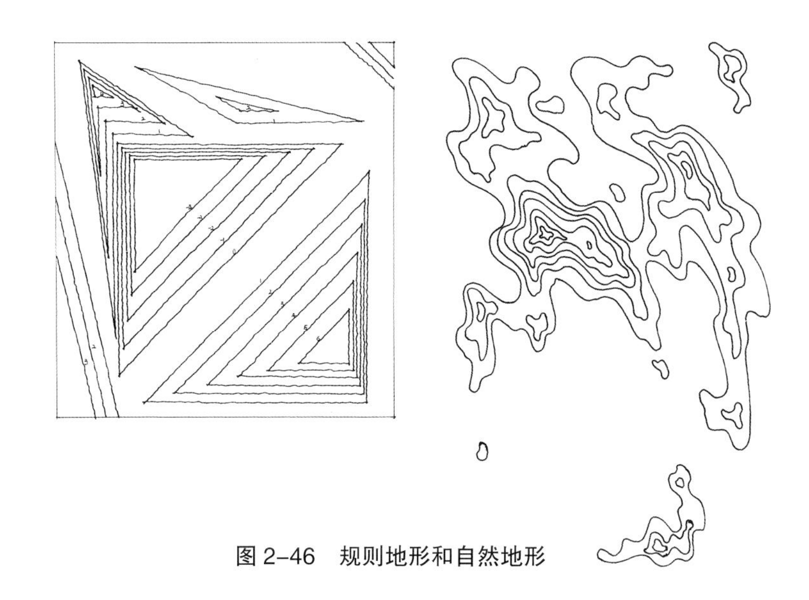

图 2-46　规则地形和自然地形

（2）地形设计要点

因地制宜。现状中已有地形变化的场地，要充分利用原有地形的特点，有时稍加调整，即可达到事半功倍的效果，满足使用需求。这样既能降低建设成本，又体现了对场地自身特征的尊重。

塑造空间。地形的基本功能之一是塑造空间。地形的起伏变化形成了山脊、山顶等突起的制高点，同时，也形成了洼地、谷地等各类内向聚合或线性延展的空间。地形在空间塑造过程中的作用是决定性的，常常成为空间的“骨架”，影响场所的特征与氛围。在地形设计过程中，应注意对地形的尺度和坡度的控制。

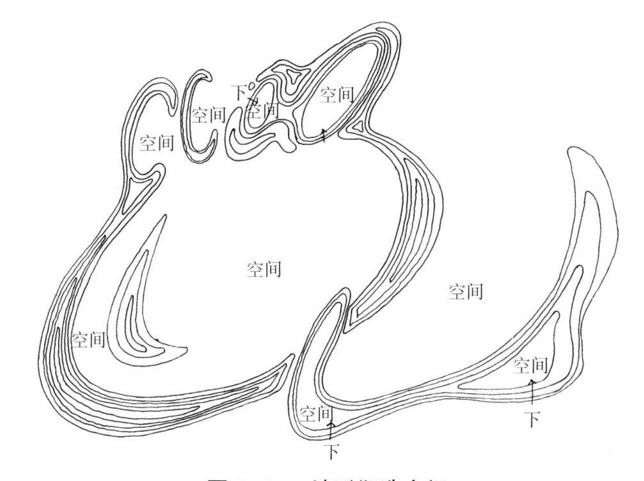

图 2-47　地形塑造空间

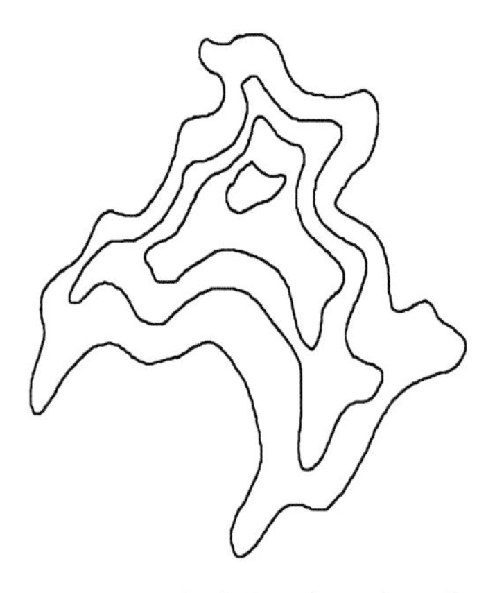

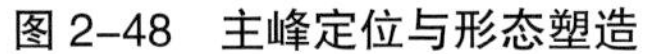

图 2-48　主峰定位与形态塑造

图 2-49　山体层次塑造

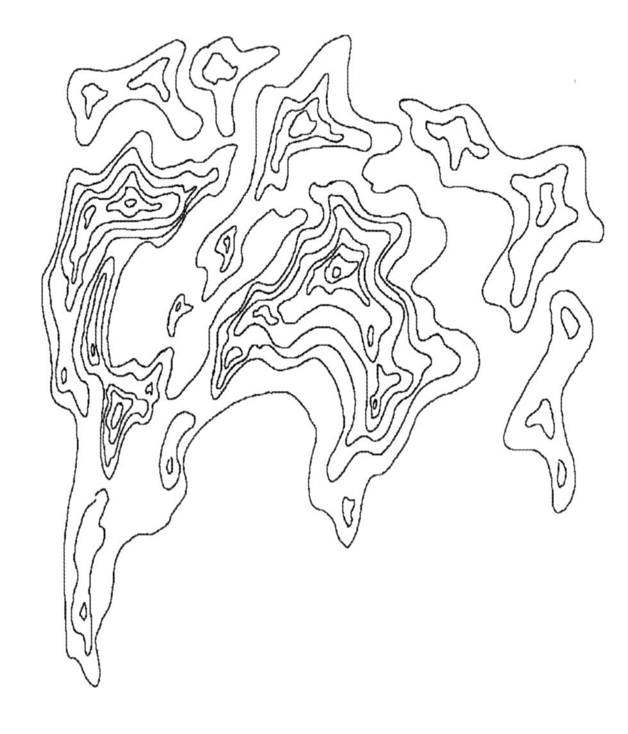

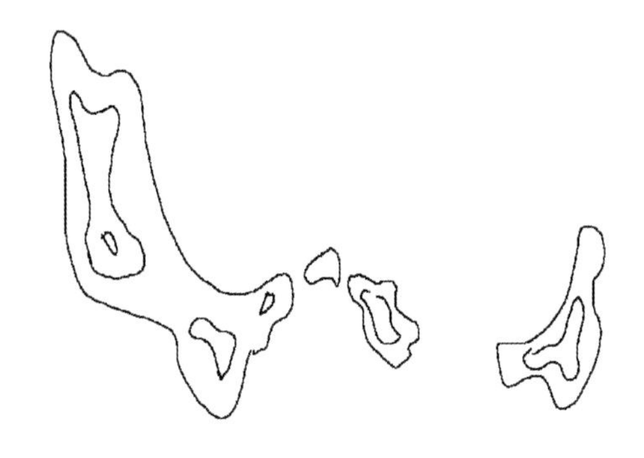

图 2-50　地形体系

多样的地貌和丰富的竖向变化，并形成体系。对于面积较大的园子，可以创造出多样的地貌，如山体、小丘、盆地、缓坡等。反映在等高线上，要有疏密变化、有聚散、有主次。此外，孤立的山峰很难形成丰富的景观，需要将多组地形组织于一个有机的系统之中，主客分明、有缓有急、相互呼应。

与其他要素相协调。地形应与其他要素相配合，形成统一的有机的户外空间。特别是山水关系，如山水相依、山抱水转。另一方面，运用植物与地形有机结合，进一步细分空间，以期形成丰富的空间体系。

视线控制、组织游览。在地形设计时，还需考虑对视线的控制，结合种植设计，可建立一些视觉通道，透出相邻空间内的景色，也可以完全隔离。还可通过地形设计遮挡不良景观、阻隔噪音等。

图 2-51　地形对局部小环境的调节

2.4.2 水景组织

（1）概述

水是造园的基本要素之一，也是应用形式较为多变、灵活的要素之一。水为环境增加了“灵性”，是空间构成和氛围塑造的重要因子。水亦能调节局部小环境，起到调温、增湿、减尘、隔噪和维护局部生态平衡的作用。

园林绿地中水体变化丰富，不同形式水体往往与场所的整体形式风格密切相关。按形态可以分为点、线和面状水体，按动静可分为动水和静水。自然式水体形态变化多样，是模仿自然界溪、潭、河、湖的局部片段；规则式水体一般是指驳岸具有几何形态的水体；有机形态在现代设计中也经常出现。

水体常成为场所的构图中心，或是景观焦点，关乎整体布局。以水面作为空间构成的核心，整个场所的空间结构围绕水来展开，是常用的布局思路之一。在设计构思之初，往往会将水景列入考量范围之内，包括：水体的大小、位置、对全园节奏的影响等。在快速设计考试中，如果现状图中有水体（频繁出现），一般多为考点，要敏感起来，思考如何利用或改造现状水体，加强还是减弱水体等。水景能使空间丰富，增强空间趣味性，但是也要考虑实际情况是否允许和适合。

单纯具有优美的水体是不够的，我们还需要为人的使用提供便捷、多样的亲水环境；为植物提供良好的生存环境，形成良好的滨水生态系统。因此滨水环境的设计是水景组织的重要一环，需要平时学习、积累和把握常规的设计思路与手法。

（2）水景设计要点

系统性。水体设计时应注意尺度与布局的变化，有大有小，有主有次，有聚有散，形态丰富，形成体系，相互沟通，创造出多样的水系空间。大型园林绿地中水系形态丰富，点状、线状和面状水体共存，形成湖、池、潭、港、滩、渚、溪等多种不同形式的水体。水系的首尾通常要有所交代，中国古典园林里讲究有头有尾，“疏水之去由，察源之来历”。

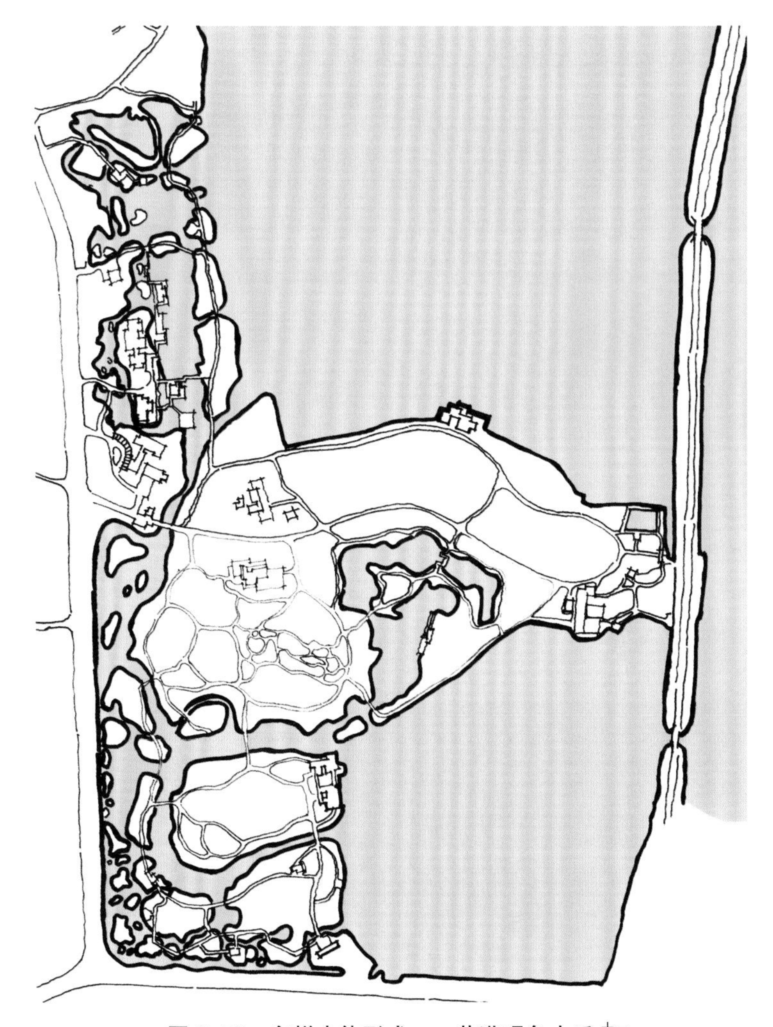

图 2-52　多样水体形式——花港观鱼水系 [十一]

而西方古典园林里，大型水体的头和尾一般都会放大，设置喷泉、雕塑、剧场或其他形式的场地，成为空间转换或者空间序列中的重要节点。

水面的层次和景深。平展、开阔的水体可以产生磅礴的气势，但同时也可能造成相对单一和乏味的感受，因此宜通过堤、岛、桥、石、廊、水生植物等对水面加以点缀或分隔，增加层次。水面面积不大时，宜以聚为主，但也可以通过一块顽石、几片莲叶来丰富水面层次。

与其他要素的融合。水体设计时，需与其他要素融为一体且相互配合，创造统一协调的空间。其中应特别注意山水关系，山水相依，山因水活，水因山转，形成“山环水抱”的传统布局结构。也要推敲水边重要场地、山体和建筑的位置及相互之间重要的视线，沿水道路与水体的关系等。

线状水体需强调纵向序列的变化，点状水可以提升环境质量。线型水体一般能构成纵向的空间序列，水体本身和周围空间应有收放、开合、曲折的变化，形成变化丰富的序列。趣味的点状水体可以活跃气氛、提高环境质量，使其成为场所的中心。动水能活跃气氛，并为环境带来动感，如大型的跌水、喷泉、瀑布等。为满足使用者的亲水需求，通常临水布置场地，并创造多样的亲水方式，如台阶、木平台、旱喷等。

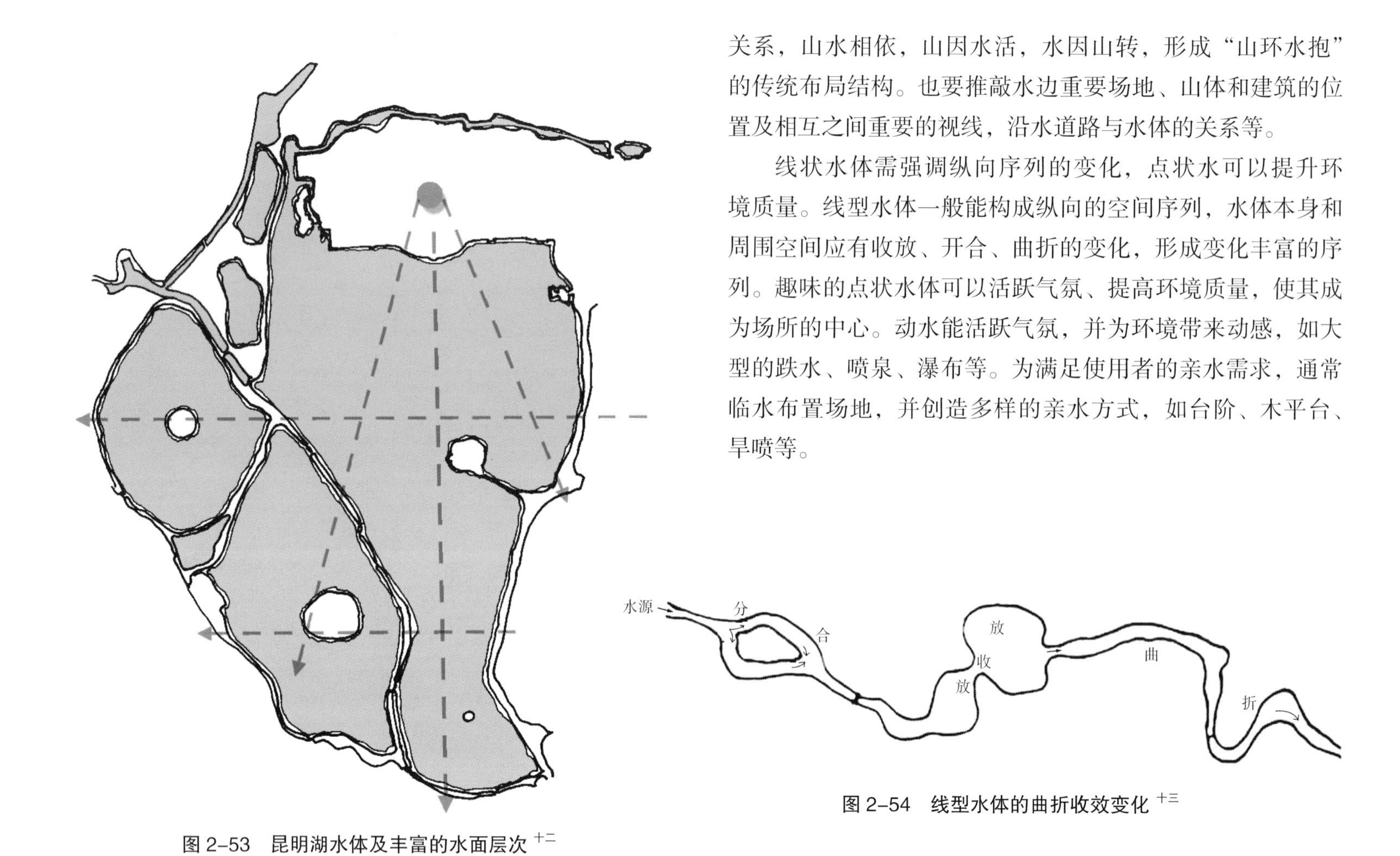

图 2–53　昆明湖水体及丰富的水面层次 [十二]

图 2–54　线型水体的曲折收效变化 [十三]

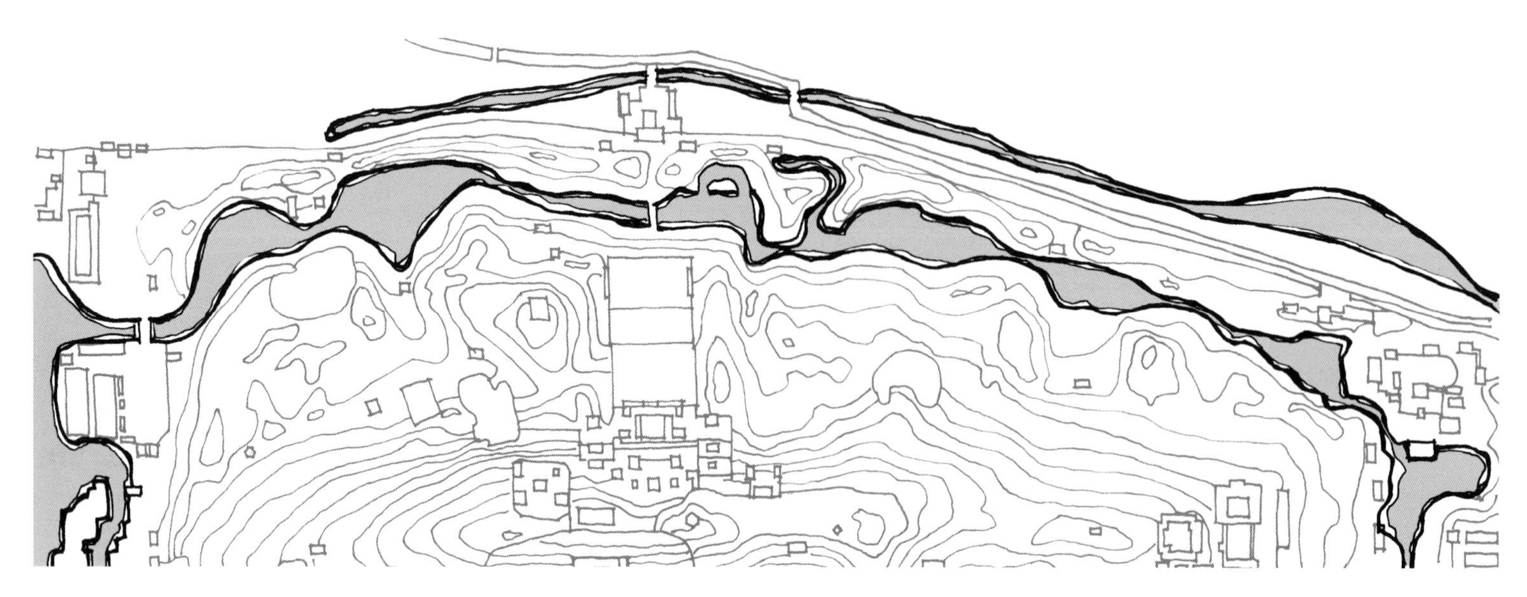

图 2–55　线型水体变化——颐和园后溪河 [十二]

2.4.3 种植设计

（1）概述

植物是造园时最基本的要素之一，也是最为丰富的要素之一。植物可以用来营造空间、控制视线、改善局部小环境。“山水是骨架，植物是毛发”，种植设计是基本功。但在快速设计中，很多同学的误区之一是不重视植物设计，把过多的时间浪费在硬质场地的形式拼接上，而植物设计方面只是简单地采用平铺或“填缝隙”的方式，反映出基本设计素养的缺失。

植物可分为乔木、灌木、藤本、地被草坪、花卉和水生植物等多种类型。不同种类的植物在整体形态、叶形、叶色、花形、花色和果实上各有特点，丰富多彩。在快速设计中，对于常用植物的观赏特性和生态习性需要全面了解。

快速设计中如没有特别的要求，种植设计的深度一般不要求确定每一棵植物的品种，但需要确定主景植物与基调植物。图纸表达一定要能区分出乔、灌、草和水生植物，能够区分出常绿和落叶。在快速设计准备过程中，要思考以下问题：如何理解种植设计？在风景园林设计中植物起什么作用？还需要有针对的研究一下植物的种植要点，可以参考相关植物设计书籍中关于种植设计的讲解，此外务必要学习、临摹、用心体会一些优秀的种植案例，并在此基础上多加练习。

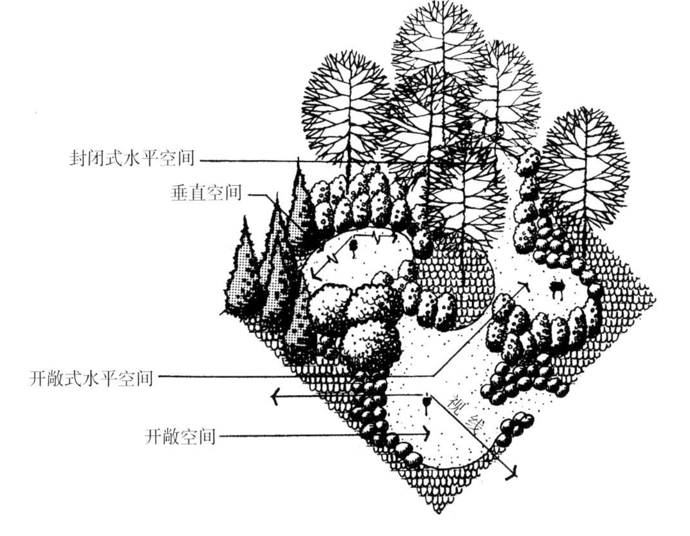

图 2–56　植物塑造空间类型 十四

（2）种植设计要点

种植设计需从大处着眼，有明确的目的性。无论是整体还是局部，都要明确希望通过植物的栽植实现什么样的目的，达到什么样的效果，创造什么样的空间，需有一个总体的构想，即一个大概的植被规划。是一个开阔的场景，还是一个幽闭的环境？是繁花似锦，还是绿树浓荫？是传统情调，还是现代息？明确哪些地方需要林地，哪些地方需要草坪，哪些地方需要线性的栽植，是否需要强调植物的色彩布局，是否需要设置专类园等。这些都是在初始阶段需要明确的核心问题。

充分利用植物塑造空间。我们设计的大部分户外环境，一般都以乔木和灌木作为空间构成的主要要素，是空间垂直界面的主体。植物还可以创造出有顶界面的覆盖空间。在应用植物塑造空间时，头脑中对利用植物将要塑造的空间需先有一个设想或规划，做到心中有数，如空间的尺度、开合、视线关系等，不可漫无目的的种树。全园植物空间要求多样丰富、种植需有疏密变化，做到“疏可走马、密不透风”。

理解并把握乔木的栽植类型。乔木的栽植类型有孤植，对植、列植、丛植、疏林草地、林地六种类型。此外，再加上不栽乔木的开阔草坪区域，构成了一个整体绿色环境。在设计过程中，应根据具体的设计需要选择恰当的栽植类型，以形成空间结构清晰，栽植类型多样的效果。

图 2–57　林下、覆盖空间

林冠线和林缘线。种植时需控制好这两条线。林缘线一般形成植物空间的边界，即空间的界面，对于空间的尺度、景深、封闭程度和视线控制等起到了重要作用。林冠线也要有起伏变化，注意结合地形。

与其他要素相配合。特别是与场地、地形、建筑和道路相协调、相配合，形成统一有机的空间系统。如在山水骨架基础上，运用植物进一步划分和组织空间，使空间更加丰富。

层次。可以通过林缘线的巧妙设计和视线的透漏，创造出丰富的植物层次和较深远的景深，也可以通过乔灌草的搭配，创造出层次丰富的植物群落。

注意花卉、花灌木、异色叶树、秋色叶树和水生植物等的应用。可以活跃气氛，增加色彩，香味。大面积的花带、花海能形成热烈、奔放的空间氛围，令人印象深刻。水生植物可以净化水体，增加绿量、丰富水面层次。

专类园。在面积较大的公园或植物园中，可以集中一处展示某类植物，体现品种多样性。

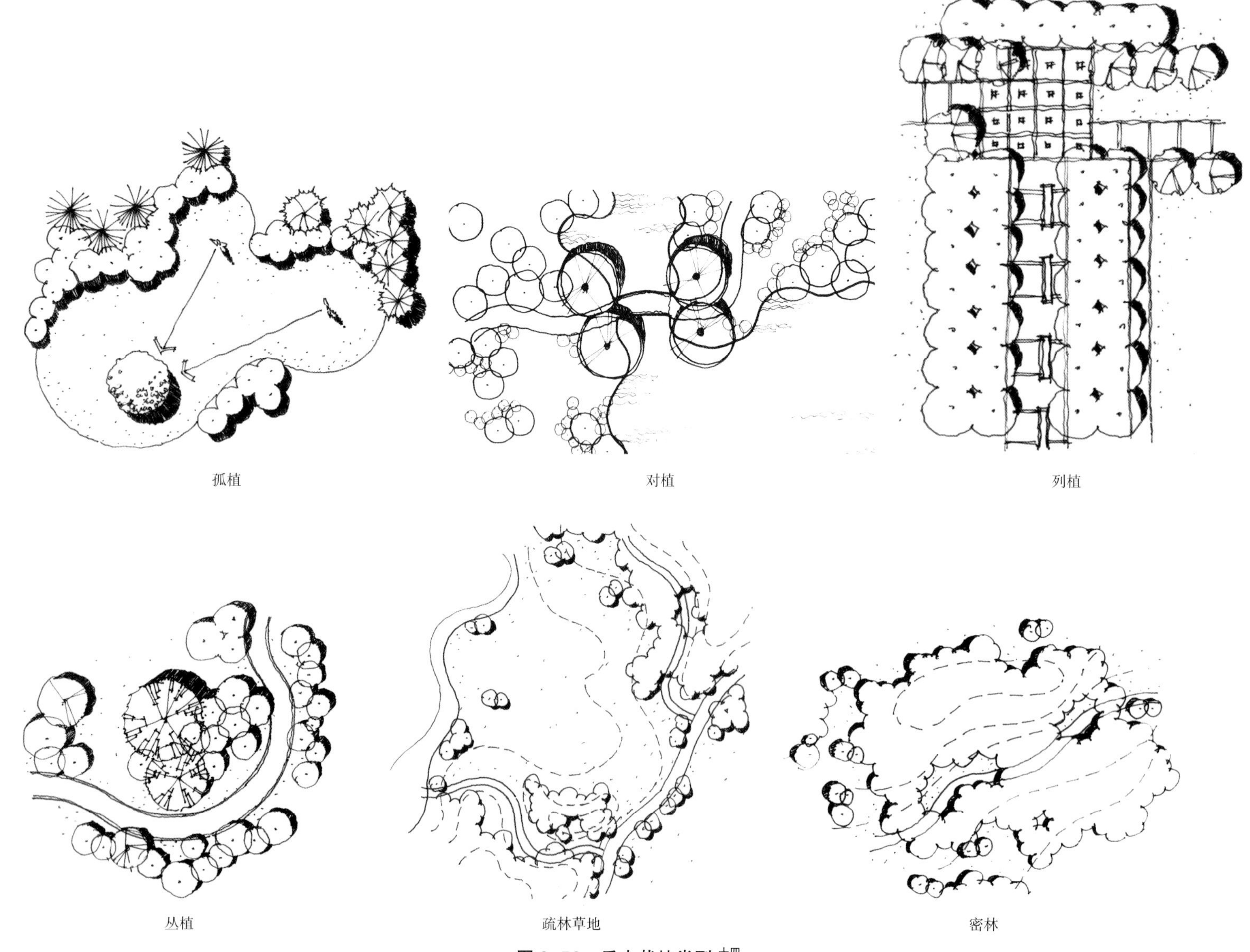

图 2-58　乔木栽植类型[十四]

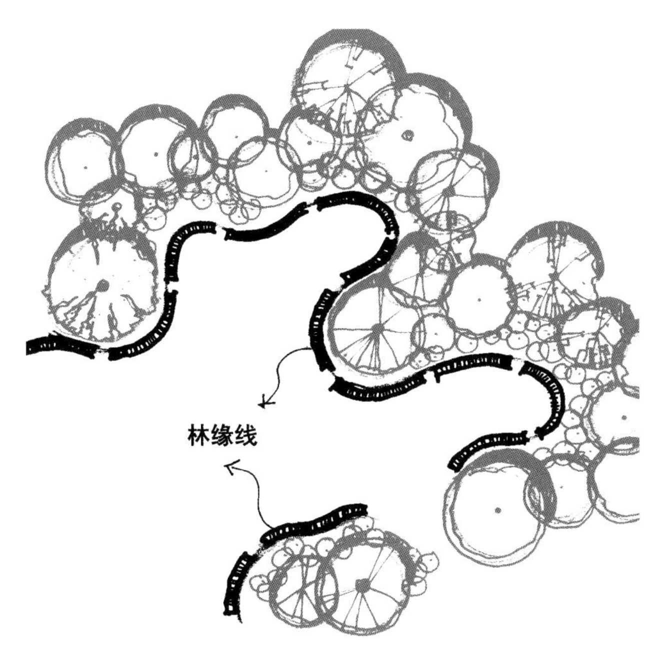

图 2-59 林缘线

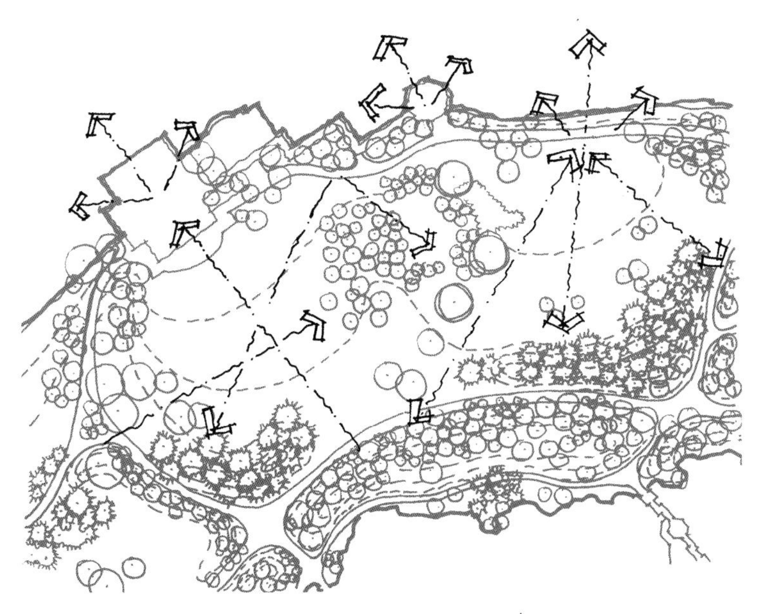

图 2-60 植物对视线的控制[十二]

2.4.4 道路系统

（1）概述

道路系统是最基本的功能设施，是人在一个场所中活动的“脉络”，起到组织交通、引导游览等作用。道路系统设计的核心问题是：“去哪里”、“穿行体验”、“协调组织不同交通流”等。同时，作为一种设计元素，其形式特征对整个场所的形式风格影响巨大。

布局阶段，在全园功能、空间和重要节点布局的基础上，要梳理出一套导向明确、便捷有效的交通系统，确定交通系统的结构。在快速设计考试准备过程中，需参阅相关专业书籍中关于道路系统的设计规范、设计原则和要点。平时留心学习和研究经典案例，多加练习。

（2）设计要点

系统性。道路系统一般按通行的交通量分级设置。较大的公园，道路系统一般分三级，主路宽 5m，支路宽 2.5~3.5m，小路宽 0.9~1.2m。面积较小的绿地根据实际需要，道路分级较少或不分级。快速设计中，首先要从全园总体布局入手，综合考虑主要人流来向和与外围交通的街接，交通量、景点分布、地形等，统一规划，确定主路系统，在深入设计阶段，确定二三级路。主路承载主要的交通，连接全园各区和重要的节点，要求通畅且能连通主要景点。二三级路是对主路系统的补充，支路、小路承载各景区内的主要交通，顺地势分布，均衡有致。切忌形成不必要的平行路、尽头路、明显的绕行路等，而影响游园的通畅性和便捷性。

丰富的穿行体验。选线时注意空间的变化和节奏，通过道路的引导，体验“起承转合”的空间序列。道路是动态的景观，要合理安排视线和景点，做到“步移景异”，使人能够体会风景的流动，感受丰富的景观层次。

道路线型上力求可控。如为曲线，最好圆滑、有弹性，如为直线则刚劲有力。

道路密度适宜。全园道路不求绝对的均衡，使园子各处都能方便到达为宜。

道路与外围交通相协调。园内道路设计要与园外交通和主要人流方向相协调。要结合周围交通环境和使用人群的需要，合理疏导人流，组织交通。

桥。位置一般宜选择在两岸距离最小处的水口上。桥的体量需与水面和空间的尺度大小匹配，桥本身可作为景观，也可划分空间，增加层次等。

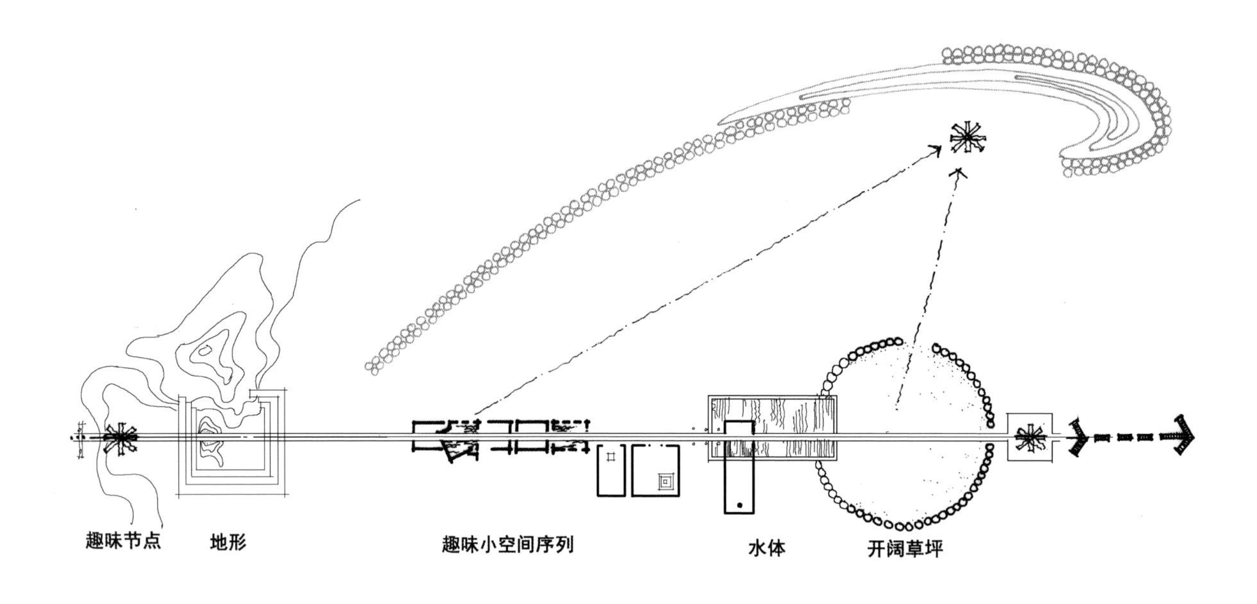

图 2-61　道路引导游览，以及丰富的穿行体验

2.4.5　场地

（1）概述

从某种意义上讲，广场是道路的扩大部分，是游人停留活动的场所。根据功能的不同，大致可以分为交通型广场和停留型广场，不同功能的广场解决的主要问题不同，设计的侧重点也不同，平时应该分类研究、准备。

（2）设计要点

场地选址。大部分场地的选址基于两个前提：一是功能需要，决定其必须在某个位置或某类区域设置场地。二是环境宜人、周边景观条件优越，适宜布置场地作为人们停留休息、聚集观景的场所。交通型广场较易把握，可根据交通流量决定具体位置。停留型场地的功能内容多样，影响因素较多。在满足功能需求的前提下，应以获得宜人的环境为目标。场地的功能对场地的尺度和类型影响较大，环境特征往往是影响场地形态的主要因素。

场地与环境。就人在场地中的的视觉特征而言，可将场地分为内向型和外向型两类。内向型场地主要强调场地内部的形态塑造，一般会有视线焦点，如花坛、树丛、雕塑、水池等。外向型场地存在的前提是其周边优越的环境，没有良好的环境，或者称为"景观"，很可能就没有场地存在的必要。所以，必须重视场地与周围环境的融合，要把场地与环境视为一个整体，统一处理空间、视线、形式等因子，使场地与周围其他要素相互协调和呼应，形成一个统一协调的空间单元。

场地与设施。场地因人的需要而存在，必然需要布置相应的服务设施。大部分情况下最简单的设施，如坐凳（包括可停坐的台阶、种植池）、路灯等是必不可少的。其他设施应根据具体的使用功能、环境特征确定。

出入口广场。要根据主要人流来向、外围交通和场地形态等条件，设计数量不等的出入口。出入口应设足够面积的集散广场。

强调重点。场地设计分清主次，抓大放小，分类处理。在快速设计中，必需做到重点突出，主要的场地需重点设计和表现，形态好、与周围环境相融合、尺度合适并且有一定的细部设计。而一些非重点的小场地，则可以设计得简单一些，不必花费太多时间。

尺度准确。根据承载的功能、人流量大小和所在空间单元的尺度，合理确定场地面积和形式。如场地比例失调，会影响到整个绿地的尺度感。有些场地较大，内部交通和功能复杂，需要协调过境交通和场地内部交通，交通流线不可相互冲突，亦不可干扰场地内各种活动。

2.4.6 建筑

（1）概述

建筑作为重要的功能设施和视觉要素，必然成为风景园林设计的重要组成部分。在城市绿地中，建筑（不包括城市公共设施）的最主要功能是为游人提供一个方便、舒适的停留场所。对于建筑，重点需要考虑的问题是建筑的选址和平面形态布局。绿地中的建筑，一般分为建筑群体组合和单体建筑两类。建筑群体常结合周围环境形成“节点”，成为一个区域的中心、视线的焦点，是主要的功能服务区和重要的观景场所。单体建筑在园林绿地中多以“点”的形式出现，就其景观价值而言，多起“点睛”作用。

（2）设计要点

类型与风格。对于今天的城市绿地，功能内容多样而复杂，关于建筑首先应该思考的是绿地内部需要哪些功能类型的建筑。对于主要功能建筑，一般会有明确要求，而对于辅助设施与建筑，则需要设计者进一步完善，需要在图纸中予以表达。

由于与环境在形态上存在明显差异，建筑必然地成为场地当中焦点，通过特定的形态体现其设计思想，并对园林绿地的形式风格与特征的表达起到十分显著的作用。“亦亭斯亭，宜榭斯榭。”我们需要恰当选择适宜不同环境的不同建筑类型，以恰当的方式、多样的途径、丰富的建筑形态丰富我们的设计。

体量与尺度。建筑的功能是决定建筑体量的主要因素，每一栋建筑的体量应与其功能相对应，相协调。另一方面，建筑的尺度与体量和审美密切相关，因此，在满足功能的前提下，可以通过对建筑形态的塑造，对建筑的尺度与体量加以控制，使其符合审美需要，并与环境相协调。

建筑与环境。建筑的存在并不是孤立的，其位置、朝向、体量应以环境为依据，一方面我们常常希望它与环境融为一体，弱化其形态与材质的个性，“融化”于环境当中。另一方面，建筑可以塑造环境。它可以作为焦点，体现环境特征；可以作为空间界面，塑造空间；也可以构成一个节点，一个中心，一个环境中的“核”，控制整个区域。无论是融于环境还是塑造环境，两者并非相互矛盾，而是源自设计者遵循的目标与设计意图的差异。

院落空间。院落空间中西皆有，然而就造园角度而言，差异很大。学习中国传统设计思想、理念与手法是我们的责任，我们应该对这种类型的设计予以理解和把握，并能够较好地应用。

3 快速设计表现

3.1 快速设计表现基础

3.1.1 材料与用具

（1）快速设计用纸

拷贝纸：质地很薄、透明，且价格低廉，但容易起褶皱。基于这些特点，在快速设计中常用其拓底图和画草图。

硫酸纸：具有半透明性，可以重复地上色，颜色也很柔和，画出来的效果均匀、清透。把大部分颜色上在硫酸纸的背面，可以降低马克笔的纯度，且背面上色也不会把正稿的墨线洇开，造成画面的脏乱。

水彩纸：是水彩绘画的专用纸。由于它的厚度和粗糙的质地具备了良好的吸水性能，所以不仅适合水彩表现，也适合黑白渲染、透明水色以及马克笔表现。缺点是水多易皱，需裱纸。

复印纸：是快速设计中最常用的纸张，其特点是表面平滑、无明显凹凸、纸的质地软硬适中、对颜色的吸收和固定都比较好且不易模糊画纸等，适合铅笔、马克笔、彩铅等大多数画具。纸质对于颜色的吸附很均匀，彩铅、马克笔在这种纸面上都有较好的表现力。价格便宜，最适合在练习阶段使用。因为复印纸有现成的规格，如A4、A3等，故在一些学校的考试中也统一规定这种纸为考试用纸。

色纸：可以起到烘托图面，减少平涂工作量的效果，但由于色纸本身带有颜色，故需要掌握一定的颜色搭配技巧。一般情况下，色纸的选择以浅色调为主。另外较常用的是黑色色纸，用白色的笔在黑纸上作画会有很突出的视觉效果，但由于黑白对比非常鲜明，这种方式要求设计者线条表达和透视感要比较好。

其他可选用纸张有彩色喷墨打印纸、绘图纸等，可根据特殊表现的需要及考试要求来选择。

（2）快速设计用笔

铅笔：用途广泛且易于修改，在快速设计中，通常使用H、HB、B的铅笔做方案草图和底稿。

钢笔和针管笔：是考试当中最常用的两种笔。其中普通钢笔可以表现出流畅、富于变化和顿挫感的线条，多用于草图，效果图表现。针管笔有不同型号，可以绘制出不同粗细的线条，线条清晰、黑白分明、对比强烈，适合绘制平面图，也适合绘制其他线稿图。钢笔等结合马克笔和彩色铅笔可以得到钢笔淡彩的效果，而钢笔淡彩是最常用的快速设计表现方式。需要注意因其笔触痕迹不易掩盖或抹去，所以要求线条肯定，否则会将含糊犹豫的线条暴露无遗。

马克笔：色彩剔透、纯度较高、覆盖力强、着色简便快速、表现力强，适合在各种纸质上作画，是快速设计中渲染图面的最常用工具，一般分为油性、水性和酒精马克笔。马克笔排线整齐，可以体现画面的整体效果，能够增加图面的秩序性和整体性，结合钢笔线条的勾勒，可以很好地塑造形体和表达构思。缺点是多次渲染后颜色会变得浑浊，不适合用作大面积渲染，不易修改。景观表现的马克笔多选用比较淡雅的色彩，饱和度低一些，不宜选用太过艳丽的颜色。

彩色铅笔：是快速设计表现中的常用也是比较容易掌握的工具之一。彩色铅笔所绘制出来的图面色彩淡雅、渐变柔和、层次丰富，能够细致表达快速设计中的色彩和质感。再者，它是一种极方便的素材，可以修改，水溶性彩铅还可以加水营造出水彩的效果，而不必像画水彩那样需要准备较多的工具。缺点是层层堆叠颜色，较浪费时间。一般快速设计中采用淡彩表现，叠色较少。单纯的使用彩铅表现的画面缺乏感染力，可将彩铅作为马克笔等塑造层次及表现材质方面的补充，大面积的着色也可弥补马克笔的不足。

其他常用快速表现用笔有水彩、水粉、透明水色等，铺面效率很高。但是由于水彩、水粉的准备工作比较烦琐，技法较难掌握，图面也不易修改，所以在快速设计中很少使用这样的工具。

另外，在快速表现中，由于时间较短，常混合使用两到三种笔，如针管笔、彩铅和马克笔是最常用的搭配，可以在有限的时间中完成最为丰富的表现。

（3）其他材料与用具

虽然手绘应以徒手形式为根本，但在训练和表现中也时常需要一些尺规的辅助，以使画面中的透视以及形体更加准确，在实际表现中尺规辅助有时也可以在一定程度上提高工作效率。

快速设计中常用的辅助工具有：比例尺、直尺、丁字尺、三角板、圆规、橡皮、涂改液、胶带、双面胶、网格纸、笔筒、画板、裁纸刀等。“工欲善其事，必先利其器”，辅助工具对于快速设计十分必要。

3.1.2 线条

线条是绘图的基础。大部分快速设计绘图与表现都是通过徒手绘制完成，从形体塑造、素描关系到材质与肌理的表达都可以通过徒手线条完成。因此，徒手线条是快速设计与表现最重要的基本功，可以说良好的线条控制能力是成功的一半。

线条的画法可分为快画法和慢画法两种。快画法起笔和收笔略有停顿，行笔速度快，线条挺拔、刚硬，适合画短线，线条太长却不容易把握。慢画法行笔速度稍慢，线条稳重且略带抖动，绘制时要保持平和的心态，适合画长线。每个人的习惯、喜好与能力各不相同，在平时的训练过程中应

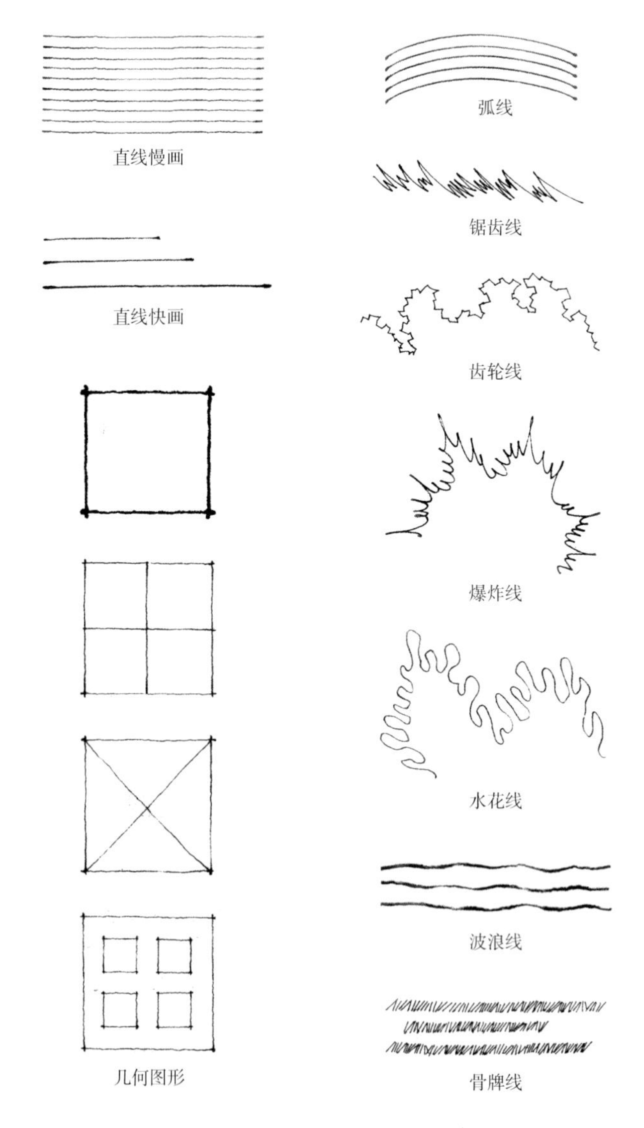

图 3–1　各种线条的示意图 [十五]

根据自己的特点，熟练掌握适合自己的方式与途径，提高表现能力。一张图里快画法和慢画法可以共存，但也要有主有次，形成特定风格。

线条流畅、潇洒也许并非一日之功，但平直、准确是基本要求。线条的排列、组合通常具有一定规律，初学者需要认真分析、临摹优秀作品，以提高对线条的控制与把握能力。线条的交点要突出一小段，棱角分明，显得更有整体感，切忌出现两端线连接不上或接点过于平整的状态。

3.1.3 素描关系

一张富有表现力的效果图，很大程度上依赖素描关系的表达。良好的素描关系对于准确的形体控制、形象塑造和恰当的场所氛围的把握至关重要。一般表现主要的物体时，要用五个调子：高光、亮部、灰面、暗部、投影。表现背景或次要物体时，需用三个调子：亮部、暗部与投影。

一张素描关系清晰的图，可以极大地增强形体感、进深感和趣味性。针对快速设计，素描关系主要强调画面的黑白灰关系，即画面要有重点，有收有放、有松有紧。具体的明暗则通过色彩的铺陈来塑造。

投影是作为反映光照和物体关系的另一个重要部分，可以快速表现出空间关系，使图面层次丰富，一目了然，增强表现力。如果时间紧，平面图宁可不上色，也要把阴影画出。画阴影时要注意光线的来源方向要统一，不可出现不同的投影方向。效果图中投影不是一块平涂的色块，它同样有明暗变化，越靠近物体阴影越重，投影边缘处则相对较浅。阴影的应用可以获得体量感和真实感，亦可作为一种手段集中人们对画面上某一区域的注意力和制造某种情绪。

3.1.4 色彩

色彩对于快速设计和快速表现，可以起到锦上添花的作用，色彩表现优秀的平面图或效果图往往能给观者留下深刻的第一印象。快速表现由于时间有限，多采用淡彩表现。整幅画面的色调要达到既统一调和又有变化，需特别注意的是不要用色过多，避免杂乱。整个版面上的色调也要统一。一般一幅图中使用的颜色不要超过20种，同时选择低饱和度的颜色，可以达到较为理想的效果。对于快速表现，可以通过平时的训练和学习研究，逐渐形成一套自己习惯的色彩系列。这样在考试时既能节省时间，又能出效果。以下有推荐的马克笔号（品牌是美国三福）可以参考：草地可以用192；阔叶树用187、31，或者用36、26；针叶树用141、38；彩叶树红色用133、73，黄色用21、69、65，紫色用147、171；铺装偏黄的用72、70、95，偏红的也可以用133配73或147；水用48、143或142；天空用202或48；另外准备冷灰暖灰的20%、40%、60%、90%，法国灰的20%、40%，还有黑色。

3.2 分析图表现

3.2.1 分析图的常用符号语言

在设计的初始阶段，使用抽象而简明的符号有利于更加清晰地把握设计思路。

路径符号：箭头具有明确的指向性，一般用于人流交通分析、视线分析，并通过其线型粗细不同以区分流量的大小或关注度的多少。

区域符号：用易于识别的一个或两个圆圈表示不同的空间。使用时要注意每个圆圈所占有的面积。多用于功能及区位的划分。

焦点符号：星形或交叉的形状代表重要的视线焦点、活动中心、人流集结点、潜在的冲突点以及其他具有较重要意义的紧凑之地。

分割符号：Z字形线或短线和方折线能表示线形垂直元素，如墙、栅栏、防护堤，表示与别处隔离。

3.2.2 三种分析图类型：现状分析、功能分析、景观分析

根据不同的需要，按具体的分析内容，可以将分析图分为很多种类型，如植被分析、坡度分析、交通分析等。本书主要介绍三种最常用的分析图的画法。

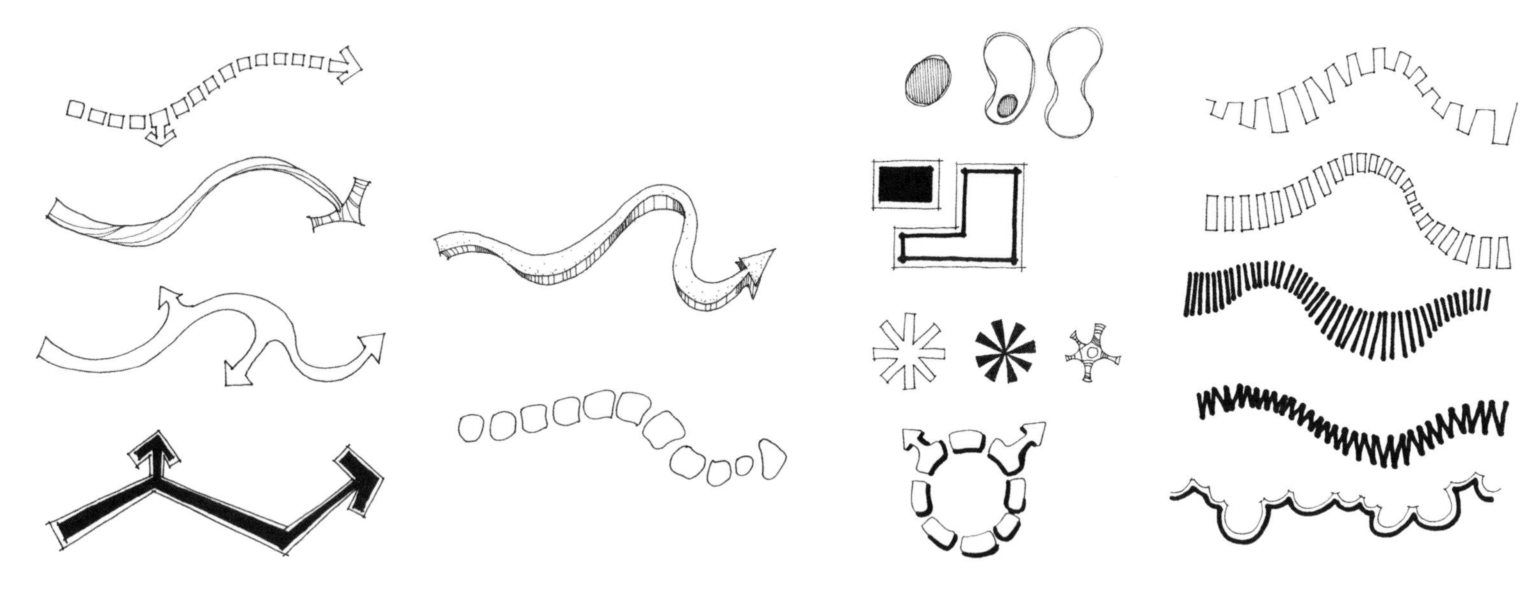

图 3-2　分析图的常用符号

分析的目的是为了明确把握现状特点、功能需求、解读概念与形式转化的可能性，就是要通过分析，对复杂多样区域和各种内容进行梳理，快速把握主要的特点和问题，有效组织各方面内容，并使它们形成一个结构清晰的有机整体。通常情况下，我们将分析的内容划分为不同的方面，并用形象化的符号在图面中表达，这些符号可以划分为三种类型：点、线、面。每一种类型都有很多变化，表示与具体分析内容相对应的元素，只是分析不同结构时，点、线、面所对应的元素也不相同。

现状分析：是把握现状特点、理解场地内在特征的过程。分为外部环境分析和基地分析两部分。外部环境分析包括对风向、周边交通流线、景观特征、功能区划等的分析。基地分析包括地形、自然循环、视野和风景等要素的分析，诸如树木、灌木丛、岩石和流水等。

在着手进行概念设计之前，对现状的分析必不可少，通过该步骤，可以让设计符合现状及常理，也可以帮助设计者加强对基地重要条件的视觉记忆，并使设计语言（本身就是一种图示符号）更加直接地与现状条件（已被转化为图示符号）对位，使设计更好地与现状相切合。

功能分析：属于基本概念设计阶段。功能分区图的任务是表达各个功能区的位置以及各功能区之间的相互关系。主要内容包括区域划分、交通组织、主要服务设施布置。分别对应：点——主要设施或节点符号，线——路径交通符号，面——具有相同功能类型的区域符号，它们共同反映各功能内容之间的结构关系、主要功能项目的位置以及各功能区之间和主要功能项目之间的相互关系。

功能分析的过程包括：整理功能内容并分类；将不同类型的功能项目布置于场地中；调整它们之间的关系，使各类活动相互协调，并成为一个系统。

景观分析：是在功能分析的基础上进一步深化，将现状因素、功能分区与景观进行综合考虑。景观分析内容为：确定景观特征；划分景观区域；确定主要景点及其他景点位置、特征和相互之间视线关系。在景观分析图中，点对应焦点，线对应视线方向，面对应相同景观类型的区域。

范例：2000 年北京林业大学考研试题的分析图

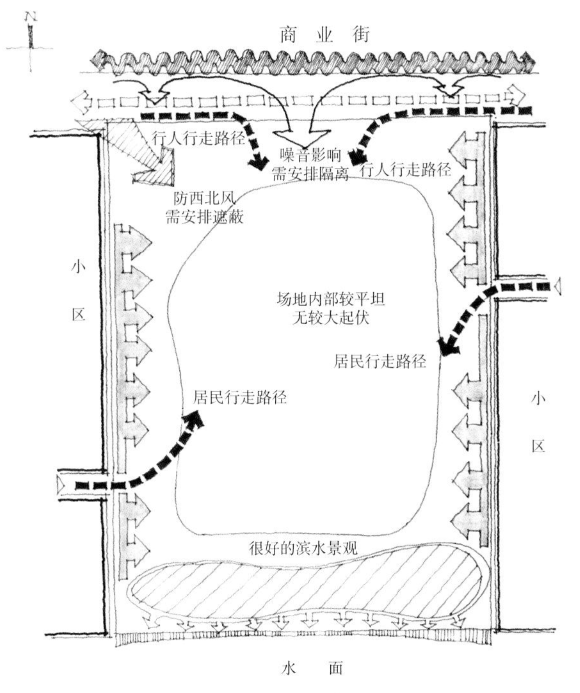

图 3–3　现状分析图

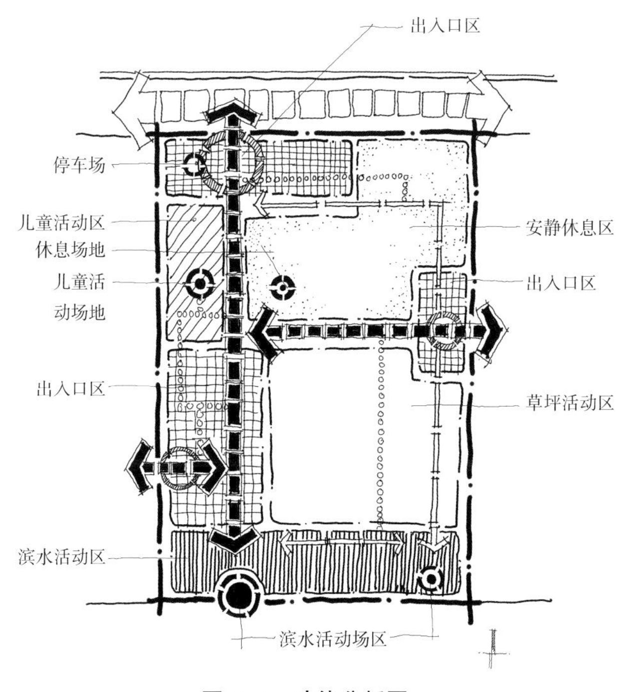

图 3–4　功能分析图

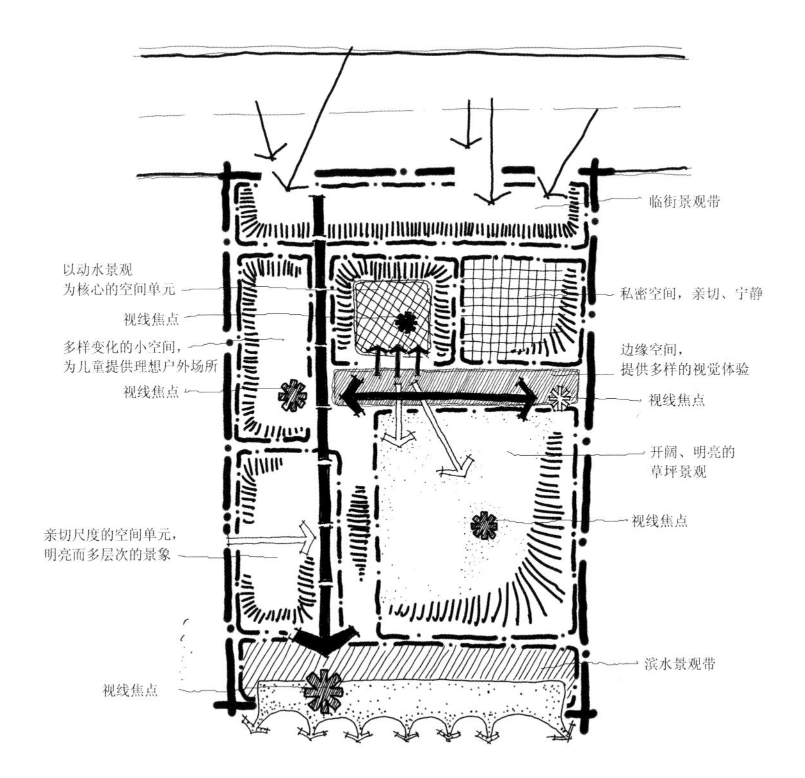

图 3–5　景观分析图

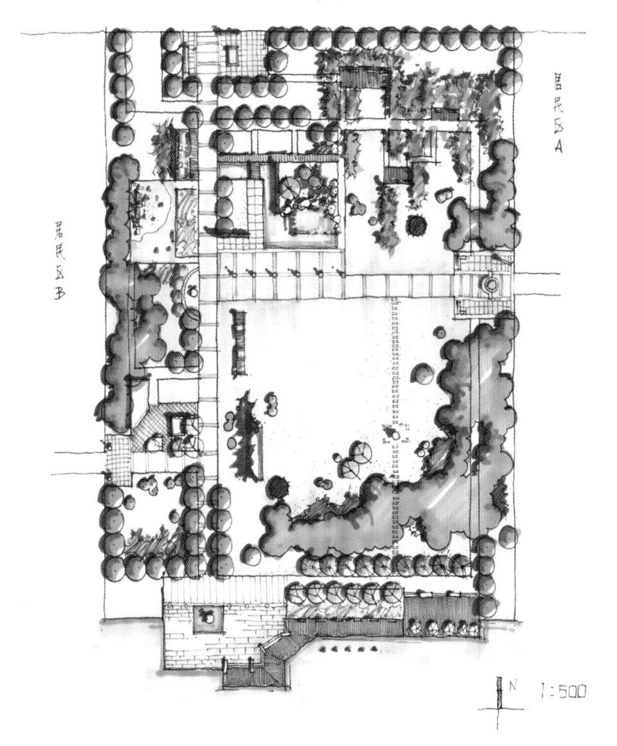

图 3–6　设计平面图

3.2.3 分析图绘制要点

进行合理的基址周边环境分析、现状分析及功能分析是整个设计成败的关键。在快速设计中，常出现的问题是设计者往往不知道分析图应该分析什么内容以及如何表达。对于内容的把握需要结合读题、审题，提炼重要信息，尤其是场地个性化的信息，需要得到强调，并综合考虑各种因素对基地的影响。对于表达，如前所述，每一种分析图都以符号的方式表达，对各种现状内容及功能需要进行归类，以恰当的符号指代。总体来说分析图是以图示化的语言概括性地表达场地现状或未来特征的方式，体现的是场地最主要的信息和特征，包括各种元素之间可能存在的或需要努力去实现的特征，以及它们之间的相互关系。绘制分析图时应当注意：

- 抓住关键条件、重要影响因素，有重点地表达。
- 分析图的语汇表达要清晰，便于理解。
- 在景观分析与功能分析中需表达各要素之间的相互关系（如隔离、联系等），以及这种关系的程度。
- 程度的表达依赖于符号的尺度、色彩的饱和度以及线的虚实等因素，同样的符号需要被分为不同的等级，以指代不同层次的内容。
- 由于符号的抽象性，应当用适当的文字来补充说明。

3.3 平面图表现

快速设计方案所表现出的设计功底和表现技法直接反映出设计者的专业素养，因此图纸表现给人的第一印象尤为重要。在快速设计中由于时间有限，如果不合理进行安排，即使有很好的设计构思也难以有效表达。

所有图纸中，平面图信息量最大，最能反映出设计者的专业素养，因此绘制平面图是最重要、最基本的工作。快速设计中平面图的表现方式有很多种，但就快速设计，尤其是3小时的考试而言，需选择一种适合自己的方式，反复练习，熟练掌握。

3.3.1 平面图绘制要点

- 线条是绘图的基础，平时要注意加强线条练习。
- 掌握制图规范，如台阶、地形、树池、绿篱等的表达方式。
- 表现分清主次，重点区域加强表现，非重点区域表现可以简单一些。
- 平面中线条粗细要分级，快速设计中分为四级即可，分级可以加强图面线条层次，清晰明了，方便阅图。用地范围红线最粗，水体边线次之，其他边线再次之，铺装分割线、等高线和标注引线最细。建议墨线用针管笔绘制。
- 平面图中要把握色彩表现的度，建议不要用太多种颜色，以清秀淡雅风格为宜。
- 素描关系是表现的骨架，可以不上色，但务必要表现阴影，反映高差关系，增加图面层次。
- 图面比例不同，需要表现的深度不同，且各种风景园林要素表现方式不同。要熟悉快速设计常用比例下平面图的表现要领。
- 考试有时间限制，不要因匆忙而忘记指北针、比例尺、图名、必要的文字说明等关键部分的标识。
- 用地外围环境需要表现，如周围建筑、交通系统、景观资源等。
- 文字、引线不要太大、太粗，不要干扰识图。

3.3.2 平面图表现示例

以下图纸以三种最常出现的图纸比例尺为标准分类，分别为：1 ： 300，1 ： 500，1 ： 1000，每种类型展示了三种常用的表现方式，分别为墨线表现、彩铅表现、马克笔表现，以期更好地帮助大家理解和把握各种不同的方式。

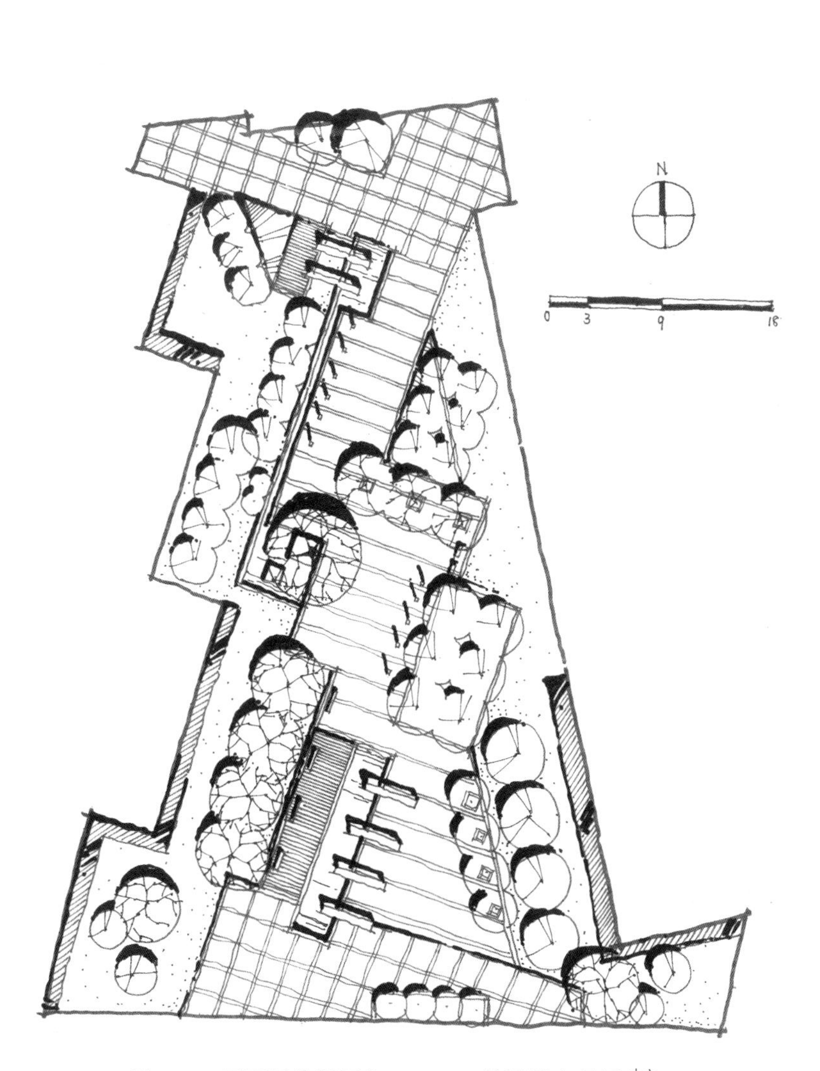

图 3–7　原图纸比例尺为 1 ： 300 的墨线表现图 [十六]

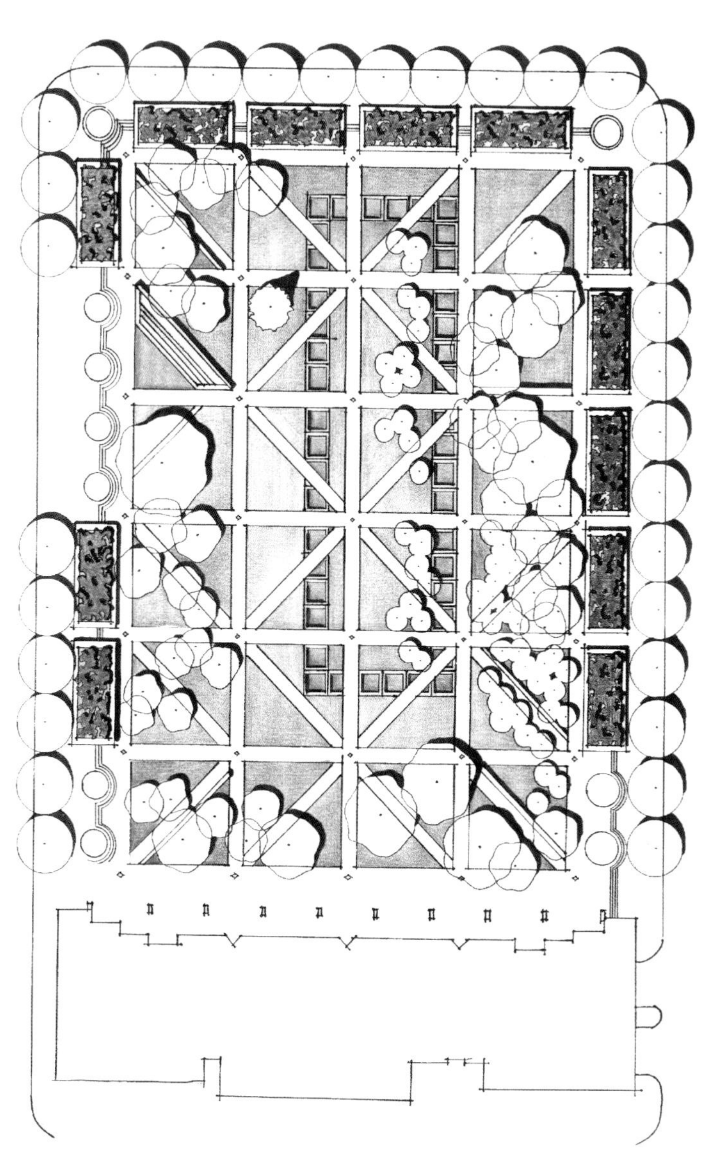

图 3–8　原图纸比例尺为 1 ： 300 的彩铅表现图 [三]

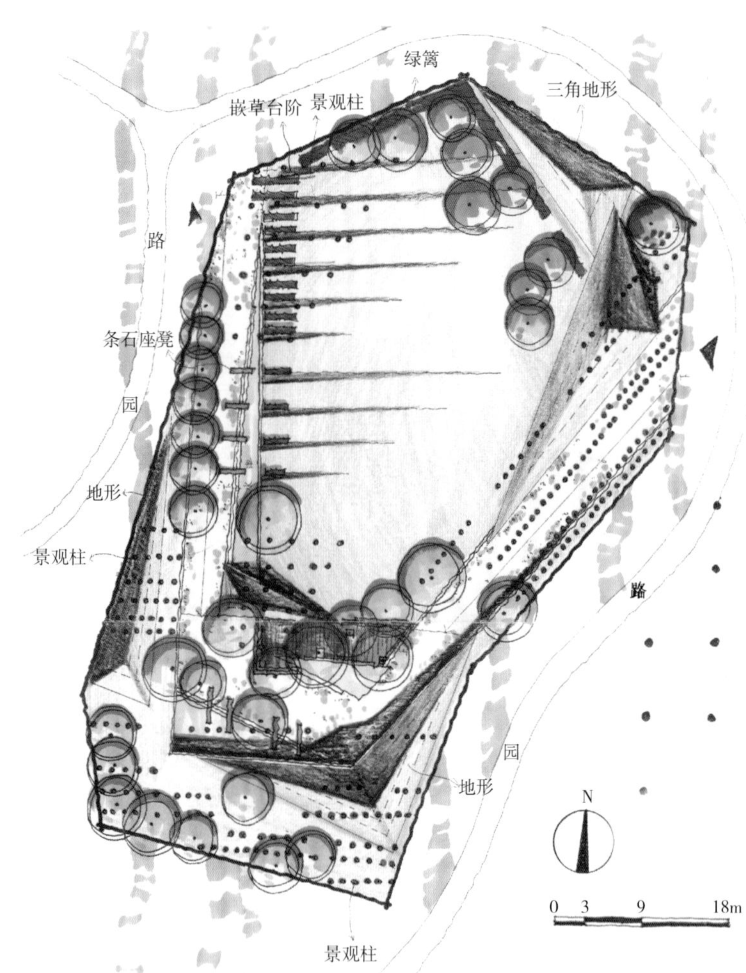

图 3-9　原图纸比例尺为 1 ： 300 的彩铅表现图

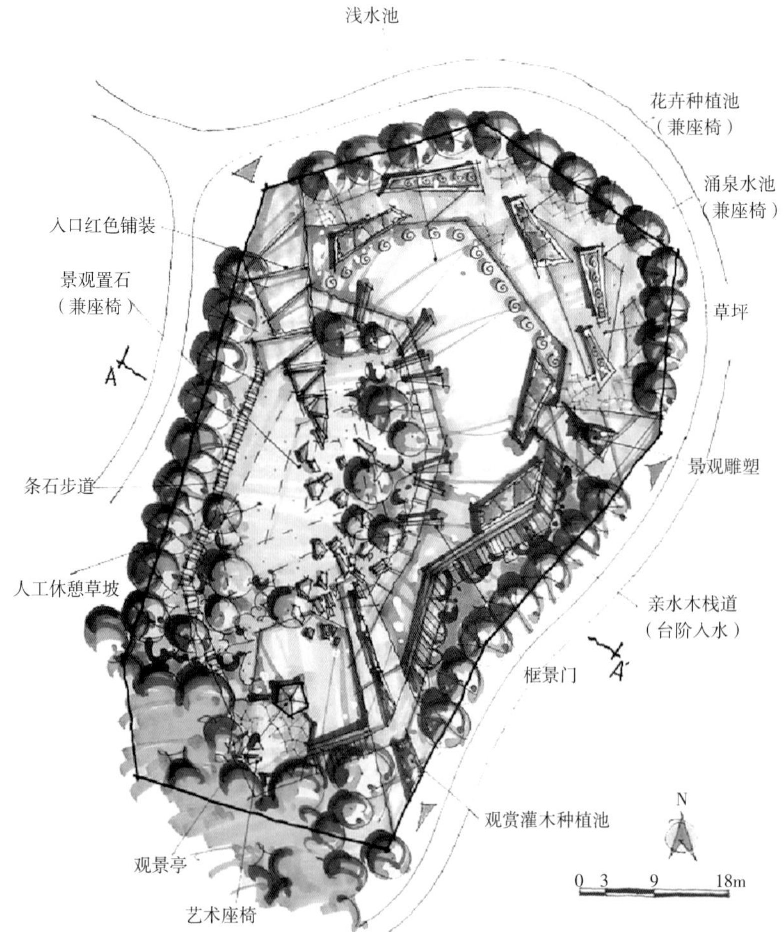

图 3-10　原图纸比例尺为 1 ： 300 的马克笔表现图

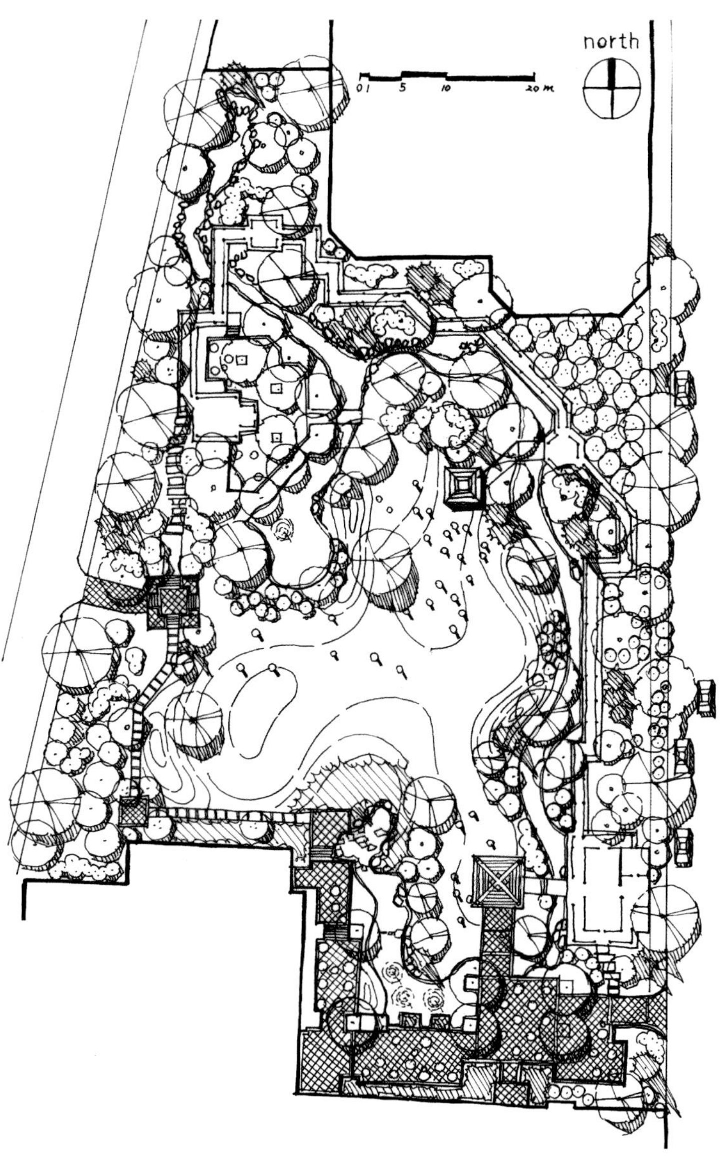

图 3-11　原图纸比例尺 1 ∶ 500 的墨线表现图 [十七]

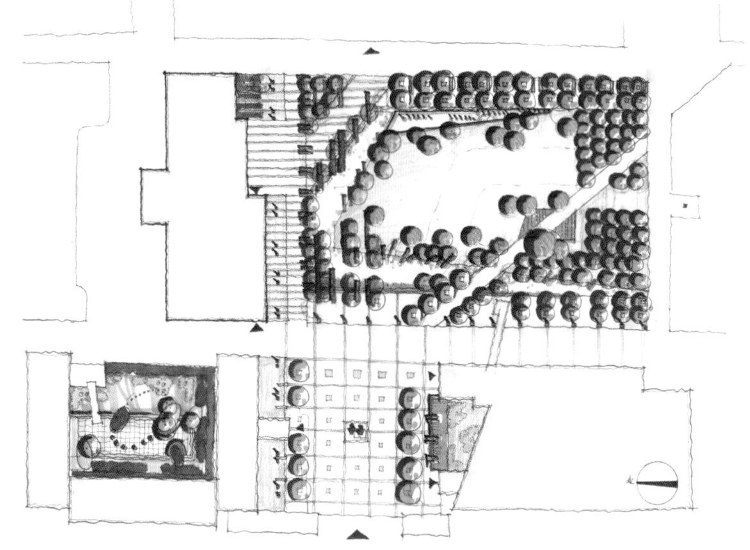

图 3-12　原图纸比例尺为 1 ∶ 500 的马克笔及彩铅表现图

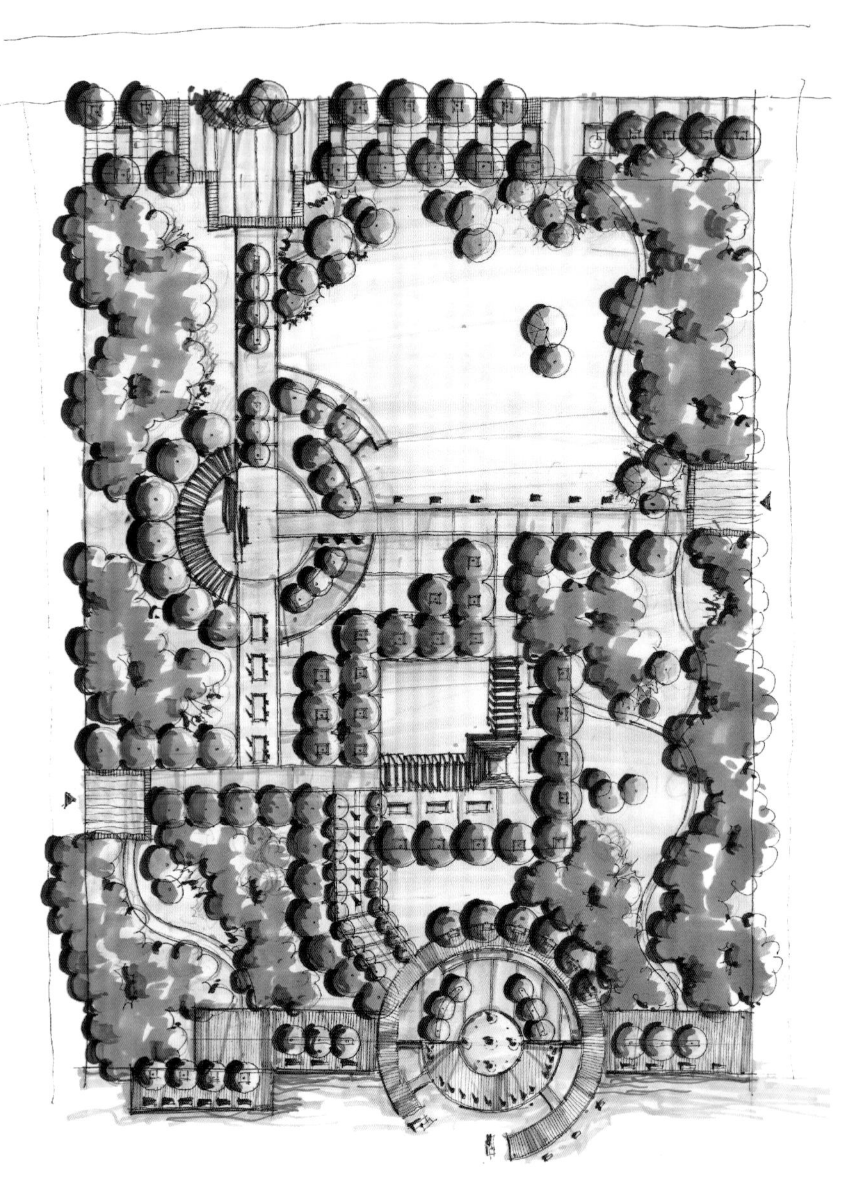

图 3–13　原图纸比例尺 1 ：500 的马克笔表现图

图 3–14　原图纸比例尺为 1 ：500 的马克笔表现图

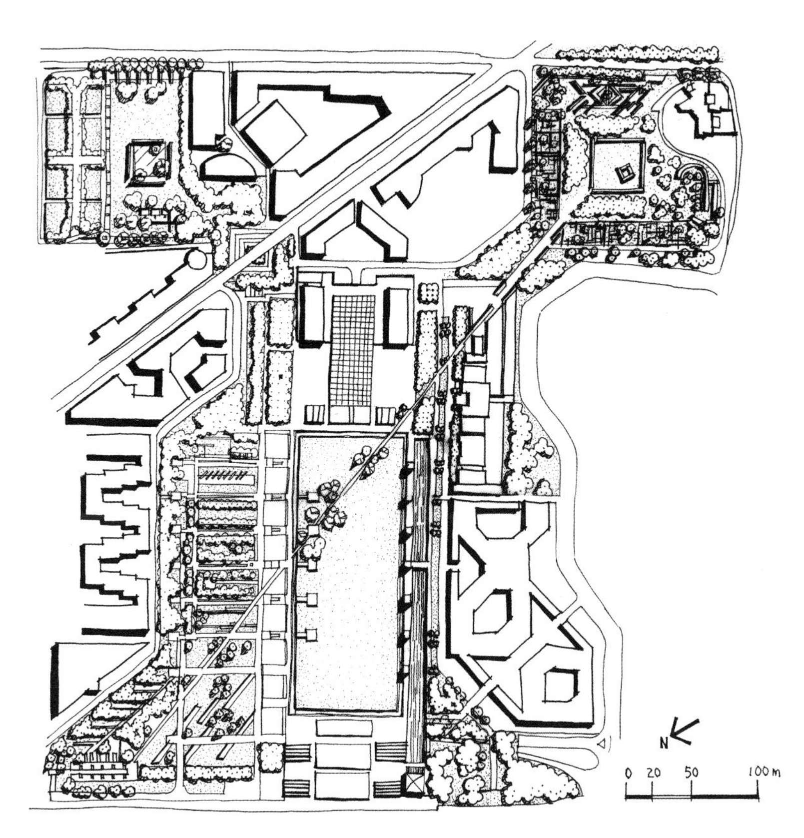

图 3-15　原图纸比例尺 1 ：1000 的墨线表现图[四]

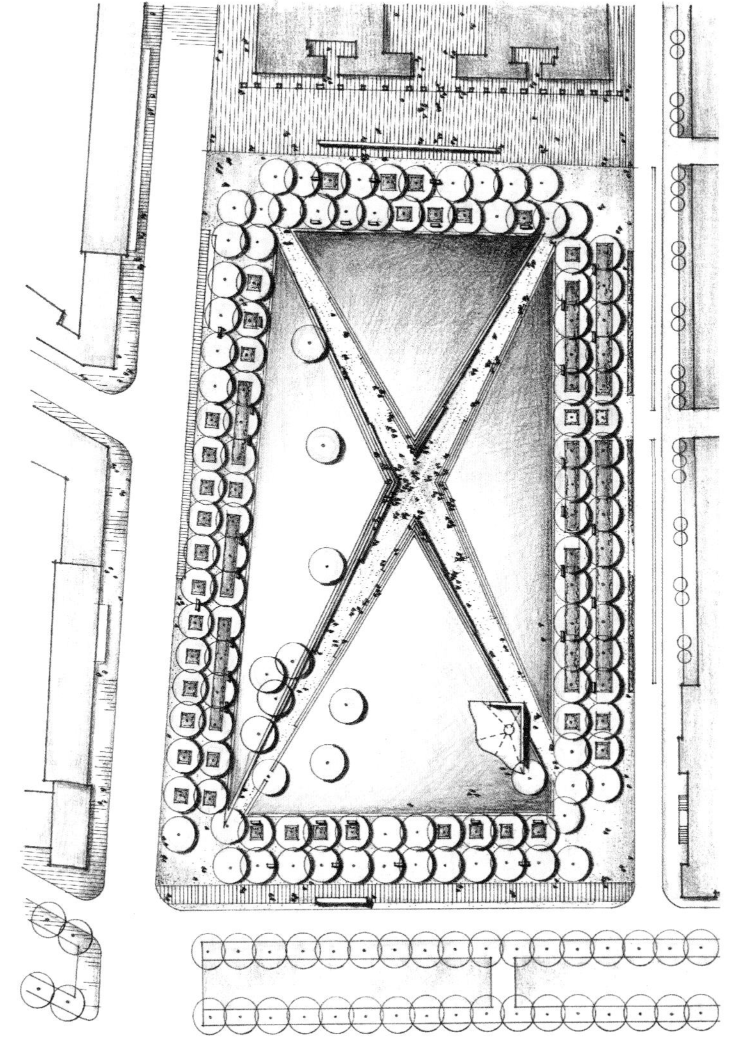

图 3-16　原图纸比例尺为 1 ：1000 的彩铅表现图

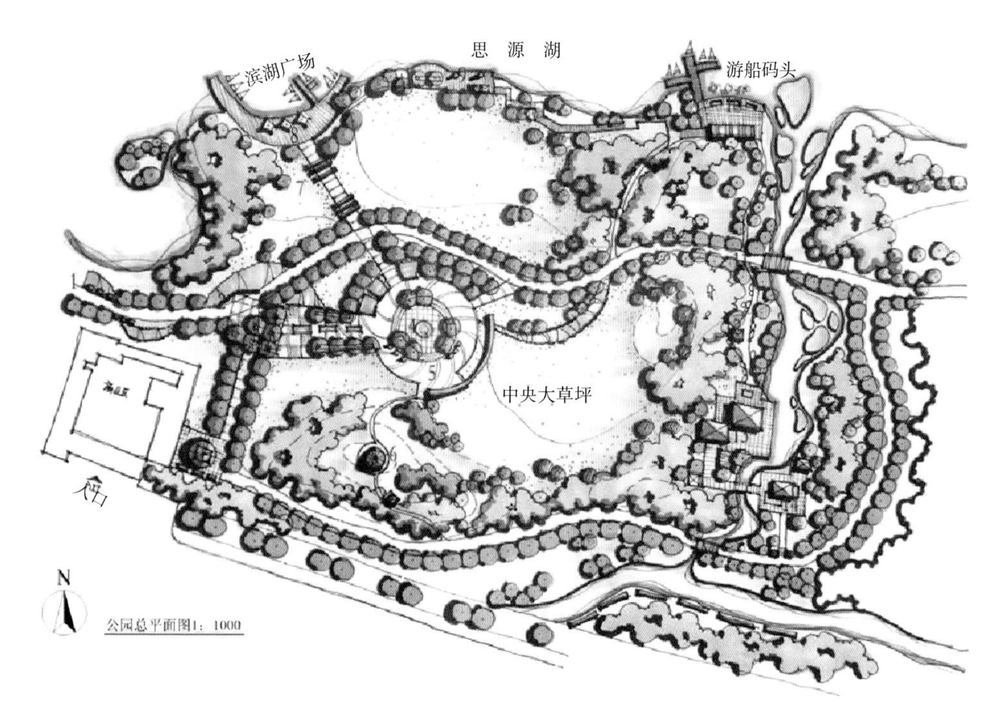

图 3-17　原图纸比例尺为 1 ：1000 的马克笔及彩铅表现图

图 3-18　原图纸比例尺为 1 ：1000 的马克笔表现图

3.4 剖面图、立面图表现

风景园林设计中非常重要的一项内容是对立面和竖向的处理，设计者常用剖面图来表达这两项内容。剖面图借助界面剖线反映各设计要素，诸如地形、水体、植物等，从另一个侧面补充平面图的细节。剖、立面能清晰地反映竖向关系、细部做法等。剖面图往往能传达很大的信息量，它的画法也非常的重要。

在绘制过程中，选择的剖切位置和立面要典型，要表现出不同景物间前后的层次关系。竖向关键点可以通过标高进一步精确表述高程及高差关系。配景人物、车辆等可以增加图面的尺度感，活跃气氛，但选择的配景不可因尺度或数量过于夸张，而遮盖剖面的重要信息。

图 3-20　剖面图表现示例二

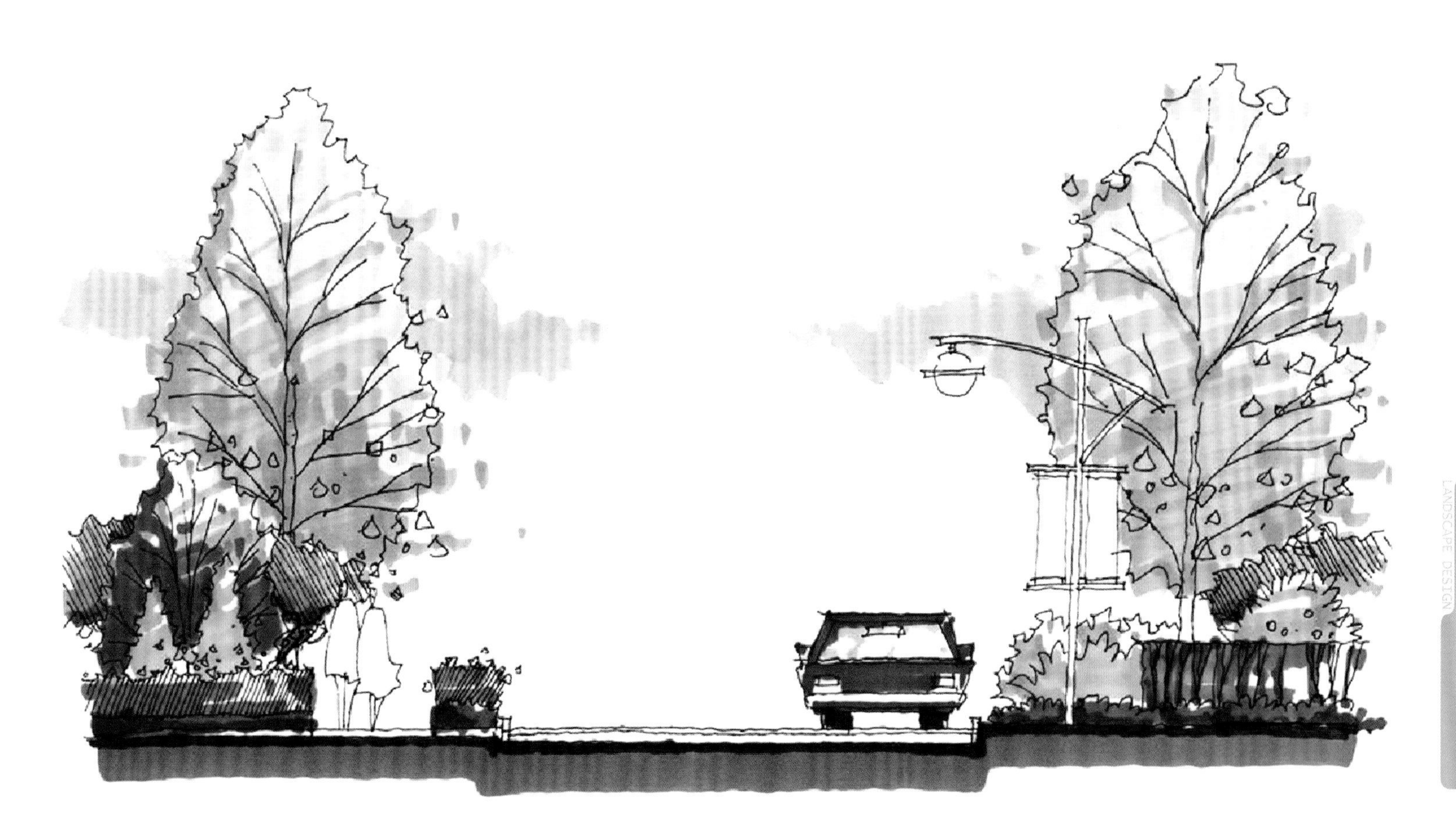

图 3-19　剖面图表现示例一

图 3-21　剖面图表现示例三

图 3-22　剖面图表现示例四

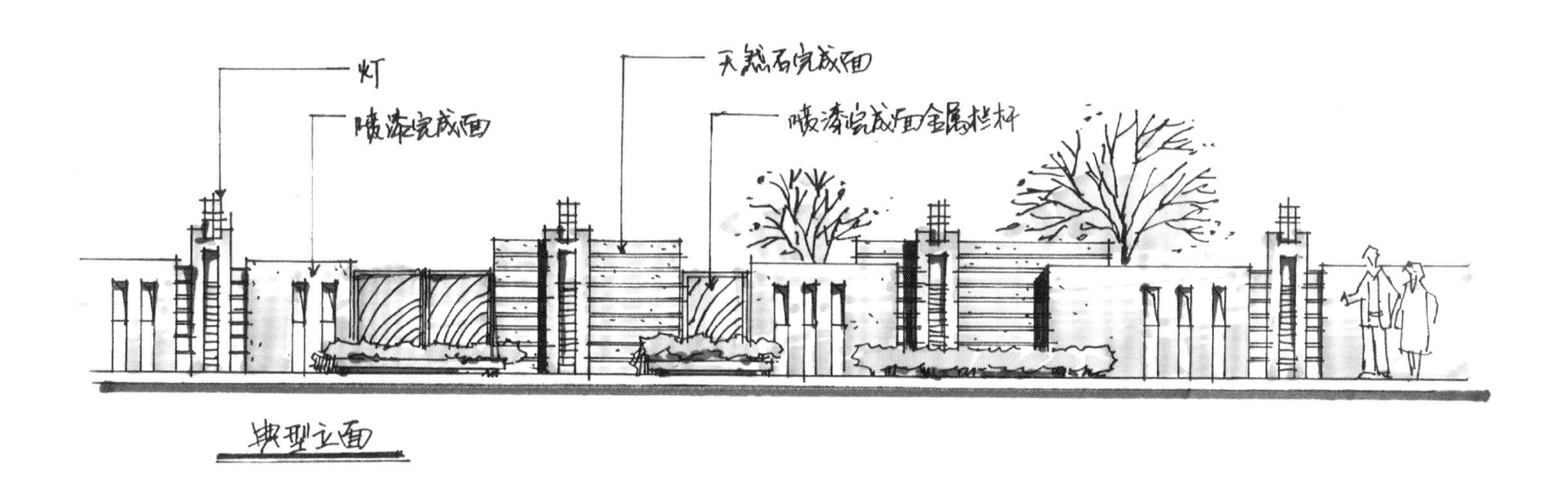

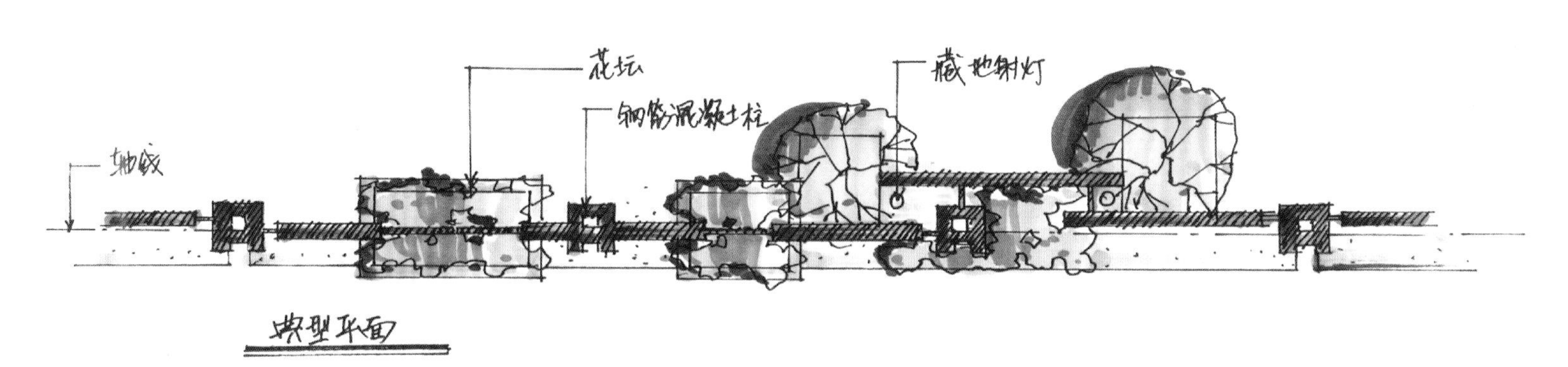

图 3-23　平面图及其对应剖面图表现示例

3.5 效果图表现

3.5.1 透视

在效果图中，根据观察者所在的位置，通常采用一点或两点透视来进行表现。人视点的效果图分为一点透视效果图、两点透视效果图。高视点的效果图则为鸟瞰图。

关于透视的几点注解：

①当人们观察景物的时候，于人眼的高度可划一条假想的线，这线被称为视平线，也叫天际线。

②所有不平行于观察者面前平面的线，都退缩到天际线上成为假象的点，并被称之为灭点。根据所取视角的不同，灭点可以有一至两个。

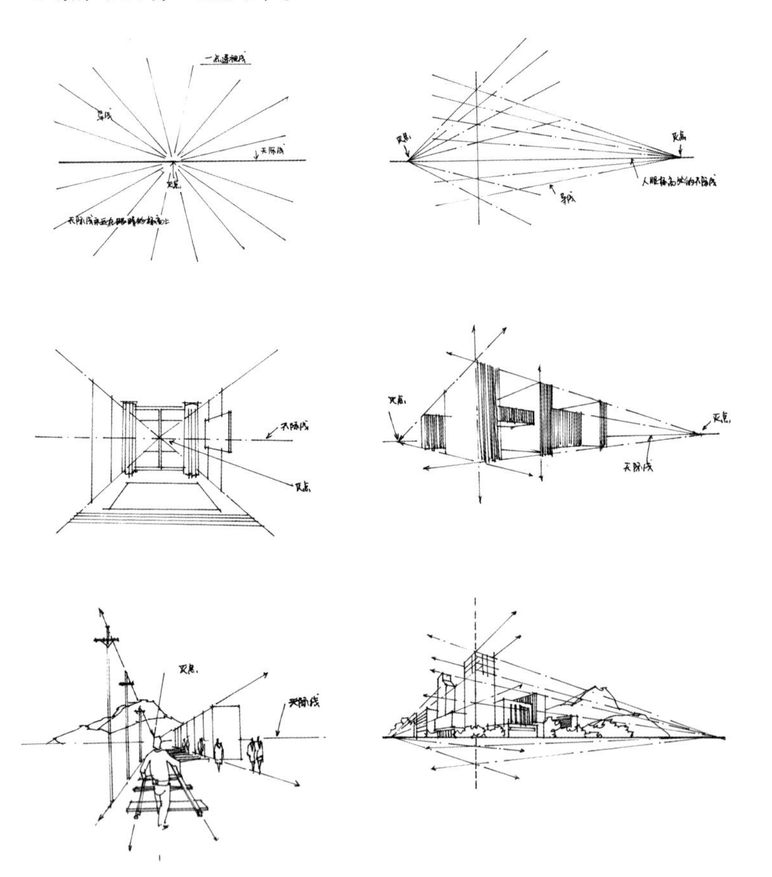

一点透视　　两点透视

图 3-24　透视原理图解

3.5.2 构图

构图是表现图的重要内容，也是初学者容易忽略的内容。在一幅效果图中，只表现景物是不够的，必须把如线、形、细部、黑白与色调等元素构成，用有组织有效果的语言来表达，这就是所谓的构图，即画面中各艺术元素的结构配置方法。构图不仅用于整幅画面的设计，也同样用于单个或成群的物体的设计，平时需要积累一些常用构图模式。

（1）构图元素

在一幅效果图中，为表现空间的深度，构图的元素一般分为：

图 3-25　构图元素图解一

图 3-26　构图元素图解二

前景（近景）：即处在画面最前端，最靠近观察者的景物。

中景：在空间中，处于中等距离的景致。通常也是画面的主景。

背景（远景）：处在空间中最远处的景致，一般起到衬托作用。

在快速表现时，对景深做巧妙地处理，可以形成具有深度感和距离感的图面：

近景：在图面安排上，该部分距离人最近，所以近景可以画出具体的质感和细部，如叶片、岩石的裂纹甚至是树皮，一定程度上起到“镜框”的作用。需注意，近景表现在明暗、细部和色彩的处理上不要喧宾夺主。

中景：中景部分一般是画面主体，是主要表现的部分，要着重刻画——明暗对比强烈、细部刻画细腻、质感清晰等。中景起到过渡作用，要注意使整个画面和谐统一。

远景：只用轮廓线或涂满的暗调子来做背景，不强调明暗，不进行细部刻画，色彩不宜鲜亮。远景起到突出主体的作用，使人感到画面舒展、深远。

（2）构图要点及原则

层次与空间感：画面虽是一个平面，但需要反映出前后的层次，使画面具有空间感。近处光影明暗对比强烈，渐远明暗渐柔和；近处色彩偏固有色，渐远色彩偏调和；近处细部丰富，远处模糊，越远越虚。

画面的长宽比：画面较宽的，比较适合表现大的场景或者舒缓的场景，如大草坪、湖面等；画面较窄的，比较适合表现高耸、深远的场景。

画面的均衡：均衡分为完全对称的均衡和不完全对称的均衡。前一种适合表现安定稳重、庄严肃穆的景物或场景，后者用于大多数情况。有时可以运用配景达到均衡画面的效果。

重点（主景）突出与主次分明：画面应当重点突出、主次明确。重点一般应居画面重心位置，可通过道路、植物、人、车或其他要素的引导来加强。重点的明暗对比强烈，细部刻画细腻。非重点处简化弱化，不要喧宾夺主。

另外，构图中常见错误有：等分现象（呆板）；形象的重复（单调、呆板）；画面失衡、缺少层次（空间感弱）；不同距离形体在画面上的相切（失去前后层次、空间关系）；长直线分割画面（破碎）。

图 3–27　构图示例

3.5.3 效果图绘制

绘制效果图要做到：透视准确；构图巧妙；尺度、比例准确；层次分明，前、中、远景表现恰当；主次明确，主景重点突出，配景、远景弱化、淡化；线条娴熟，素描关系准确；色彩淡雅，注意表现场景的氛围。

（1）人视透视图绘制要点

透视图一般有：一点透视和两点透视。一点透视常用于表现场面宽广或纵深感强的空间，也常用于表现安定稳重、庄严肃穆、纪念性的景物或场景，但由于只有一个灭点，画面表现的局限性比较大，往往显得不够生动。相比较两点透视表现的层面则更广，角度更多，视觉效果更好。两点透视为最常用的透视类型，效果真实自然。

视点及视线的选择，是为了反映主要的设计意图，不要无目的选择视点及视线。视距过近，则视角过大，易失真。一般视角选择 30° ~ 60° 。视高一般选择正常人眼视高约 1.6m，为了构图需要也可稍微升高或降低视高。画面中所有人眼都位于视平线上。

范例：

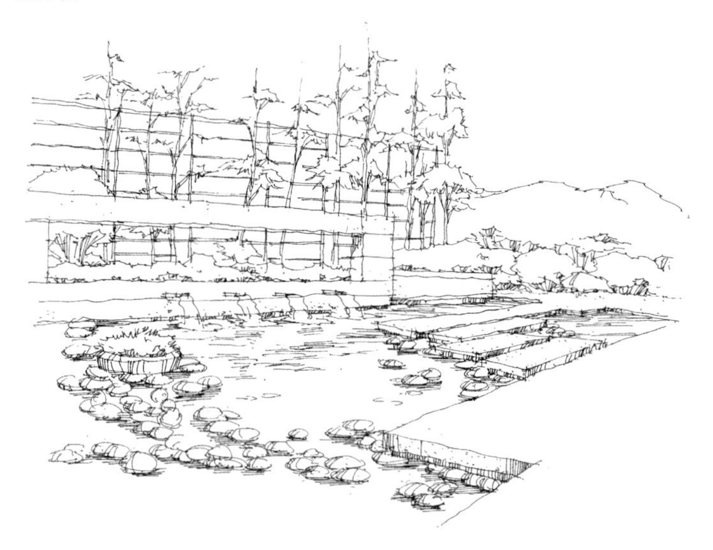

图 3-28 墨线人视透视图示例一

图 3-29 墨线人视透视图示例二

图 3-30 墨线人视透视图示例三

图 3-31 墨线人视透视图示例四

图 3–32　彩铅人视透视图示例一

图 3–33　彩铅人视透视图示例二

图 3–34　彩铅人视透视图示例三

图 3–35　彩铅人视透视图示例四

图 3–36　马克笔人视透视图示例一

图 3-37　马克笔人视透视图示例二

图 3-38　马克笔人视透视图示例三

图 3-39　马克笔人视透视图示例四

（2）鸟瞰图绘制要点

鸟瞰图是为地形测量或城市规划工作所拍摄的倾斜航空照片。鸟瞰图能较完整地表现场地中的各个风景园林要素，以及它们之间的关系，得到的是一目了然的画面。绘制鸟瞰图时要注意：

尺度比例尽可能准确，不要失真，可以找一些参照，比如树冠冠幅 5m，建筑、广场尺度等可以参照树冠。

适度地表现周边环境，如周边道路、建筑、山地、水系等。

处理好空间层次关系，掌握“近大远小，近清楚远模糊，近写实远写意”的原则，注意体会近景、中景、远景不同层次的不同处理方式。

掌握好表现的繁简，特别是快速设计中的鸟瞰图，重点处要刻画细致，非重点处简化表现，但也要能反映出大的空间结构。

范例：

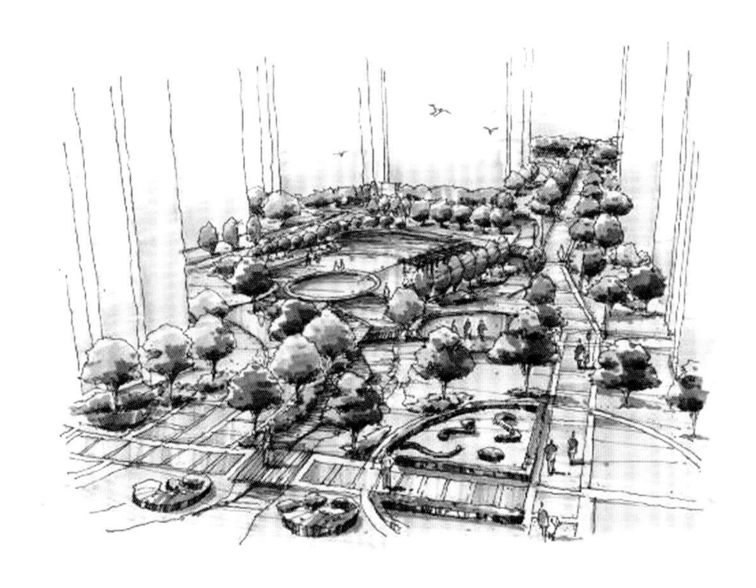

图 3-40　马克笔鸟瞰图示例一 [十八]

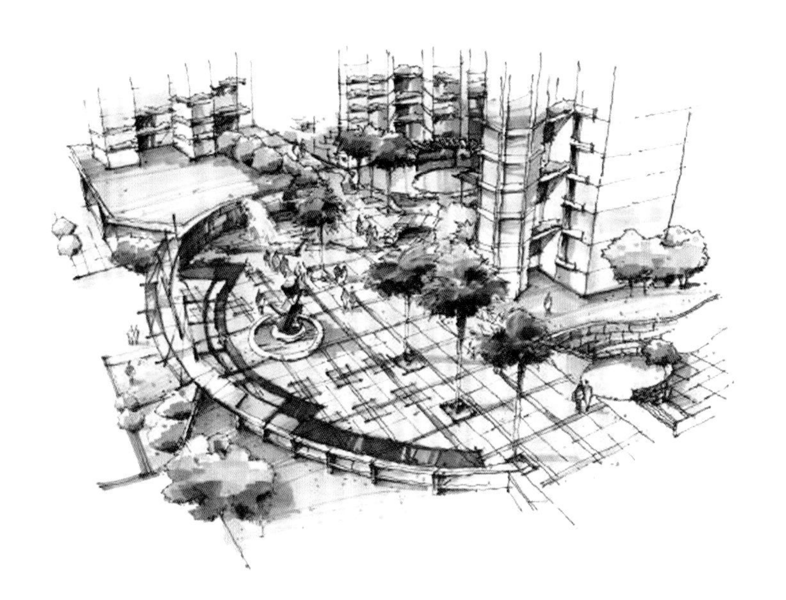

图 3-41　马克笔鸟瞰图示例二 [十九]

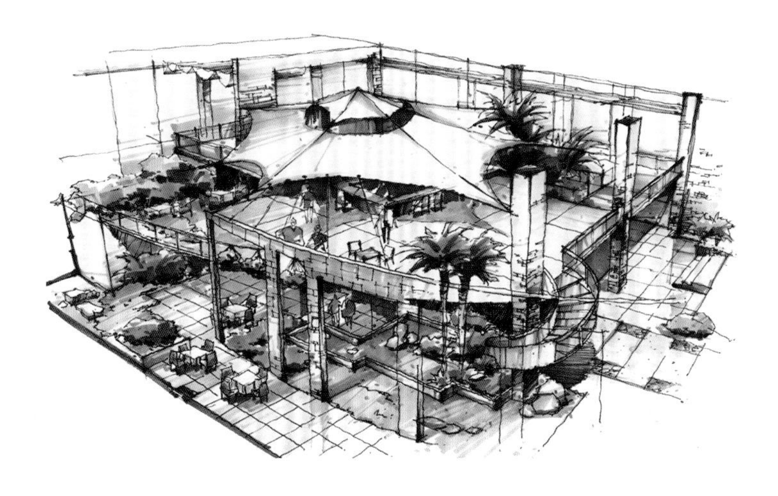

图 3-42　马克笔鸟瞰图示例三 [十九]

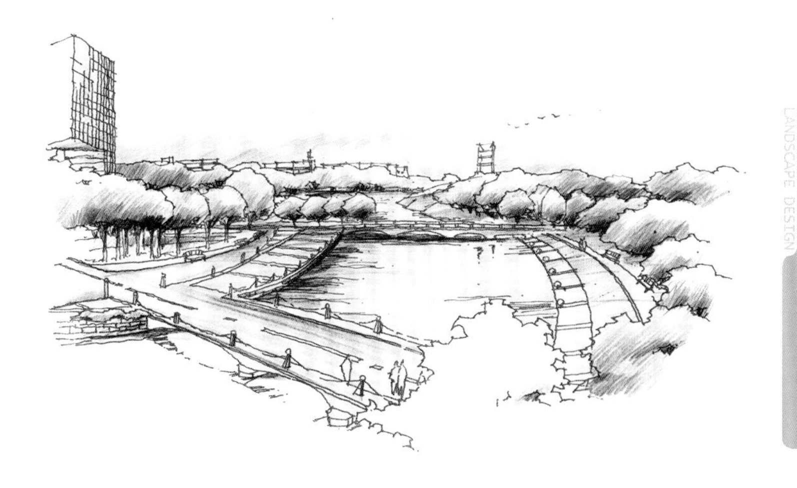

图 3-43　彩铅鸟瞰图示例

3.6 景观要素表现

景观要素是构成图面的基本单位，平时可以选定几种表现方法反复练习，直至烂熟于胸，快速设计时便可信手拈来。

3.6.1 植物表现

植物的图示表达是快速设计中很重要的部分，平面图中，植物是重点表现内容；效果图中，植物的刻画给画面带来生气。植物表现可以分为远、中、近三个层次，根据不同的层次，可以采用不同的表现方法。

（1）平面树

绿地是软质的地面覆盖材料，一般用绿色表示，少数个性化表达中也用黄色等颜色。绿地表现运用自然的线条，如果绿化地面有植物覆盖，重点表现植物的轮廓，如果绿地表面是草坪或单一地被植物，则要注意颜色的褪晕。一般靠近绿地边缘的部分颜色较深，中心部分颜色较淡，用颜色的变化来表示地形的起伏和地被生长的疏密。

平面树常常是快速设计中平面配景数量最多的因素，平面树的形态一般以圆形为主，合理布置平面树能够较好地衬托整体的空间形态，同时也是确定平面整体色彩基调的重要因素。植物的比例尺度，还可作为衡量建筑、空间尺度的最为便捷、直观的参照物。

平面中出现的乔木、灌木、草坪，色彩上可以用不同色相的绿色区分。1 ∶ 250 和 1 ∶ 500 的平面图中，乔木用单棵表示；1 ∶ 1000 的图中，可以用成组团的闭合波浪线表示一组乔木。乔木的平面要区分常绿树种与阔叶树种。一定要加阴影。灌木在大比例的平面图中可以单棵表示，中比例和小比例的平面图中一般成组团表示。

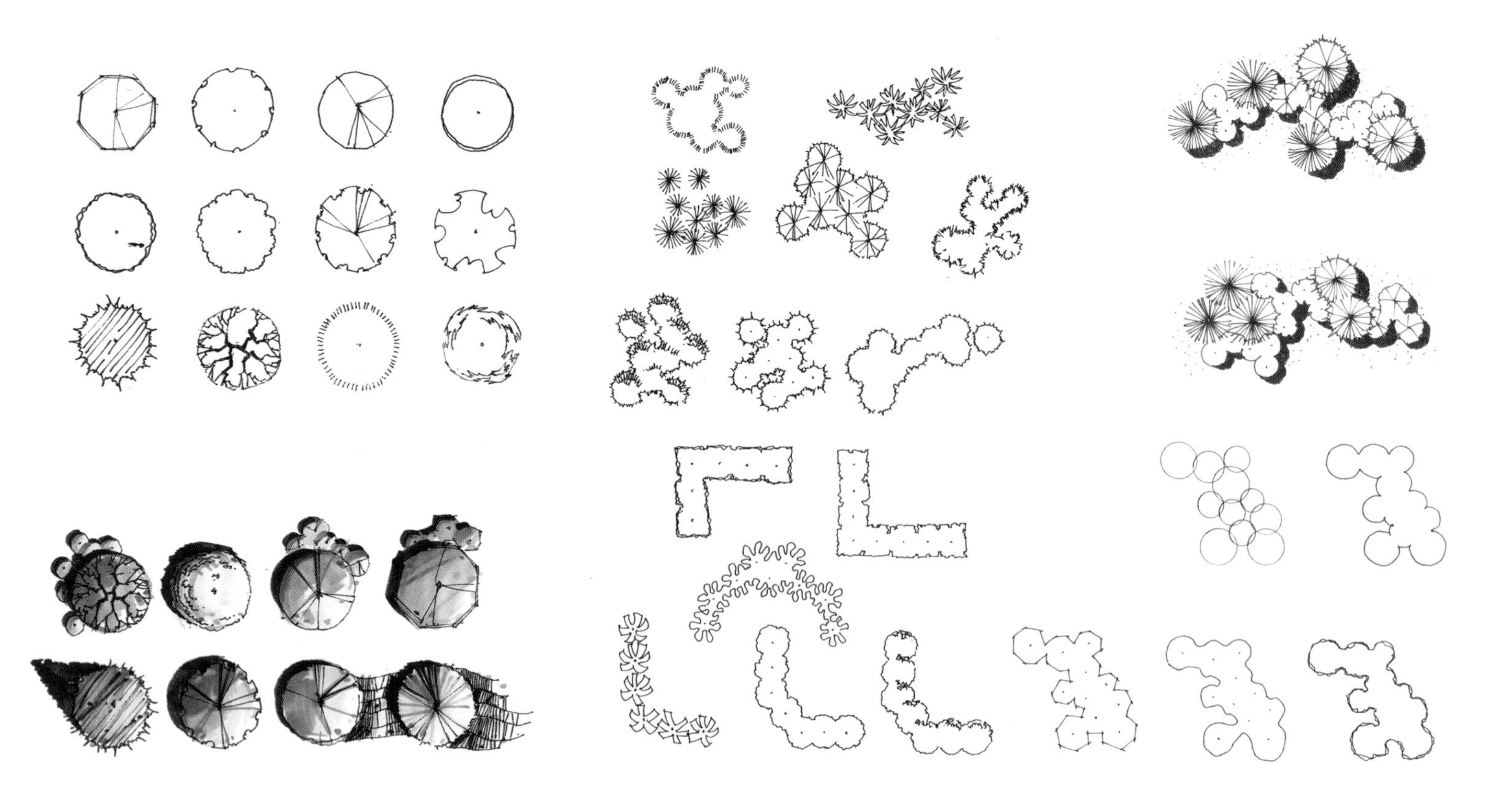

图 3-44　平面树表现示例

（2）立面树

在剖立面图以及效果图中，树的立面是最重要的表达元素之一，它不仅仅可以作为一幅图的主景，还可以是街景立面图、单体立面图和主要景观地段剖面示意图中的重要配景。树的立面不仅能够衬托建筑及建筑群的轮廓线，如果表现恰当，还能作为衡量建筑尺度的最为便捷、直观的参照物。

剖立面和效果图中要注意植物远、中、近三个层次拉开，远景树木勾勒出其形状后可采用单色平涂法，中景树木可用三种颜色表现树冠的明暗关系，近景树常选择一些单一的色彩来表现。中、近景植物要透一些，不要把植物画死。植物形态大多是卵圆形，素描关系同圆球体。树影可以起到平衡画面的作用。

图 3–45　立面树表现示例

3.6.2 水面表现

水体的图示表达可以用“亦简亦繁”来形容，说简单是因为水体本身的肌理比较光滑，不需要太多的笔触，甚至用留白的形式就可以加以表达。而说复杂则是由于水的特性：反光性意味着水的颜色在很大程度上由其周围的环境色所决定，然而又与环境色有所区分。由于快速设计的特殊性，我们可以利用一些模式化的方法对水体的平面、剖面以及透视效果图加以快速表现。

（1）平面图

根据不同的图面要求，水体在平面图上的表现，可以分为墨线和颜色平涂两种形式，而墨线表现又可以运用等高线、水纹线等不同的表现方法，颜色平涂也可以选择满涂或者部分留白等不同的形式。至于运用哪一种方法，要根据设计图纸的整体布局、水体形态以及水体周围环境等因素来综合考虑，总之要将水体的表现融入平面图的整体氛围中，并成为画面构图中赋有灵性的点睛之笔。

（2）效果图

带有水体的场景在快速设计的透视效果图中往往起到了至关重要的作用，生动的水体表现会给效果图增加生机与灵性。若要达到这样的效果，需要表现水体的线条更加流畅随性。在色彩方面要细腻而丰富，注意反映水体周围的环境色，注重水体光感以及水中倒影的表现。想要在透视图中表现出水的灵动并不是一朝一夕可以完成的，而是需要勤勉的思考与练习。

马克笔平涂用于大块水面的表现，留白与阴影并用则着重表现了水的光感。

彩铅易于控制图面的整体色调和氛围，细腻的笔触可反映出水的肌理特性。

图 3-46 水体平面图表现示例

图 3-47　水体效果图表现示例一

图 3-49　水体效果图表现示例三

图 3-48　水体效果图表现示例二

图 3-50　水体效果图表现示例四

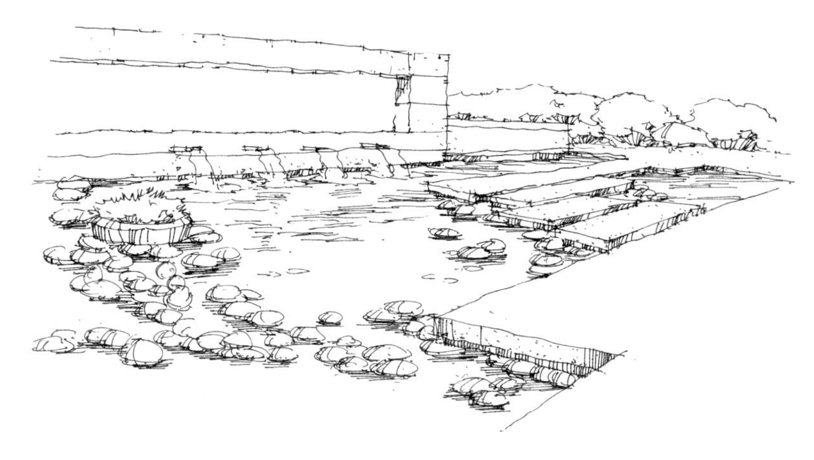

图 3-51　水体效果图表现示例五

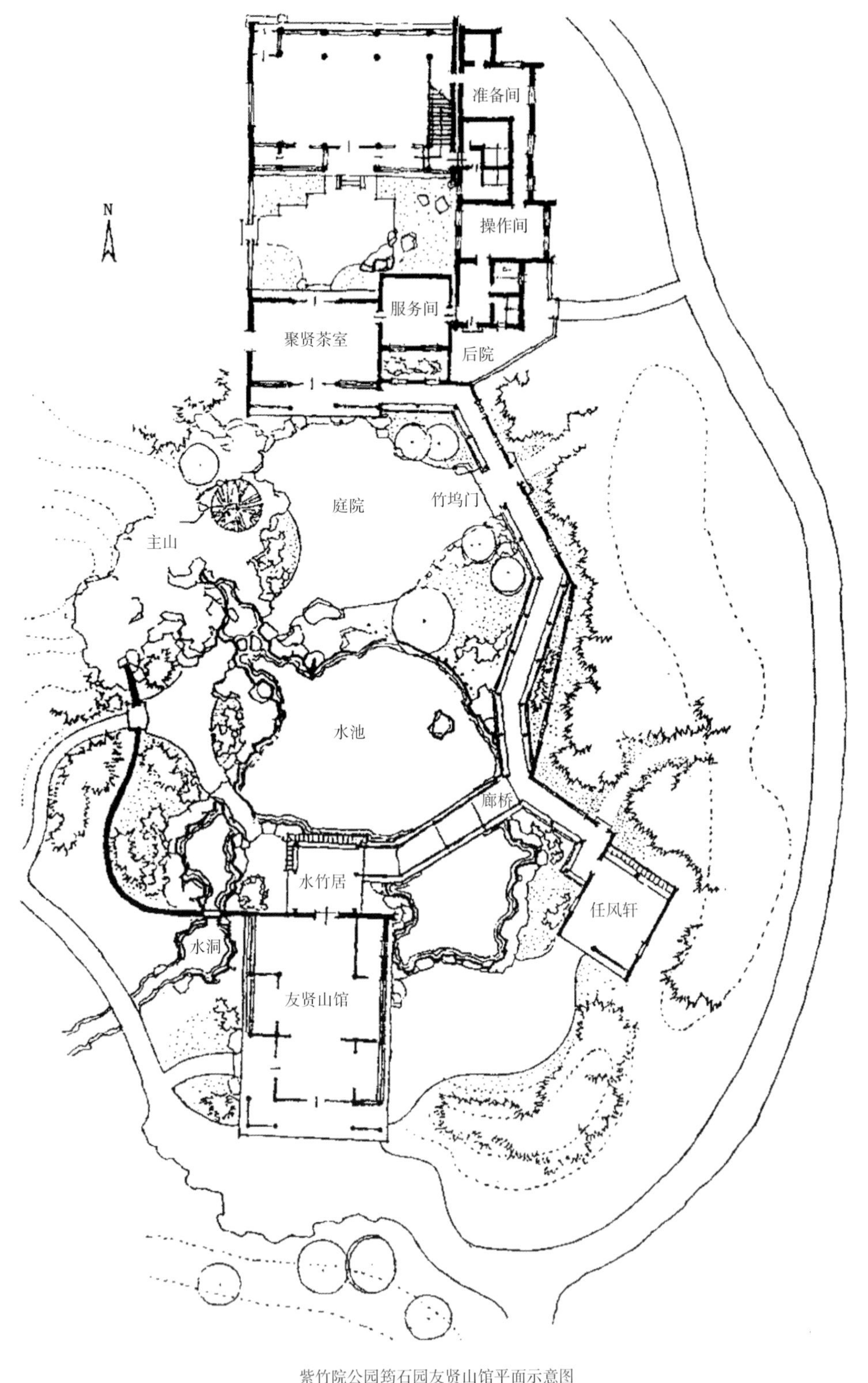

紫竹院公园筠石园友贤山馆平面示意图

图 3-52　建筑平面表现示例 二十

3.6.3　构筑物、建筑物、铺装的表现

（1）建筑的图面表达

● 建筑的平面图表现

就平面图表现而言，可以分为单色平涂、屋顶平面和建筑平面三种表达方式。比例较大的平面图，用建筑平面图能够反映建筑与环境的关系，室内外功能的结合；比例较小的平面，主要用屋顶平面来表现单体和建筑组群的平面形态特征。

平面图中一定要画出建筑的阴影，以表现建筑体量、高差关系。现代建筑的屋顶大多是平屋顶，留白即可，若是建筑群中单体高度不同，较高的建筑会投影在较低的建筑上，则要通过阴影表现出建筑的高低错落感。城市绿地中还会出现仿古的坡屋顶建筑，在光线的照射下坡屋顶会产生明暗面，一般是以屋脊线为界，面向阳光的部分为亮面，背向阳光的部分为暗面。平面表达时暗面颜色应比亮面颜色深一些，并且在建筑背光的一面加深阴影，这样能使建筑表现出较强的立体感。

建筑平面是指从建筑地平算起 1.2m 高处水平剖切建筑所得到的平面。建筑平面能够反映建筑结构，例如门窗的位置、承重构架、建筑内部的功能划分等。一般建筑平面用在小地块且比例较大的平面表达中，例如小庭院等。这种表达方式能够比较直观地看到建筑物内部和外部环境的联系，从而在设计中使建筑内部和外部的功能协调一致。

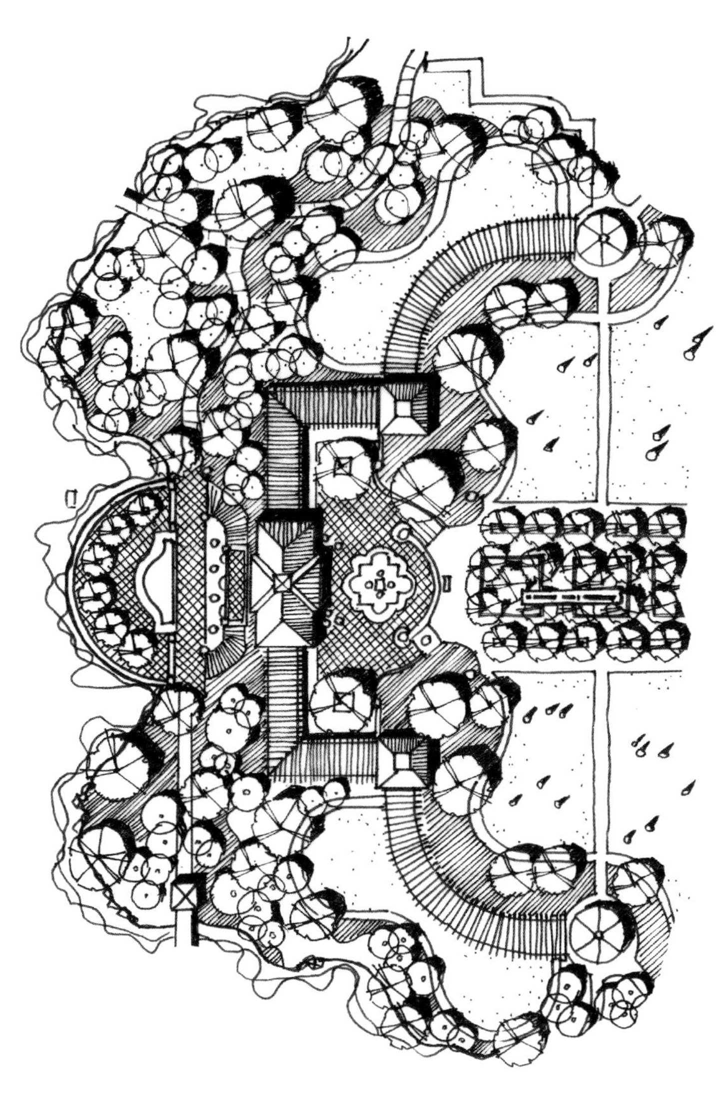

图 3-53　屋顶平面表现示例 [十六]

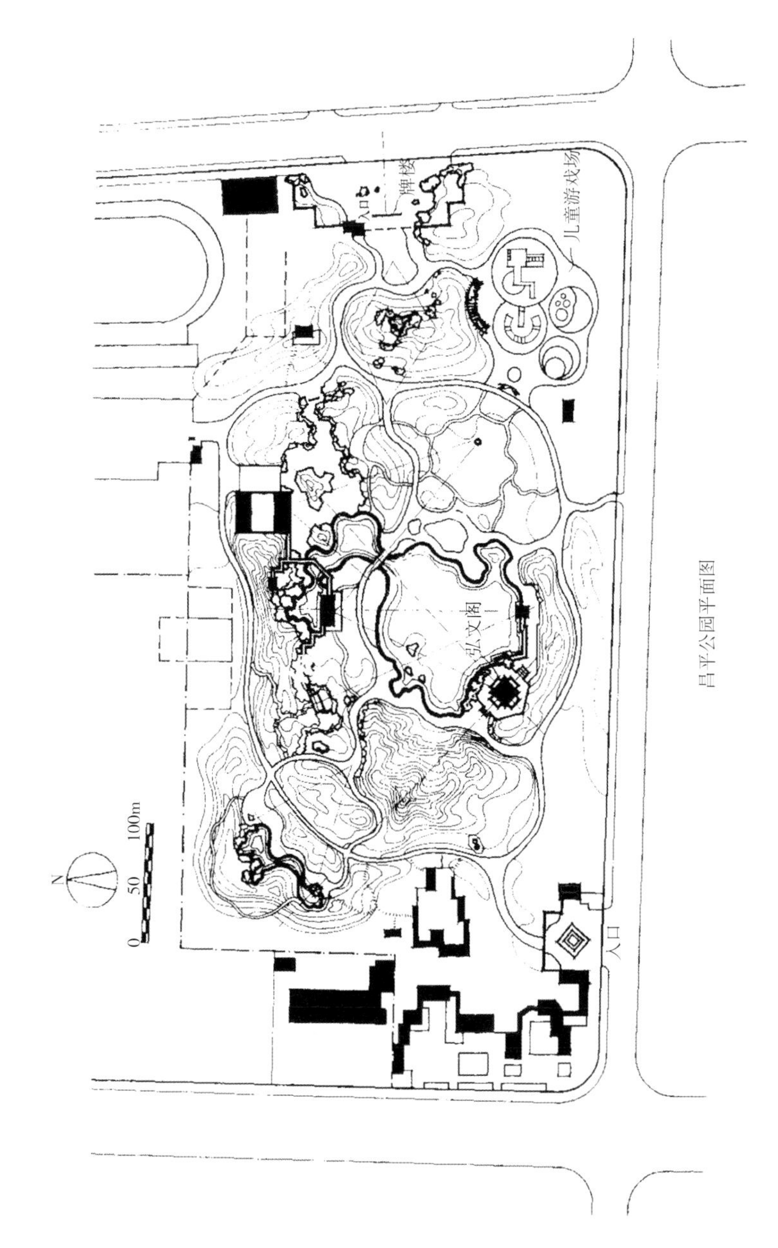

图 3-54　建筑平面图单色平涂表现示例 [二十]

● 建筑的立面图和效果图表现

建筑往往是所在环境中的视线焦点，同时具有一定的功能。设计中建筑的立面图和效果图，是对平面图的补充和说明，能够直观地表达设计意图，重在表现建筑与环境的关系。

立面图的表达要注意区分好建筑和周边环境的层次关系，建筑是图面表达的重点，而环境是用来衬托建筑的。要特别注意建筑物的素描关系，特别是阴影很重要。

建筑表达的中心不仅仅是建筑单体，而是要结合周边环境，将建筑与山、水、植物、场地等融为一体。在表达时应注意植物的质感、色彩与建筑物的造型搭配，协调建筑与周围环境之间的关系，使建筑物生硬的轮廓"软化"。

图 3–55 建筑效果图表现示例

图 3–56 建筑物效果图表现示例

（2）铺装的图面表现

● 铺装表现与绿地表现的区别

铺装是硬质的地面覆盖材料，表现比较人工化，一般是用规则的线条和体块来进行表达，色彩丰富、纹样多变。在设计中，对于材料的运用决定了在表现时所要表现铺装的色彩和纹样，使铺装成为区别于绿地的视线焦点。

在快速设计中，需要对比较重要的中心场地和出入口广场的铺装进行细致的刻画，用来凸显此处的重要性，其他的场地一般只用颜色和简单的纹样与绿地区分开来即可。

● 铺装表现的变化与统一

铺装的表现既要丰富多样，又要统一协调。一般在同一幅平面图上用同一色系、不同色差来表达铺装不同材料和形式，容易达到统一的效果。在设计中，简单朴素的铺装材料应用得比较多，而具有粗糙质地的铺装材料只在小范围内应用。

● 场地大小和比例大小影响铺装表现

一般在快速设计中比较常用的比例尺是 1 ： 1000、1 ： 500 和 1 ： 300。较大的比例尺表达的内容丰富，铺装纹样、色彩等都能够细致表现，细节表达清楚；而在较小的比例尺表达中，铺装边界表达得清晰明确则比较重要，至于各个铺装场地的细节表达则比较粗略。

在同一比例的图面中，场地面积大时，需要运用多种铺装材料表现得丰富一些，场地面积小时，可以不用细致表现，只需要区分不同的铺装轮廓即可。

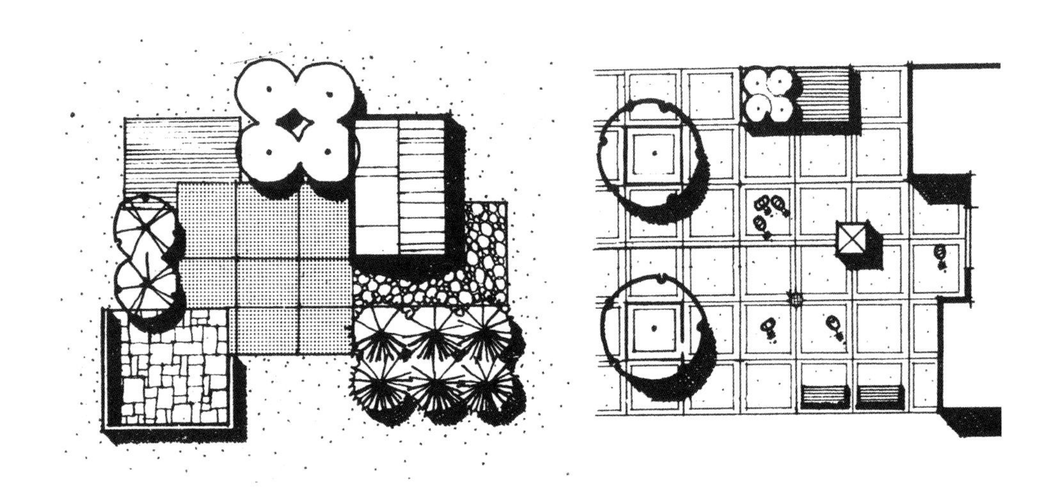

图 3–57　铺装平面图表现示例一 [十四]

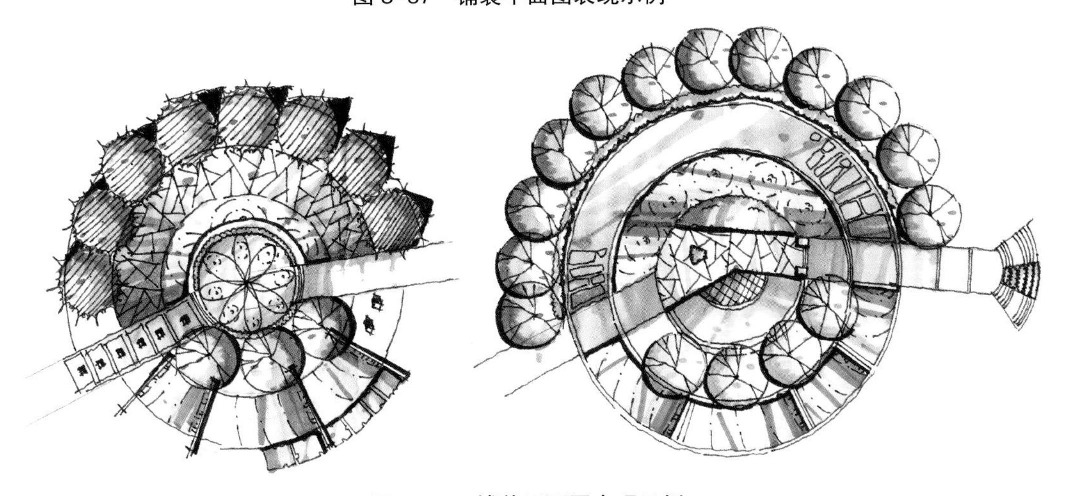

图 3–58　铺装平面图表现示例二

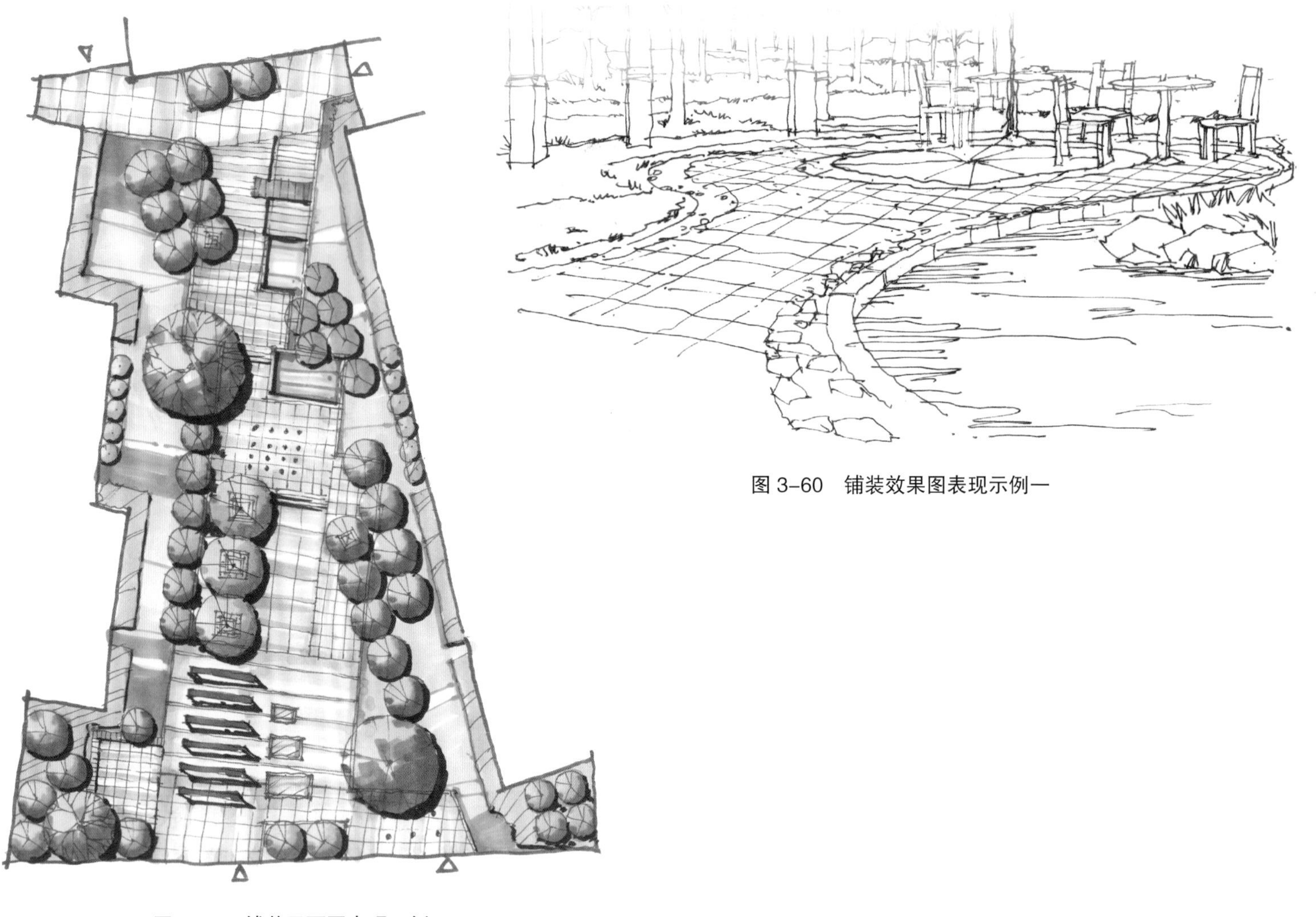

图 3-60　铺装效果图表现示例一

图 3-59　铺装平面图表现示例三

图 3-61　铺装效果图表现示例二

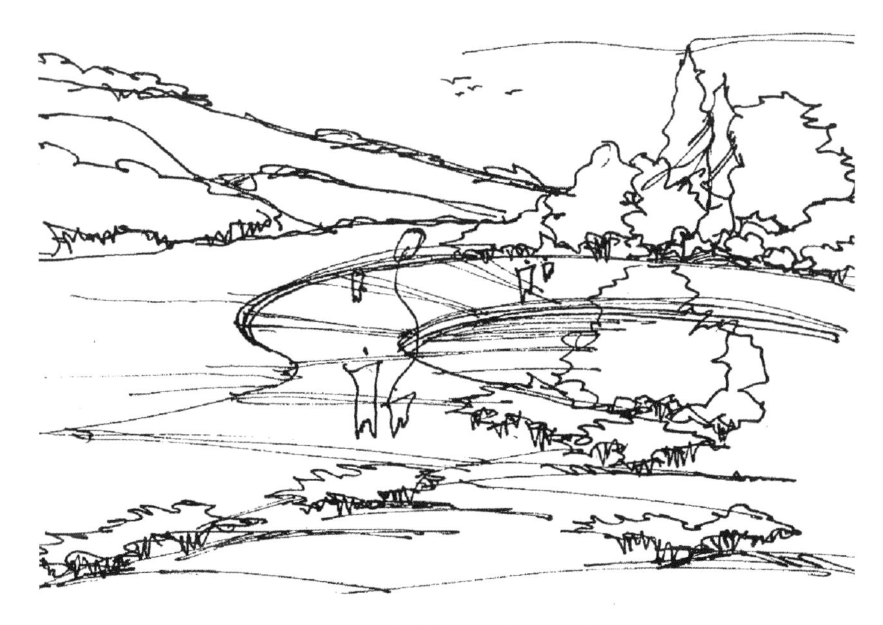

图 3-62　山体效果图表现示例一

图 3-63　山体效果图表现示例二

3.6.4　山体地形表现

（1）平面图表现

在平面图中，地形主要是利用等高线来表示，在快速设计中如果时间充裕，也可在等高线的基础上利用同一色系的不同颜色，按照颜色的深浅变化来表示地形的高低起伏，优点在于直观形象。

（2）效果图表现

在效果图中，山体的表现可以用钢笔线简单地把山体的轮廓勾勒出来，然后再用马克笔或彩铅沿着山体的纬线或者经线的脉络添加颜色，同时要注意向阳面和背阴面光影的不同。

阴影的准确使用是表示地形的一大利器，由于太阳光照的原因，不同高度的物体必将在低于它的物体上产生阴影，而地形的高差变化正好可以准确地被阴影表现，准确的阴影关系不光对于地形，对于任何可产生阴影的物体都要有明确的交代。

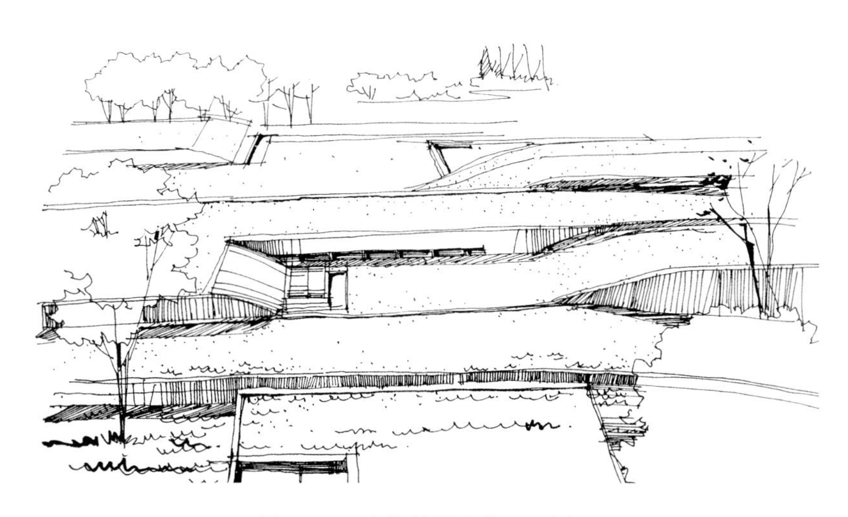

图 3-64　山体效果图表现示例三

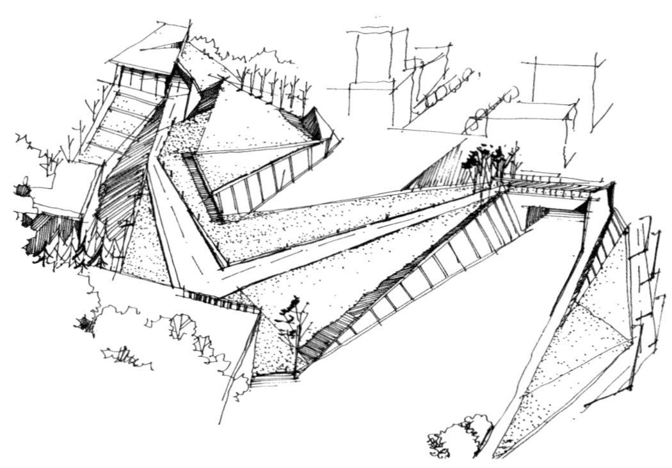

图 3-65　山体效果图表现示例四

3.6.5 其他配景人、车、小品

人物的添加能增加平面图中点的元素，标识重点场所。剖立面和效果图中，能增加画面的尺度感，活跃气氛。有时也用来增加透视感和均衡画面。快速设计中人物表现可以夸张概括一些，人物要做到比例正确，三五成群、动作丰富、彼此呼应。

车辆和其他小品同样可以活跃画面气氛，行驶中的汽车能使画面产生动静对比，而驶向主体建筑物方向的汽车，能引导画面的视觉中心。如果画面中道路过于空旷，最好配上汽车点缀。

图 3–66 人物配景表现示例 十五

图 3–67 汽车配景表现示例 十五

图 3–68　风景园林小品表现示例 [十五]

4 快速设计要点

4.1 快速设计的一般过程与时间安排

通常快速设计的一般过程包括：审题——现状分析——设计构思与布局——深化设计——方案表现等五个阶段。在设计过程中，各个阶段并不是绝对独立存在的，经常会相互交叉进行。如在审题、现状分析过程中，自然而然地伴随着概念构思与布局、甚至是设计方案的思考和比较；在深化设计过程中也伴随着对布局和结构的反思、调整；在方案表现过程中也涉及到方案的细部设计等。同步思考是设计的一个特点，快速设计更是这样。本节按照快设的一般过程介绍快设中各个步骤及时间安排。

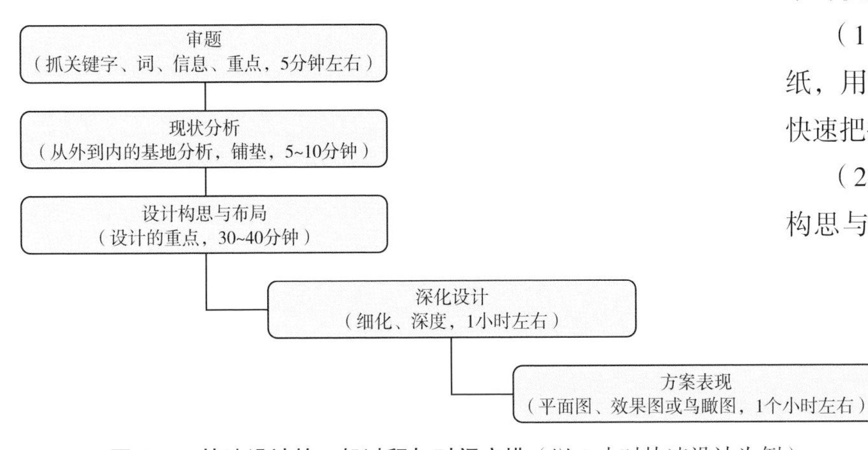

图 4–1 快速设计的一般过程与时间安排（以 3 小时快速设计为例）

不同的快速设计在考试时有不同的时间要求，有 3 小时、6 小时或 8 小时等。快速设计的时间非常紧张，对于任何人来说都不是一件轻松的事情。尤其是 3 小时的快速设计，在考试过程中大部分人的方案都是一遍成形，几乎没有反思、调整和修改的时间。因此，考试过程中如何合理安排时间是一个重要问题。最佳的应试方式是在考试前的一个月，按考试时间要求自己模拟完成一套考题，了解自己的能力、特点和状态，制定一个符合自己特长的时间表，并按此时间表进行模拟练习，直至达到要求。

快速设计的时间安排，虽然对于不同的考生、不同的试题会有差异，但大体上有一个可参照的时间计划。下面以 3 小时快速设计为例，给出一般的时间安排计划，仅供参考：

（1）拿到任务书，阅读、勾画重点，仔细审视基地图纸，用地及周边环境，即审题阶段，用时 5~10 分钟，需要快速把握场地现状、明确设计要求。

（2）现状分析图、结构性分析图及草图的设计，即设计构思与布局阶段，用时 40~50 分钟。该部分是设计的重点，是思维密集度最高的阶段，然而在初步接触快题时，多数人构思时间较短，只是简单地进行平面拼贴，从而导致对设计整体结构把握不准，设计构思缺失等等问题。

（3）正式平面图，附带平面的表现，全部完成约 1 小时 –1 小时 15 分钟。

（4）效果图的绘制，15~20 分钟 / 张，两张约 40 分钟。

（5）考试中有可能会要求的剖立面图、分析图等小图的绘制，5~10 分钟 / 张。

（6）完成设计说明、图名、图面注释文字等，用时 5~10 分钟。

如有剩余时间要注意查缺补漏，一定要检查所有图纸的指北针、比例尺的绘制等，以及图纸编号。

在平时的训练中应当注意时间的分配，可以选择目标学校或单位的试题进行有针对性的训练。

4.2 快速设计要点

4.2.1 审题

对题意的理解是展开快速设计的第一步，也是决定设计方向的关键性一步。理解对了，可以把设计思路引向正确方向，理解偏了，则导致设计思路步入歧途。总的来说，审题主要分为读题与解题两个阶段。

读题是基础资料搜集与整理的过程。在快速设计中要迅速地获取任务书和图纸信息，抓住关键词，把握题目中的“明确要求”。

解题是分析把握需要解决的问题，理解题目中考点或重点的过程。这一过程主要是考验设计者的反应能力、理解能力，需要快速读懂题目中的“引导性要求”，从而明确需要解决哪些问题，设想解决的方式与途径，为下一步的分析打下基础。

在进行文字工作的同时，读懂图纸是另一个重要方面。有些信息并没有在文字中反映，如地形地貌、建筑位置、保留物、道路走向、用地范围等信息。

尤其需要注意的是：任何一个已经存在的场地，必然存在着自我特征，有其自身的结构和方向，需要理解和把握。在设计中，是强调现存的个性，还是改变它，以及改变的程度如何，这都是审题时要考虑的问题。

要点：

（1）充分掌握和理解设计条件及其含义，抓住关键词

设计条件主要包括：区位及用地范围，周边环境和交通条件，基地现有条件和资源，气候条件，文化特征，设计要求等。

（2）仔细阅读，明确并把握各项设计要求

清晰把握题目中“明确的要求”，如：规定完成的图纸任务、图纸规范等。设计要求是命题人测试应试者的主要依据，也是评图的依据，设计要求一般都是具体、明确的，这里主要是指成果要求。设计者应仔细阅读，避免因粗心大意，未认真读题，导致设计过程与内容带有明显的盲目性，致使设计成果与题目要求产生偏差，出现重大失误。

（3）理解题目的“引导性要求”，归纳、整理需要解决的具体问题

每一套题目都有其考核的重点，命题人都有明确的目的，有待设计者认识并把握。为了充分体现设计者的能力，有些要求比较宽泛，仅仅是一些引导性的要求，以期得到多样化的解决途径。题目中的“引导性要求”，常是考试的重点，读懂非常重要。这些要求是通过表述场地的一些状态和问题，或对未来发展的希望而提出的。如北京林业大学园林学院硕士研究生入学考试 2006 年的考题中（详见第五章实例分析 5.1），有这样的语句：“一条为湖体补水的引水渠自南部穿越，为湖体常年补水。渠北有两栋古建需要保留，”实际是提出了一些有待解决的问题和对方案发展方向性的引导，强调了水景与滨水环境设计、中国传统建筑环境设计等问题。可以理解为“考点或重点”。这些问题的解决途径可能会多种多样，应根据实际情况及设计者既定的设计目标和公园设计的总体风格特征，选择解决的方式与途径。

4.2.2 现状分析

在审题基础上，需要对已知的各现状条件进行综合的分析，其目的是为下一步开展设计提供依据。分析过程考验的是设计者专业知识的积累程度、洞察力和对问题的判断与思考能力等。应注意的是：该过程中，思维是快速运行的，不能耗费过多时间进行分析，因此在平时的训练中需要注意培养自己的分析能力。现状分析是展开设计的铺路石，对现状理解和把握的程度决定了设计方案的合理性与个性特征。理想的方案必然会与场地特征及周边环境建立良好的互动关系，它不仅体现设计者的能力与水平，更重要的是它反映了这个场地所固有的、区别于其他地方的特征。

要点：

（1）分析内容合理

对于一个设计题目，现状条件可能多样而复杂，大到区域特征，小到一石一树，无不是应该考虑的现状因素。设计者需要迅速整理，把握关键，区分哪些是对设计影响较大、较重要的条件，哪些因素需要保留，哪些是可以忽略或改造的因素，并通过一系列图示化的符号将重要的信息记录于图纸中。这是个提炼去繁的过程，它使场地的主要特征与问题能够通过图示化的语汇反映出来，并在脑海中留下深刻的印象，从而使设计者能够清晰地把握现状条件。

（2）分析步骤清晰

面对大量的已知信息，需要遵循一定的步骤，按照一个清晰的逻辑思路展开分析。条件越复杂，逻辑性越重要。例如，可以先从场地大环境入手：分析当地气候、光照、风向、水文、区域自然地理特征、地域文化等客观因素；再从场地外环境入手：包括场地边界、外部交通、周边地块的用地性质、功能与设施、有无借景等，以及种种不利因素，如噪音等的干扰；最后分析场地内部环境：包括现状地形、水体、现有植被、保留建筑、现有道路、视野和风景等的分析。

对于场地内部个性比较突出的项目，也可以抓住特征性片段和细节，形成突破口，逐渐展开，引导下一步设计的进行。

（3）特征把握准确

每一个场地都有自身固有的特征或属性，设计者必须准确地把握这一特点。这种特征是指使场地本身区别于其他地块的特点，也许是环境赋予的，也许是由内部某个要素的特征形成的。设计者要注意这些特征对设计产生的影响，如现状中出现水体且面积较大，则需要考虑如何加以改造或利用，对于水体及滨水环境的处理方式可能成为设计的重点内容。要认真思考水体与场地间的关系，是保留不变还是加强或减弱水体。同样的，对现状地形、建筑、植物等个体因素，如果对场地影响较大或已经形成了某些特征，都应注意。它们提示了设计者需要考虑的问题，对设计的发展趋势也具有引导作用。

4.2.3 设计构思与布局

理解了题意，进行了现状分析之后，并不意味着马上就要进入具体形式塑造阶段，而是需要在理解、分析的基础上进行构思与布局。

在设计的初始阶段，构思的主要内容是确定设计的总意图，明确设计的目标与方向。布局是根据场地的性质和规模，对各方面设计内容（如功能、空间、景观等等）进行分类，进行系统化的组织与安排的过程，同时还要协调各方面内容之间的相互关系。

要点：

（1）目标明确、构思新颖

在对整个设计要求有一定的把握之后，首先必须要完成的工作就是认真思考，确定明确的设计目标和方向。设计目标是方案发展的基础，决定设计的内容与特征。所谓“意在笔先”，就是要在动手设计之前，运用专业知识，充分发挥想象力，为设计提出一个切实可行、清晰明确、独具创意的发展方向。一个好的构思，力求新颖，是以独特的表现力展现设计思想、表达创造意图的过程。设计的形式风格与内容特征应该是在明确目标的基础上，结合对题意、现状的理解而展开，切忌只求毫无根据的创意、凭空构想、玩概念、堆砌形式等。

目标可以从两个层面界定，一是方向性，如：是以文化为核心，还是以生态为重点；是要创造一个极具个性化的花园，还是一个满足大众需求的休闲场所；是突出开阔的水景，还是强调大面积葱郁的林地等。二是程度和特点，如我们应设置多少比重的水景，什么类型的水景等。类似这些问题都需要设计者在构思的过程中给出明确的答案，并对场地进行准确定位。在构思与布局阶段，一定要严谨、谨慎地思考，为下一步设计工作打下好基础。否则会造成偏题、跑题等重大失误。

（2）内容合理、层次分明

有了明确的设计目标和对项目特征的把握之后，就可以进一步思考采取哪些措施来达到这一目标和实现这一特征。设计者需要考虑：在场地内组织哪些活动，安排什么设施，设置怎样的场地，哪些活动是主要的，哪些是辅助性的。对于景观的组织同样如此，需要确定总体的景观特征，如：是开阔宏大、还是优雅亲切等；主要景点和其他景点的位置如何确定，它们之间相互关系如何等。这些内容的布置要合理，符合设计目标，体现场地特征。而层次则是指园林绿地内容的类型丰富程度，设计者应尽量考虑、协调到各方面的内容，同时注意其主次关系，哪些是主要的、需要突出强调的，哪些是附属存在的。从总体上把握结构，切忌平均填充堆砌，应做到有主有次，层次分明。

（3）结构清晰，重点突出

要注意有逻辑，有整体。设计的逻辑性尤为重要，需要有主次、有强弱、有重点。从构思到布局，整个思维过程是同步、交织的，具有很强的逻辑性。在解决设计问题时应抓住主要问题，突出主要目的，不要一味地停留在细枝末节上，陷入局部而失掉整体把握；在进行布局时应做到有主体、有中心、有重心、有重点，切忌因求好求多而过多地堆砌内容，因强调多样而破坏整体效果，最终导致结构破碎、不完整。

（4）形式和谐、变化多样

形式的和谐统一是成功的基础，这里主要是指：多样统一的构图原则。任何造型形式都是由不同的局部组成，这些部分之间既有区别又有内在联系，只有将这些部分按一定规律有机地组合成为一个整体，才能达到较为理想的效果。设计者需要创造既有秩序，又有变化的场所，即所谓多样统一。设计过程中场所的形式首先应和谐统一，在统一的基础上寻求变化的可能。变化的途径多种多样，而形式构成理论是最直接、有效的方式和途径。可以通过基本型的变形、渐变、重复和多个形的交错构成等方式达到变化多样的效果。

另一个值得强调的方面是场所形式塑造并不等同于“平面设计”，设计平面图是以二维平面表达三维空间感受为目的的创造过程，因此，在考虑形式组成时应以空间形态塑造为依据，注重对空间尺度、围合强度等方面的控制，切忌陷入单纯的平面构图。

（5）尺度合宜、节奏分明

一个完整的场地应满足功能与形式的统一，场地的形式要符合功能要求。场地的尺度与形态变化应有利于使用功能的展开，并力求进一步促进功能内容的发展与完善。不能为了追求形式变化而使场所的功能受到损失，或不便于使用，乃至于丧失使用功能。

对于设计中一个具体的单元，其尺度不仅要符合自身功能与特征的需要，同时还要考虑对整个方案的影响。场所内的每一个单元都应该符合整个区域的节奏变化。节奏是一种变化的手段，是指有规律地连续变化或重复的过程，它强调规律性，具有很强的整体性。这里主要是强调在布局时要注意对疏密、强弱的处理，可能不是平面上引人注目的变化，而是一种平和、稳定的序列感。无论是形式结构、空间序列，还是功能组织、景观布局都需要有节奏地安排和组织。

（6）综合表述、同步思维

分项思考的目的是为了理清思路，避免混乱，但最终要使诸单项合为一体，完成一个内容多样的总平面图。设计思路不能单向直行，而是需要从多方面多角度交错出发、螺旋发展。在构思阶段不仅要考虑立意新颖，还要综合现状分析、功能需求等各方面的内容，统筹安排，将各方面整合于一体。在布局阶段，可以以一个方面为突破口，如从功能出发，交错考虑空间布局、道路、景观结构、形式等方面因素，形成一个全面而完善的理想方案。

4.2.4 深化设计

深化设计时，设计者能够熟练应用平时积累和训练的成果，在有限的时间内表达更为深入细致的创意与设想，是快速设计的基本目标。一个方案从构思到完成，需要耗费大量的时间和精力，对于一些细节，或者一些需要细致表现的节点，如一个滨水活动区、一个码头、一个茶室、一个有趣的活动场地、甚至是广场的铺装纹样，如果全部都在应试时现场设计，对于大部分人是非常困难的。因此，应注重平时积累，不断丰富设计“语汇”，以便快速设计时自如应用。这就如同语文的作文，要做到“文如泉涌”，必须以丰富的“语汇”积累为前提。

要点：

（1）注重整体效果

单有丰富的“语汇”或者说“成语”的积累还不够，因为，成语谁都可以用，终有应用好坏之别，每一个成语都需要特定的语境。要恰当地应用这些“成语”，需要反复训练，把握应用的途径与规律，切合题意要求，才能最终形成一个完整统一的设计方案。设计者所应用的每一个“语汇”都具有自身的个性特征，它们构成了设计场所内的点、线和面。在应用的过程中首先要使他们合乎图纸的比例，方能形成一个满足要求的方案。同时，不同的组合方式具有不同的形式特征，带来丰富的趣味体验。需要注意的是，形式与组合并不只是平面化的拼贴，需要综合考虑内容、功能、构思布局等各方面的内容，形成均衡稳定的构图，有一定的层次和结构，突出重点。

（2）张弛有度，事半功倍

设计者要善于应用水面与草坪，它们是调节整个区域范围内节奏变化，使方案布局张弛有度的重要手段。草坪与水面的位置与尺度非常重要，对于整个场所布局的影响巨大，在应用过程中要细致考量。另一方面，草坪和水面在制图过程中是较为省时、省事的工作，善加应用可达到事半功倍的效果。

（3）控制适当的设计深度

不同比例的图纸图面表达的深度不同，各种风景园林要素的表现方式也不同。在平时练习时要注意熟悉常用比例的平面图绘制深度。如同一个广场，在 1 ： 1000、1 ： 500 或 1 ： 250 的图面上细节表达有所不同。

（4）注意尺度和比例

尺度可以从两个方面把握。一个方面是绝对尺度，是指各种实体的实际大小。设计者首先需要掌握各风景园林要素与设施的常规尺度，以及其变化的可能性。另一方面是相对尺度，是指各要素及实体之间的比例关系，与实体的结构要求及审美相关。功能、审美和环境特点决定实体要素的尺度。尺度的放大和缩小都会引起人相应的心理反应。设计者需要掌握相应的规范要求，尤其对于道路、建筑等功能性较强的常规设施，必须清晰、明确地予以掌握。如一般综合公园中一级道路宽 5~7m，二级路宽 2.5~3.5m，小路宽 1~1.2m；建筑作为绿地中的重要设施和景物，还要注意其尺度与周围环境的关系，体量过大或过小的做法均不可取。

（5）恰当配置各类设施

每一种类型的绿地都有不同的设施要求，设计者需要掌握相关的规范要求，使绿地的功能符合其自身的属性。设施的位置、尺度也应恰如其分，与绿地的特点相适应，并便于展开相应的活动。不仅要掌握宏观的概念，还应掌握具体的细节，如踏步一般高 15cm，栏杆高 80cm，座凳高 40cm 等等。同时还要注意不同类型的设施需要结合不同的环境特征，设施与环境应相互呼应，相得益彰。

4.2.5 方案表现

方案表现亦是快速设计中重要的组成部分，好的表现可以为设计增色不少。在第三章中，已对快速设计中的一些表现技法和要点做了介绍，在此不再赘述。

5 实例分析

前四章简要地阐述了快速设计的理论基础和设计方法。本章希望通过对一些快设考题和成果的解读评析，给读者一定的启发。

5.1 湖滨公园

5.1.1 题目要求

（1）区位与用地现状

华北地区某城市市中心有一面积开阔湖面，周围环以湖滨绿带，整个区域视线开阔，景观优美。近期拟对其湖滨公园的核心区进行改造规划，该区位于湖面的南部，范围如图所示，面积约 6.8hm^2。核心区南临城市主干道，东西两侧与其它湖滨绿带相连，游人可沿道路进入，西南端接主出入口，为现代建筑，不需改造。主出入口西侧（在给定图纸外）与公交车站和公园停车场相邻，是游人主要来向。用地内部地形有一定变化（如图 5-1），一条为湖体补水的引水渠自南部穿越，为湖体常年补水。渠北有两栋古建需要保留，区内道路损坏较严重，需重建，植被长势较差，不需保留。

（2）内容要求

- 核心区用地性质为公园用地，应符合现代城市建设和发展的要求，将其建设成为生态健全、景观优美、充满活力的户外公共活动空间，以满足该市居民日常休闲活动服务。该区域为开放式管理，不收门票。
- 区内休憩、服务、管理建筑和设施参考《公园设计规范》的要求设置。
- 区域内绿地面积应大于陆地面积的 70%，园路及铺装场地面积控制在陆地面积的 8%~18%，管理建筑面积应小于总用地面积的 1.5%，游览、休息、服务、公共建筑面积应小于总用地面积的 5.5%。
- 除其他休息、服务建筑外，原有的两栋古建面积一栋为 60m^2，另一栋为 20m^2，希望考生将其扩建为一处总建筑面积（包括这两栋建筑）为 300m^2 左右的的茶室（包括景观建筑等辅属建筑面积，其中室内茶座面积不小于 160m^2）。此项工作包括两部分内容：茶室建筑布局和创造茶室特色环境，在总体规划图中完成。
- 设计风格、形式不限。设计应考虑该区域在空间尺度、形态特征上与开阔湖面的关联，并具有一定特色。地形和水体均可根据需要决定是否改造、道路是否改线，无硬性要求。湖体常水位高程 43.20m，现状驳岸高程 43.70m，引水渠常水位高程 46.40m，水位基本恒定，渠水可引用。
- 为形成良好的植被景观，需选择适应栽植地段立地条

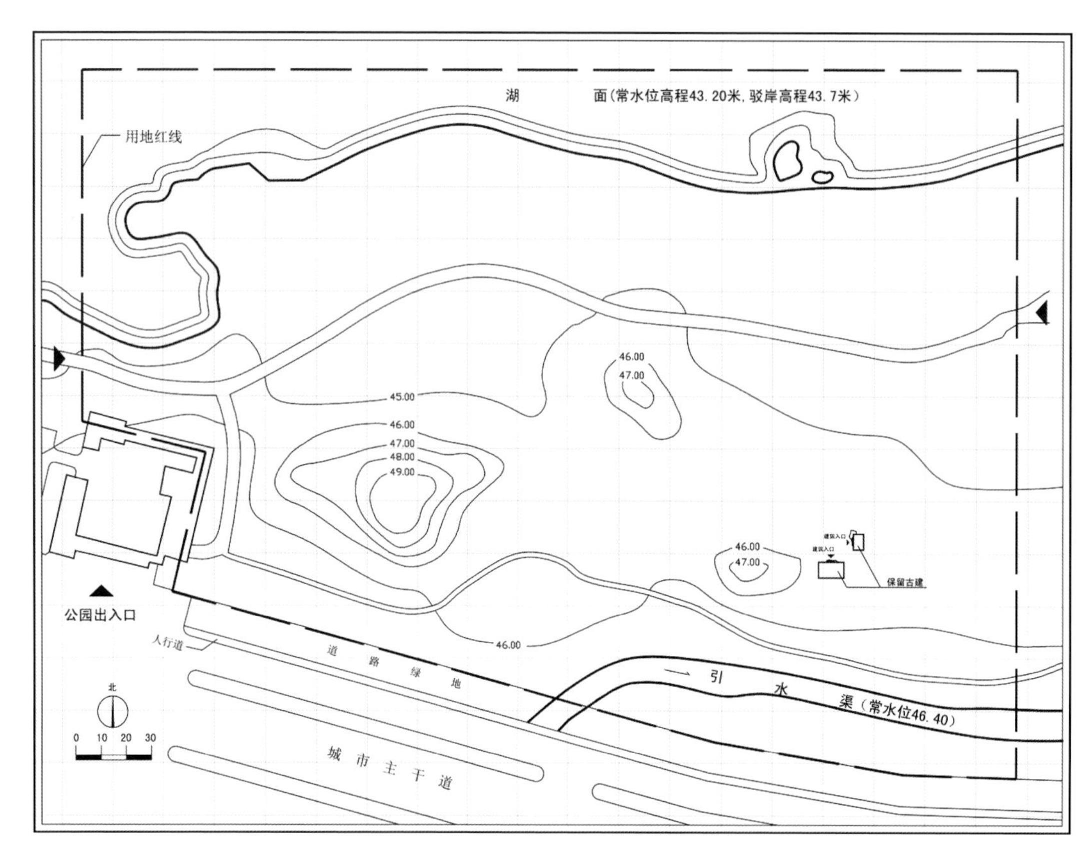

图 5-1　湖滨公园　核心区现状图

件的适生植物。要求完成整个区域的种植规划，并以文字在分析图中概括说明（不需图示表达），不需列出植物名录，规划总图只需反映植被类型（指乔木、灌木、草本、常绿或阔叶等）和种植类型。

（3）图纸要求：

- 核心区总体规划图：1 ： 1000。
- 分析图：考生应对规划设想、空间类型、景观特点和视线关系等内容，利用符号语言，结合文字说明，图示表达。分析图不限比例尺，图中无需具象形态。此图实为一张图示说明书，考生可不拘泥于上述具体要求，自行发挥，只要能表达设计特色即可。植被规划说明应书写在此页图中。
- 效果图：2 张。请在一张 A3 图纸中完成，如为透视图，请标注视点位置及视线方向。

5.1.2　审题、解题

关键词：湖滨公园、市中心、滨湖公园带、引水渠、古建保留扩建、主出入口、地形、种植规划。

解题：本题考察内容包括对复杂现状的认知与把握能力、对较大区域用地的景观与空间布局的组织能力、水景与滨水环境设计能力、传统建筑改造及周围环境的设计能力、地形设计能力等。题目中已明确绿地类型为滨湖公园，因此水景组织与滨水环境设计是最重要的考点。公园面积较大、现状条件较复杂，因此在构思布局阶段要着重梳理好全园的空间结构，注意空间类型、节奏变化（注重陆地空间与水体空间的结合，形成统一、有机的水、陆空间系统）。作为城市带状公园的一部分，自身要有横向节奏变化，创造丰富的穿行体验，并在纵向上要创造出从城市—绿地—湖面的序列变化。

现状地物中自然的道路、自然的地形、自然的驳岸、古建等，反映了场地原有的特征与结构。是尊重、利用现有条件，并进一步丰富完善这一特征，还是对其进行改造，形成全新的形式风格是一个十分重要的问题，需要设计者慎重思考、抉择。顺应是比较稳妥的方式，采用自然的形式手法，既可尊重场地的现有属性，又易于形成自然、清新的环境面貌，且更为经济、合理。采用一种全新的风格会形成突出的个性，给人留下深刻的印象，但不易把握，处理不当会出现较大问题。现状地形、道路形态与位置不理想，应予以改造。两栋古建的改造要求，主要考察设计者对于中国古典庭院设计手法的理解与把握。现状图已给出引水渠水位与湖面常水位的高程，为建立南北方向的动态水景，联系引水渠和湖面提供了可能，新的水体也可增加全园纵向上的节奏变化。用地内的外来交通主要来自两个方面，从主入口进入的外来人流和横穿用地的公园内部人流，因此要协调处理好对外和内部的交通。

5.1.3 方案实例

（1）作者：汪在先（原图纸尺寸420mm×297mm）

评析：方案整体结构、脉络清晰，尺度比例控制得当，内容丰富。滨水环境处理手法多样、有节奏控制，但是局部设计尚待完善，如插入湖面的码头形态突兀，对湖滨的整体形式特征破坏较大，且与亲水木平台在位置与形态上缺少协调统一。新增线性水系连接引水渠和湖面，并为由古建改建的茶室提供了较好的户外环境，很好地把握和利用了现状，也为用地横向穿行增加了节奏变化。

古建改建尚待进一步的丰富和完善。交通体系分级明确、对外和内部交通处理合理。彩叶、观花植物应用丰富，但滨湖种植缺乏统一的组织，密林区缺乏变化。

平面图表达清晰，水体、草坪表达简练，如能把外围城市道路表达清楚，则用地周围城市环境更加明确。效果图绘制技法纯熟，配景中人物的画法尚待练习。

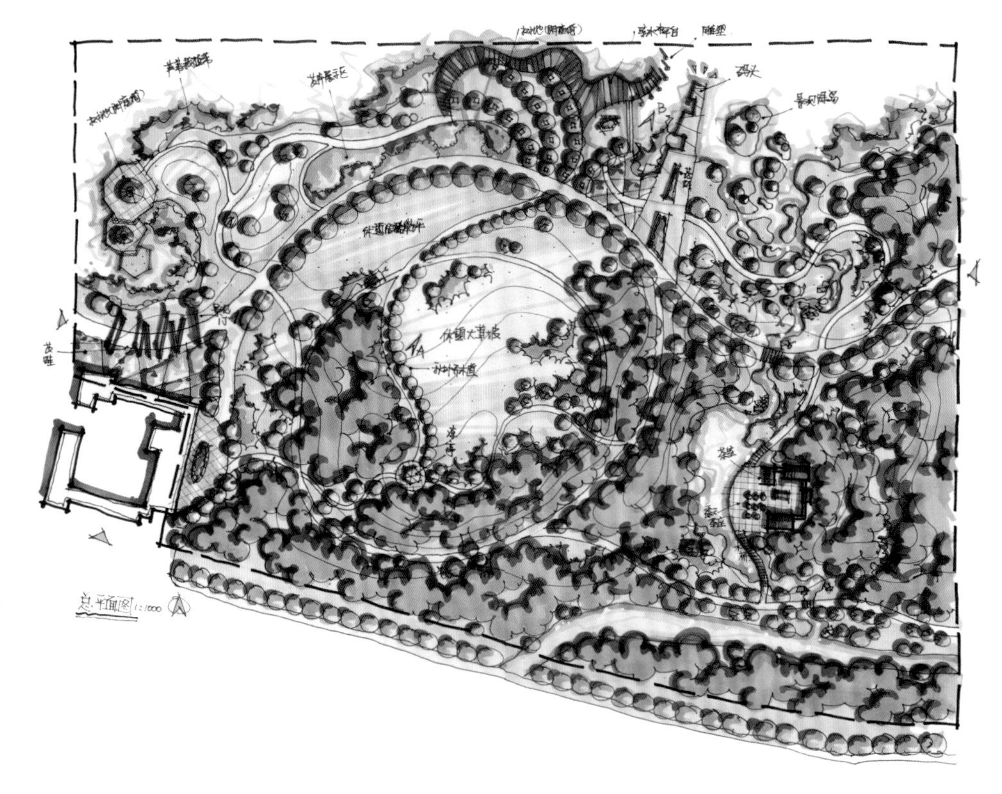

图 5-2 滨湖公园实例一 总平面图

图 5-3 滨湖公园实例一 效果图一

图 5-4 滨湖公园实例一 效果图二

（2）作者：周叶子、阳烨（原图纸尺寸 420mm × 297mm）

评析：本方案全园结构明晰，空间组织有开合、大小变化。种植设计整体较好，有效地塑造了全园的形态特征与空间结构。但该方案的形式手法不够熟练，与西侧绿地相接的轴线稍显突兀，伸入湖面的圆环状栈道尺度偏大。滨水处理稍显单调，未能完成对古建的改造要求。

方案整体表现较好，画面清新，线条有待加强。

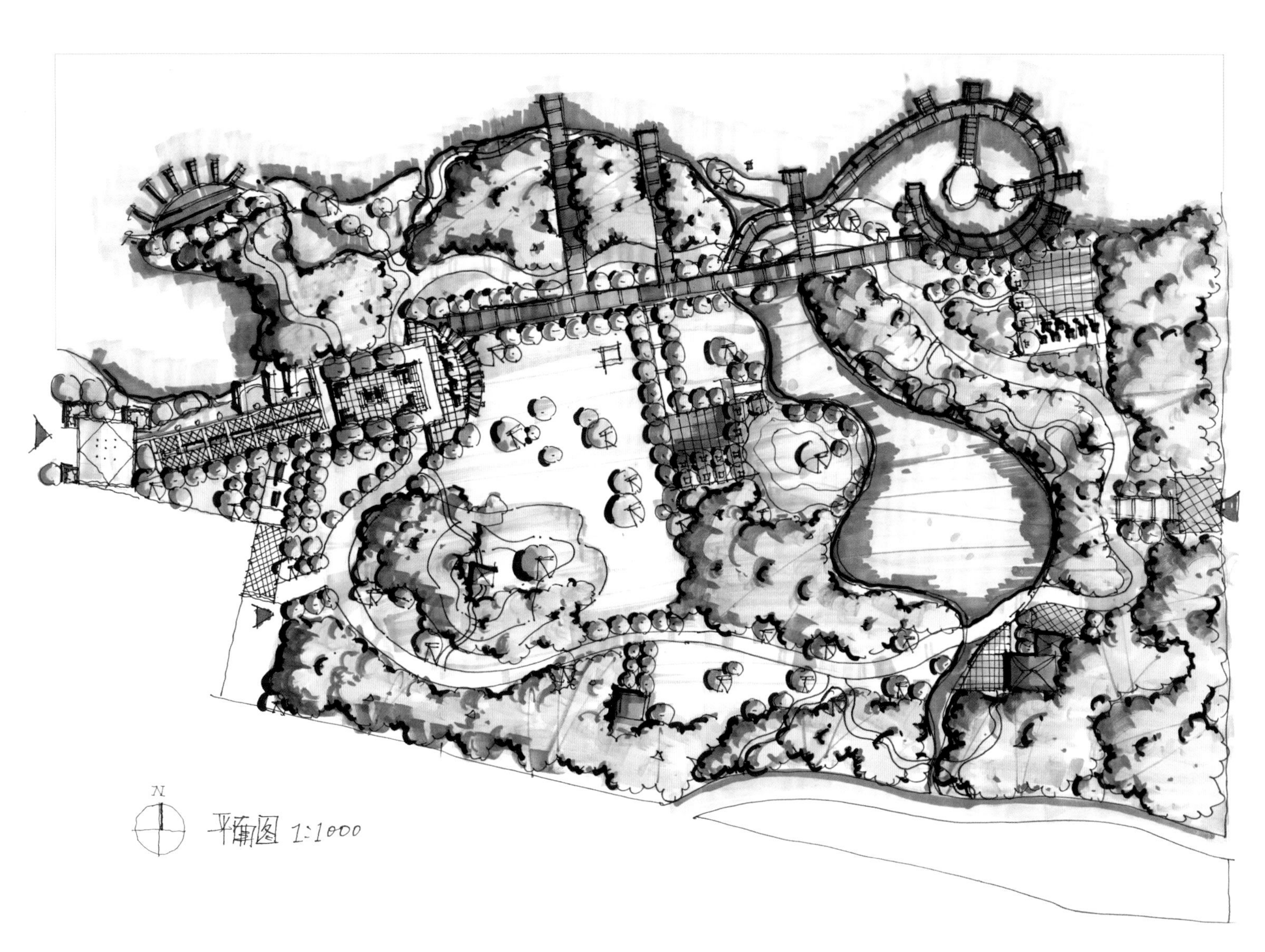

图 5–5　滨湖公园实例二　总平面图

（3）作者：刘卓君（原图纸尺寸 420mm × 297mm）

评析：与前两个方案不同，本设计局部采用了规则形态，与自然形态相互对应，使公园既具时代特征，又带有一定的中国传统韵味，且两种形式衔接较为顺畅。方案空间结构清晰，地形处理手法较为多样。滨水环境的景观组织丰富多变，但硬质场地尺度偏大。通过现代手法处理传统建筑环境，不失为一种较为个性的方式，但缺少细节表达。方案景观组织有序，并能够借助辅助线表现公园的景观结构，清晰地体现了整个公园景观处理的思路。

种植设计稍显单薄，有待完善。

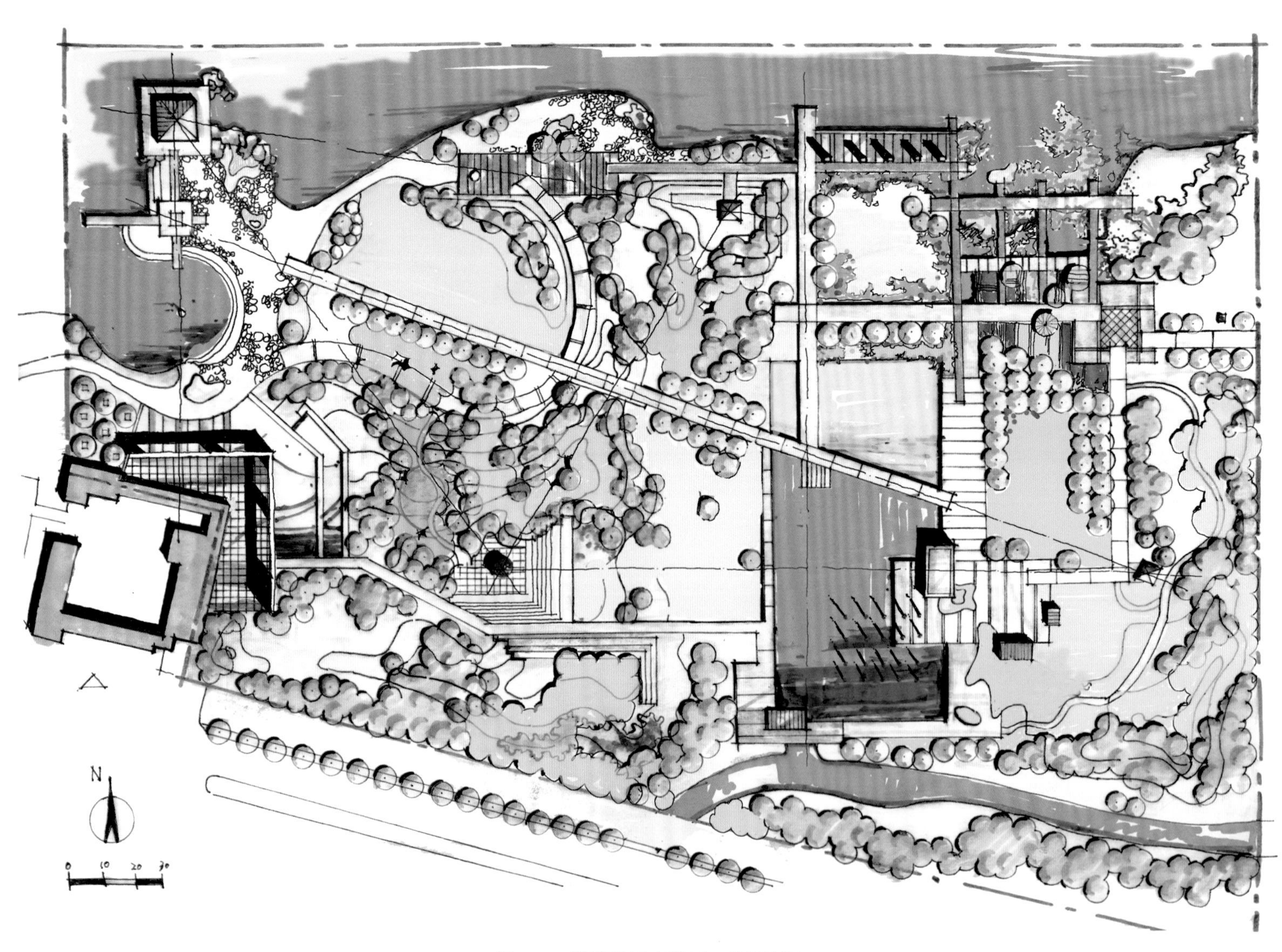

图 5–6　滨湖公园实例三　总平面图

5.2 居住区公园

5.2.1 题目要求

（1）区位与用地现状

公园位于北京西北部的某县城中，北为南环路、南为太平路、东为塔院路，面积约为 $3.3hm^2$。用地东、南、西三侧均为居民区，北侧隔南环路为居民区和商业建筑。用地比较平坦，基址上没有植物。

（2）设计内容及要求

公园要成为周围居民休憩、活动、交往、赏景的场所，是开放性的公园，所以不用建造围墙和售票处等设施。在南环路、太平路和塔院路上可设立多个出入口，并布置总数为20~25个轿车车位的停车场。公园中要建造一栋一层的游客中心建筑，建筑面积为 $300m^2$ 左右，功能为小卖、茶室、活动室、管理、厕所等，其他设施由设计者决定。

（3）图纸要求

提交两张A3图纸，图中方格网为30m × 30m

- 总平面图 1 ： 1000（表现方式不限，要反映竖向变化，所有建筑只画屋顶平面，植物只表达乔木、灌木、草地、针叶、阔叶、常绿、落叶等植物类型，有500字以内的表达设计意图的设计说明书）
- 鸟瞰图（表现形式不限）

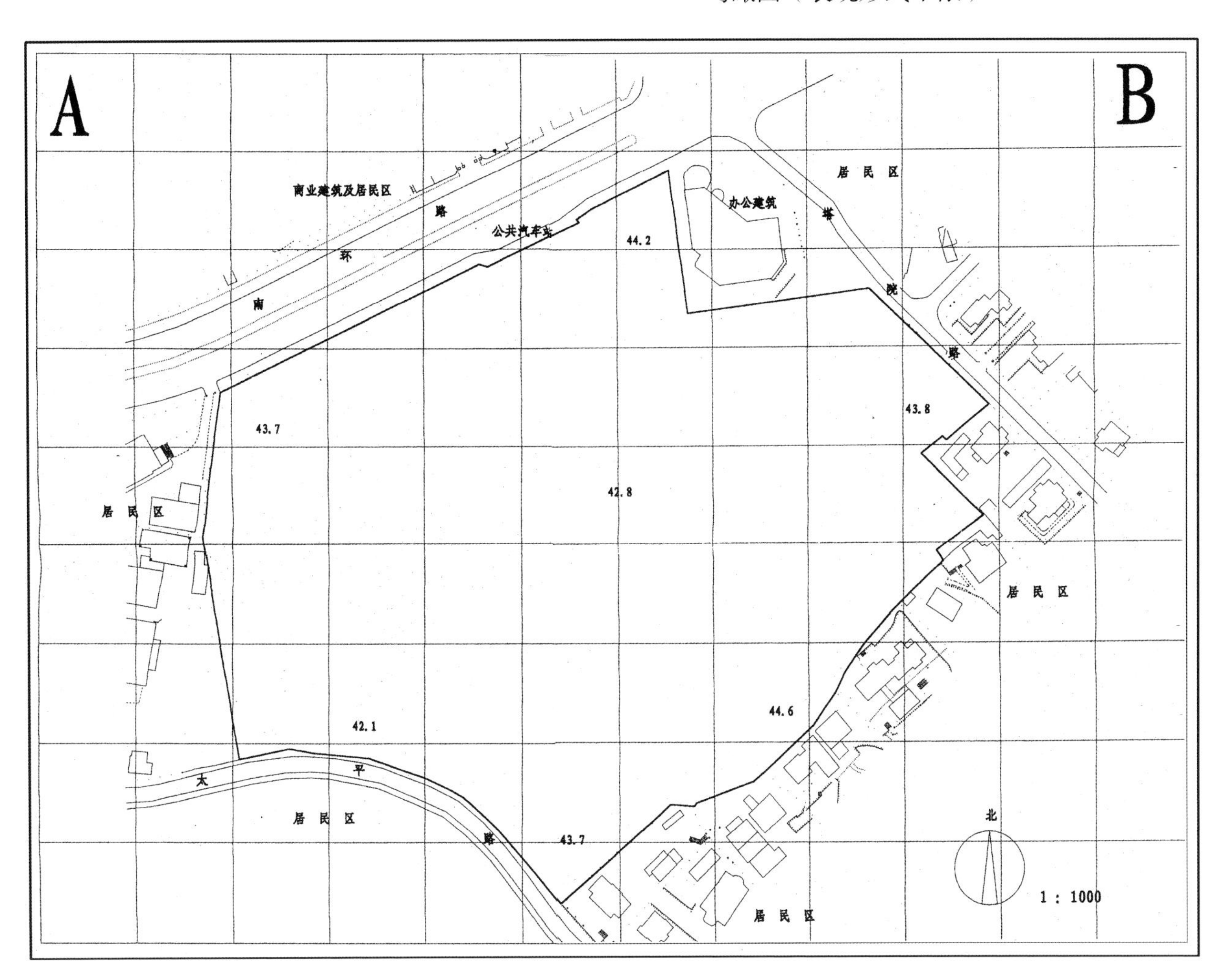

图 5-7 居住区公园 现状图

5.2.2 审题、解题

关键词：居住区公园、县城、开放性、游客服务中心、停车场

解题：本题限制条件较少、规模适度，设计者有较大地发挥余地。用地形状为不规则多边形，四周没有可以利用的景观资源，且被城市道路和建筑环绕，对用地干扰较大；现状用地虽较平坦，但总体趋势是四周高中间低。因此综合以上两点，全园整体空间布局最好采用内向型的空间，利用地形或者植物材料，对外围噪音和视觉干扰进行一定地阻隔和遮挡，特别是临车流量大的南环路一侧。

公园周围三条城市道路级别不同，南环路为城市主干道，且设有公交车站，路北侧含商业建筑，因此南环路侧是主要人流来向，公园主入口和停车场应布设在南环路侧。主入口应该有足够的集散场地和临时休息场地，避免干扰城市交通。另需在太平路和塔院路侧分别设辅助入口。公园要求开放性，因此入口应开放且具有引导性。

居住区公园的主要服务对象是附近居民，因此应能满足不同类型居民多样的活动需求，提供丰富多样的活动空间和场地，如儿童游戏场、健身场地等。另外题目中明确要求设计一处游客服务中心，注意选址。

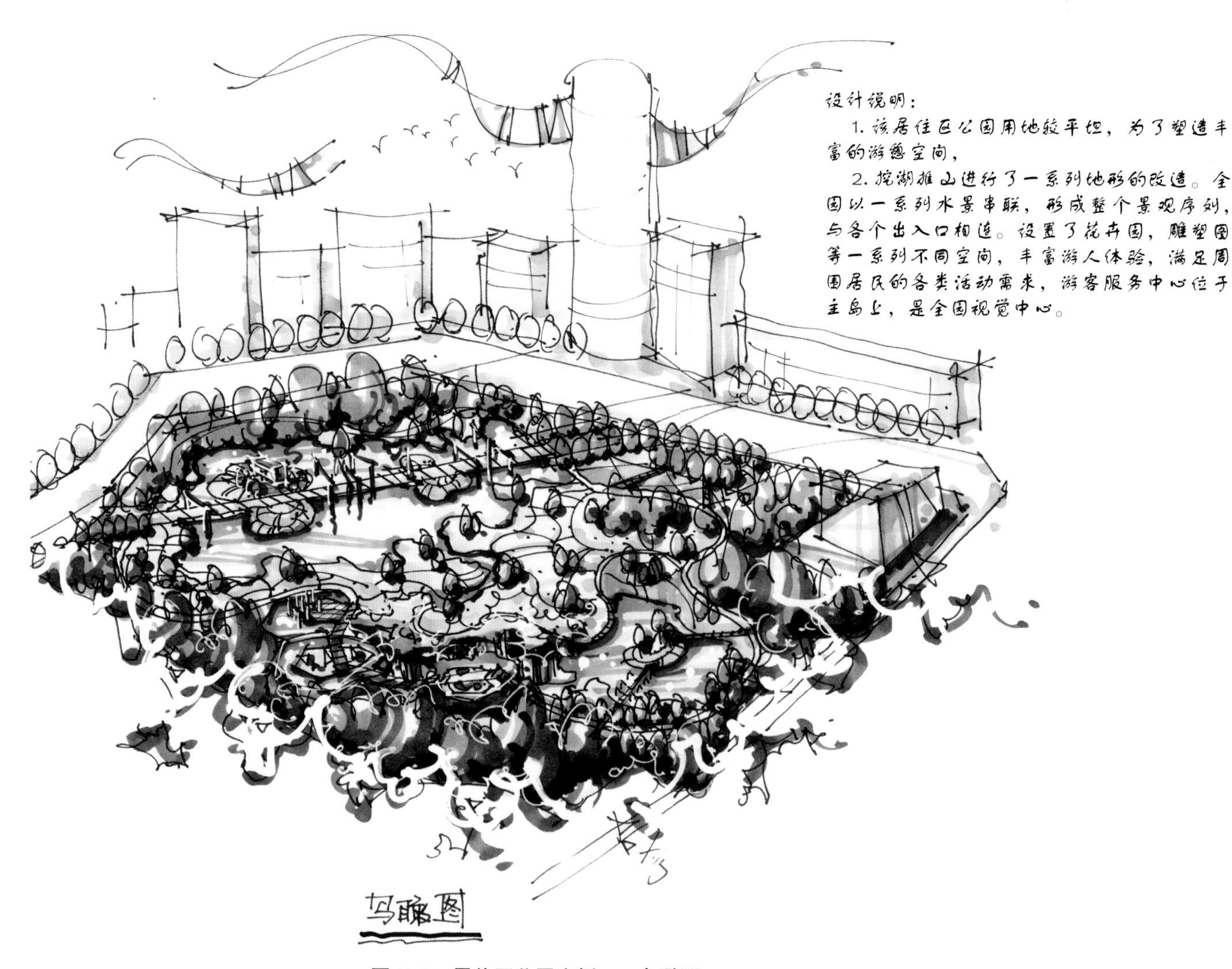

图 5-8 居住区公园实例一 鸟瞰图

5.2.3 方案实例

（1）作者：汪在先（原图纸尺寸 420mm × 297mm）

评析：方案布局合理、结构清晰明确、节奏变化丰富、主次明确。尺度控制较准确，空间丰富，很多小空间设计新颖有趣，如花卉园、雕塑园等。道路系统分级明确、出入口、停车场和功能分区等建立在对现状的准确分析基础上。能够利用地形塑造地表变化，组织空间，植物配置丰富。

水体设计丰富，但主湖面上两岛体量较大，且位置过于居中，几乎占满了湖面。由主入口引入的轴线延伸到太平路次入口，穿行体验较丰富，但易引入南环路和太平路之间的穿行人流，对公园核心区干扰较大。游客服务中心位置欠佳，位于主岛上，交通不便。

平面图表现较好，清晰准确。鸟瞰图用地外围环境交代、表达清楚，但表现重点不够突出，建筑尺度失真。

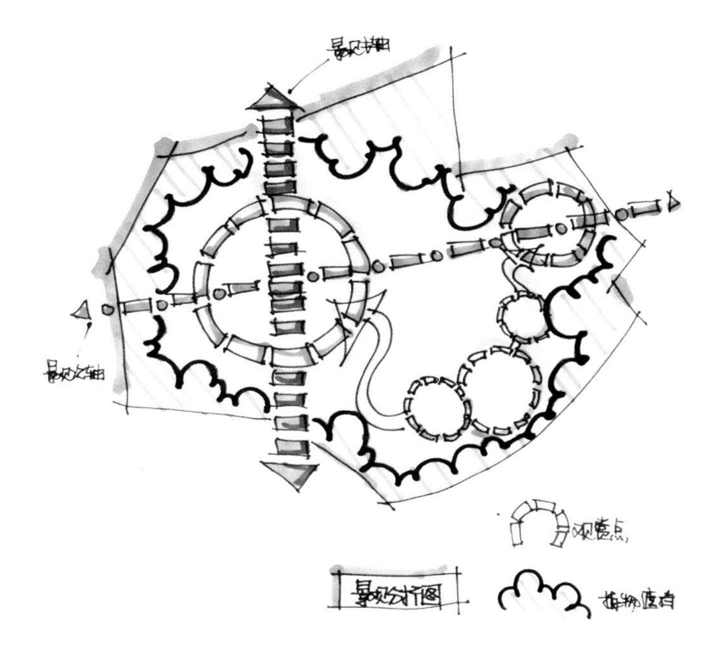

图 5-10　居住区公园实例一　景观结构图

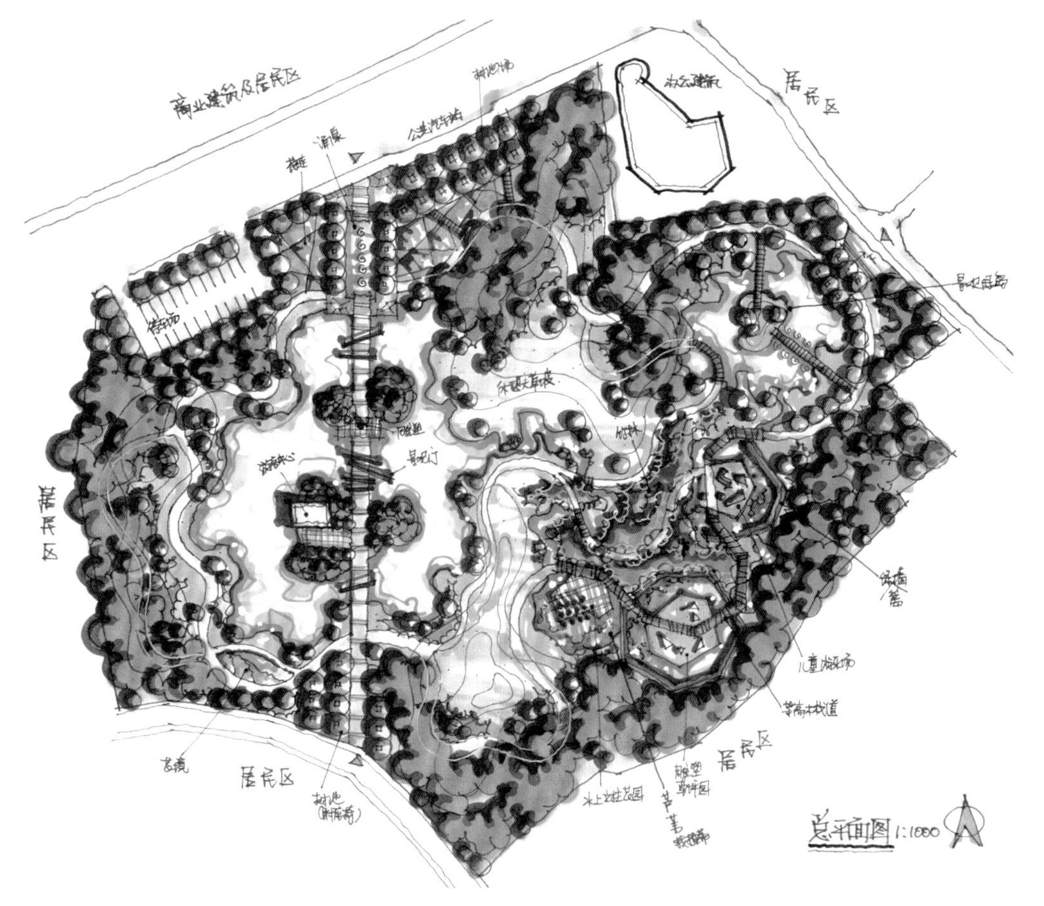

图 5-9　居住区公园实例一　总平面图

（2）作者：郁聪（原图纸尺寸 420mm × 297mm）

评析：方案整体结构清晰、布局简练。开放性较强，希望通过轴线和外围一系列（与道路和居民区衔接的）小场地，引导人流的进入和方便周围居民使用。多层的交通体系，创造了不同的体验效果。稍感不足的是场地和绿地部分脱节，联系塔院路和太平路之间的轴线缺乏节奏及细节变化。

鸟瞰图整体性效果较好，线条熟练，通过一些大的形式单元控制住整体的结构，主体突出。用色简练，中心一抹红色，提亮整个画面，突出重点，如能再增加一些细节则效果更好。

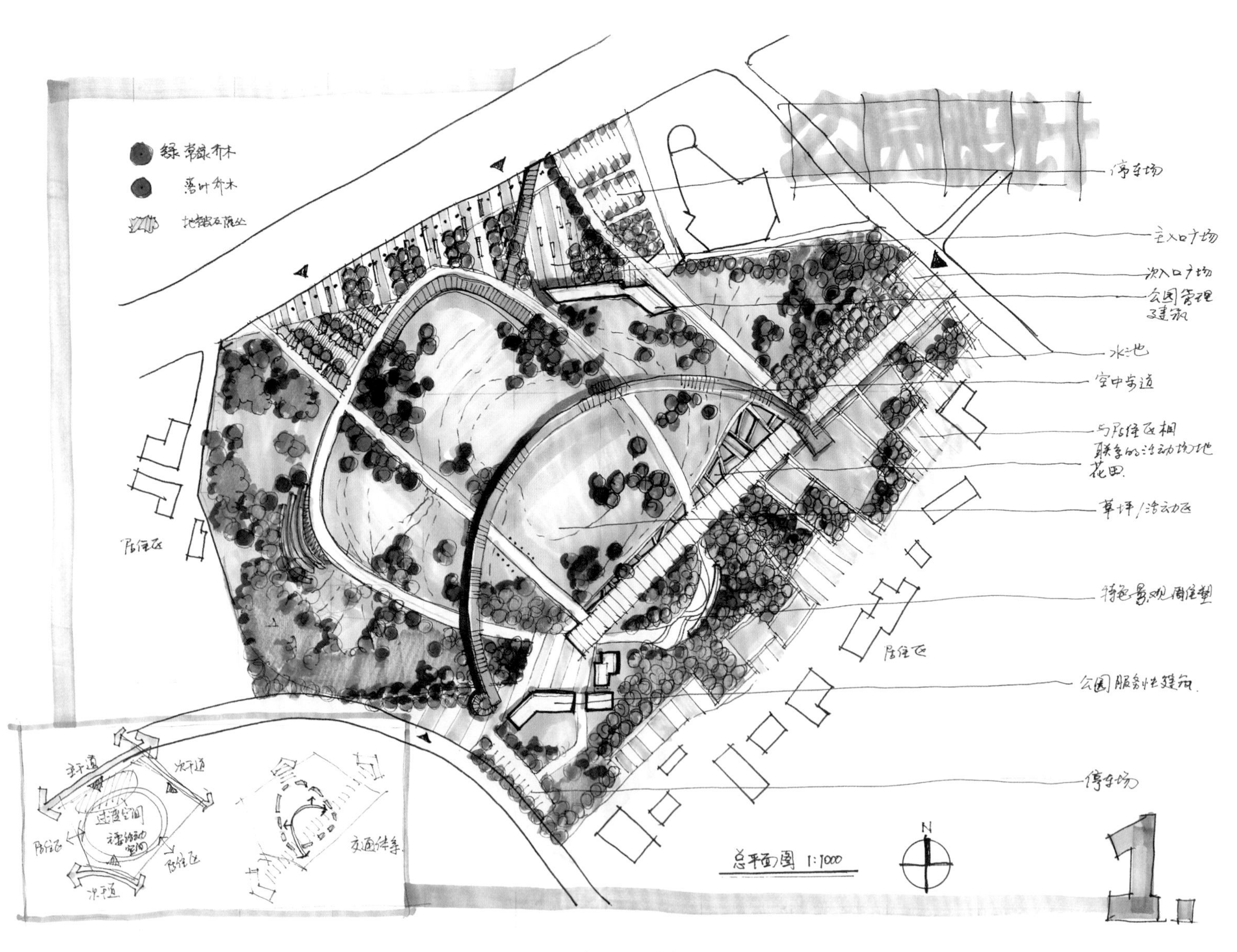

图 5–11　居住区公园实例二　总平面图

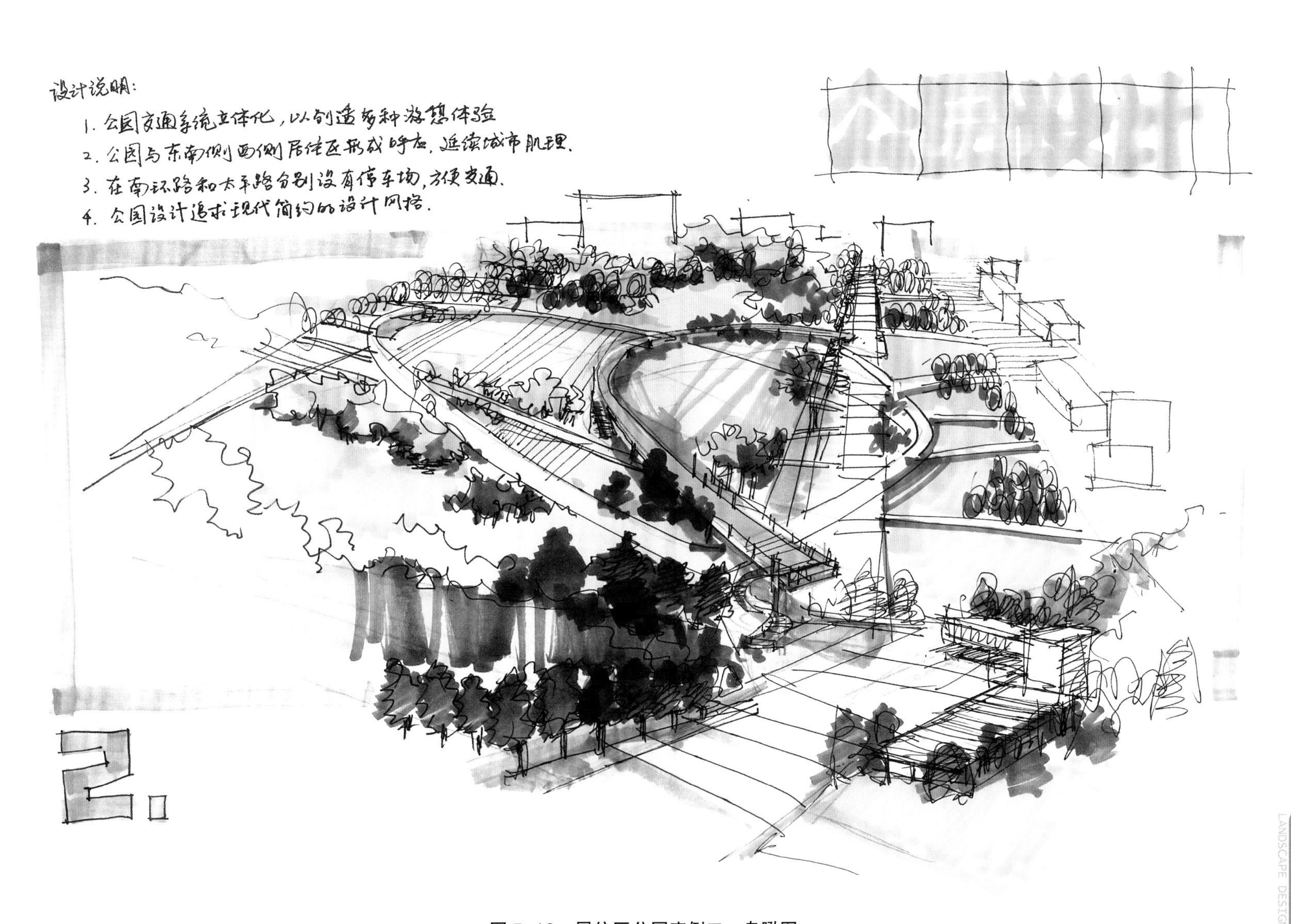

图 5-12　居住区公园实例二　鸟瞰图

5.3 翠湖公园

5.3.1 题目要求

（1）项目简介

某城市小型公园——翠湖公园。位于120m×86m的长方形地块上，占地面积10320m²，其东西两侧分别为居住区——翠湖小区A区和B区。A、B两区各有栅栏墙围合。但A、B两区各有一个行人出入口与公园相通。该园南邻翠湖，北依人民路并与商业区隔街相望。该公园现状地形为平地，其标高为47.0m，人民路路面标高为46.6m，翠湖常水位标高为46m（详见图5-3-1）。

（2）设计目标

将翠湖公园设计成结合中国传统园林地形处理手法的、现代风格的、开放型公园。

（3）公园主要内容及要求

现代风格小卖部1个（18~20m²），露天茶座一个（50~70m²），喷泉水池一个（30~60m²），雕塑1~2个，厕所1个（16~20m²），休憩广场2~3个（总面积300~500m²），主路宽4m，二级路宽2m，小径宽0.8~1m。植物选取考生所在地常用种类。此外公园北部应设含200~250个停车位的自行车停车场。（注：该公园南北两侧不设围墙，也不设园门）。

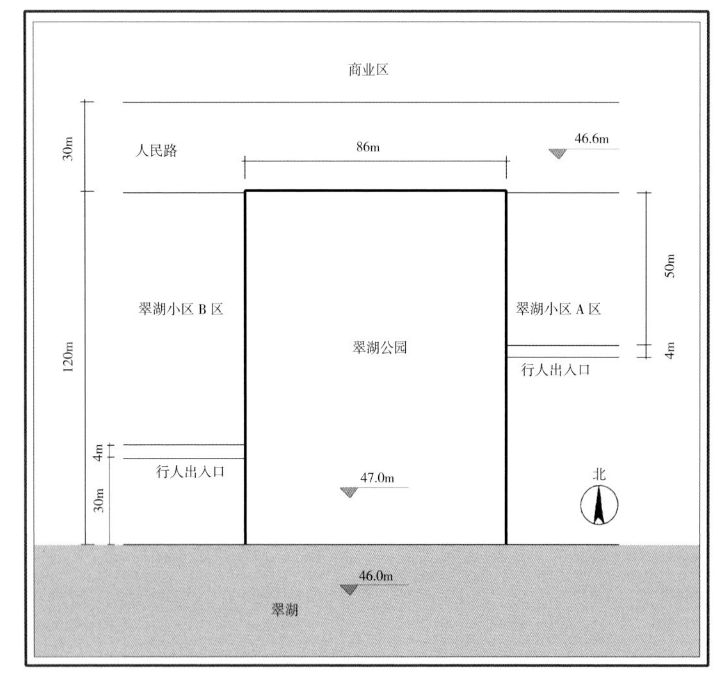

图5-13　翠湖公园　现状图

（4）图纸内容（表现技法不限）

- 现状分析图1 ∶ 500（占总分15%）
- 平面图1 ∶ 500，（占总分45%）
- 鸟瞰图（占总分30%）
- 设计要点说明（300~500字），并附主要植物中文目录（占总分10%）

5.3.2 审题、解题

关键词：公园、翠湖、中国传统园林地形处理手法、现代风格、开放性。

解题：优秀的方案首先得益于准确的定位，其中正确思考与周围环境的逻辑关系又是准确定位的前提。用地周围为城市商业区和居民区，南侧临开阔自然水体。因此，在与周围环境关系上，用地应作为沟通城市环境和自然环境（翠湖）的“通道”和“桥梁”，或者作为自然环境伸向城市环境的“绿色触角”。所以本题考察的重点是创造自然、丰富的户外空间体系，沟通周围环境，在为周围居民和商业区人员提供一个绿色休憩环境的同时，逐渐引导游人到达湖滨休息、停留。因此在整体布局上，应着重处理空间结构在纵向上的变化和节奏控制，使游人穿过一个体验丰富，空间变化多样的空间序列后到达开阔的湖滨。此外，滨水环境的处理也是本题的重要考点之一。需重点处理好场地内部空间和湖面空间之间的关联。

题目中明确提出“结合中国传统园林地形处理手法”，因此地形处理也是考点之一。需结合整体布局和中国传统地形处理手法，对现状地形进行一定的处理。公园东西两侧作为同一个居住区，又同时有出入口通往公园，因此既要满足两侧的居民通行的需求，也易于引导和方便居民使用公园。

公园设计的具体要求，设计时也应当满足，如小卖部、茶座、喷泉水池和停车场等。

5.3.3 方案实例

（1）作者：汪在先（原图纸尺寸 420mm × 297mm）

评析：方案形式处理手法灵活，通过一条轴线组织、控制整个场地，并引导了从外围道路空间到水域空间的序列变化。起点为水池小空间，终点是自然式的小山，绕过小山是开阔的湖面，节奏感较好。但轴线与周围环境稍有脱节。

全园空间有疏密变化，种植设计较完善，花卉应用丰富，花卉园和一些沿东西向道路的花卉种植带有效地丰富了公园的景观。图中自行车停车场可考虑增加遮荫乔木。

（2）作者：许晓明（原图纸尺寸 420mm × 297mm）

评析：方案形式结构简洁统一，较具个性。两个主要广场位置、尺度合宜，较好地满足了使用需求。方案具有明显的向湖面发展的导向性，空间有开合疏密、节奏变化，但局部空间稍显含糊。场地和环境穿插关系紧密。乔木种植全部采用行列式，与场地和广场形式统一，但局部偏于散乱，缺乏密林。如能在局部种植一些观赏性高的灌木和花卉，会使公园更富趣味性和亲切感。

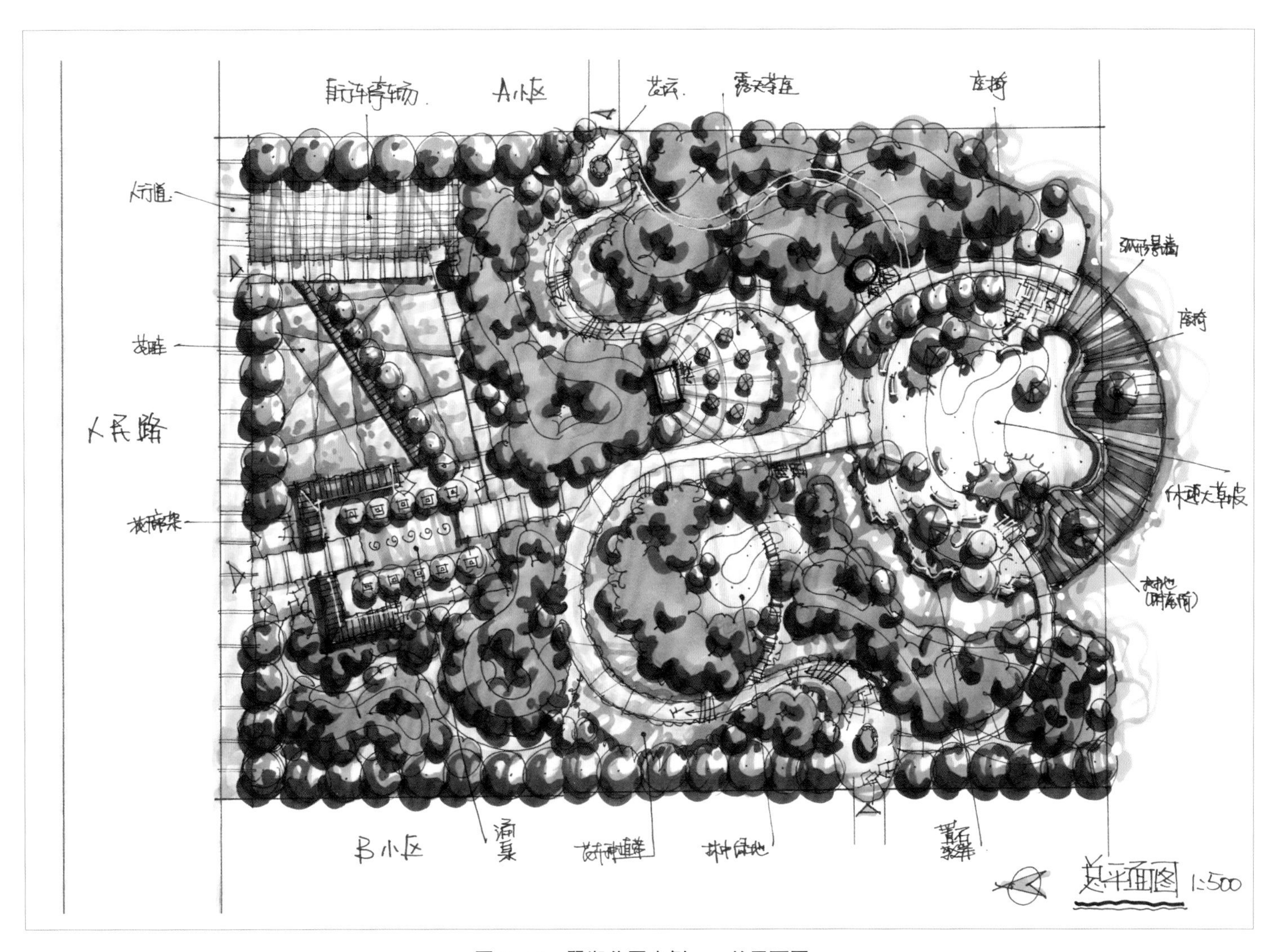

图 5-14 翠湖公园实例一 总平面图

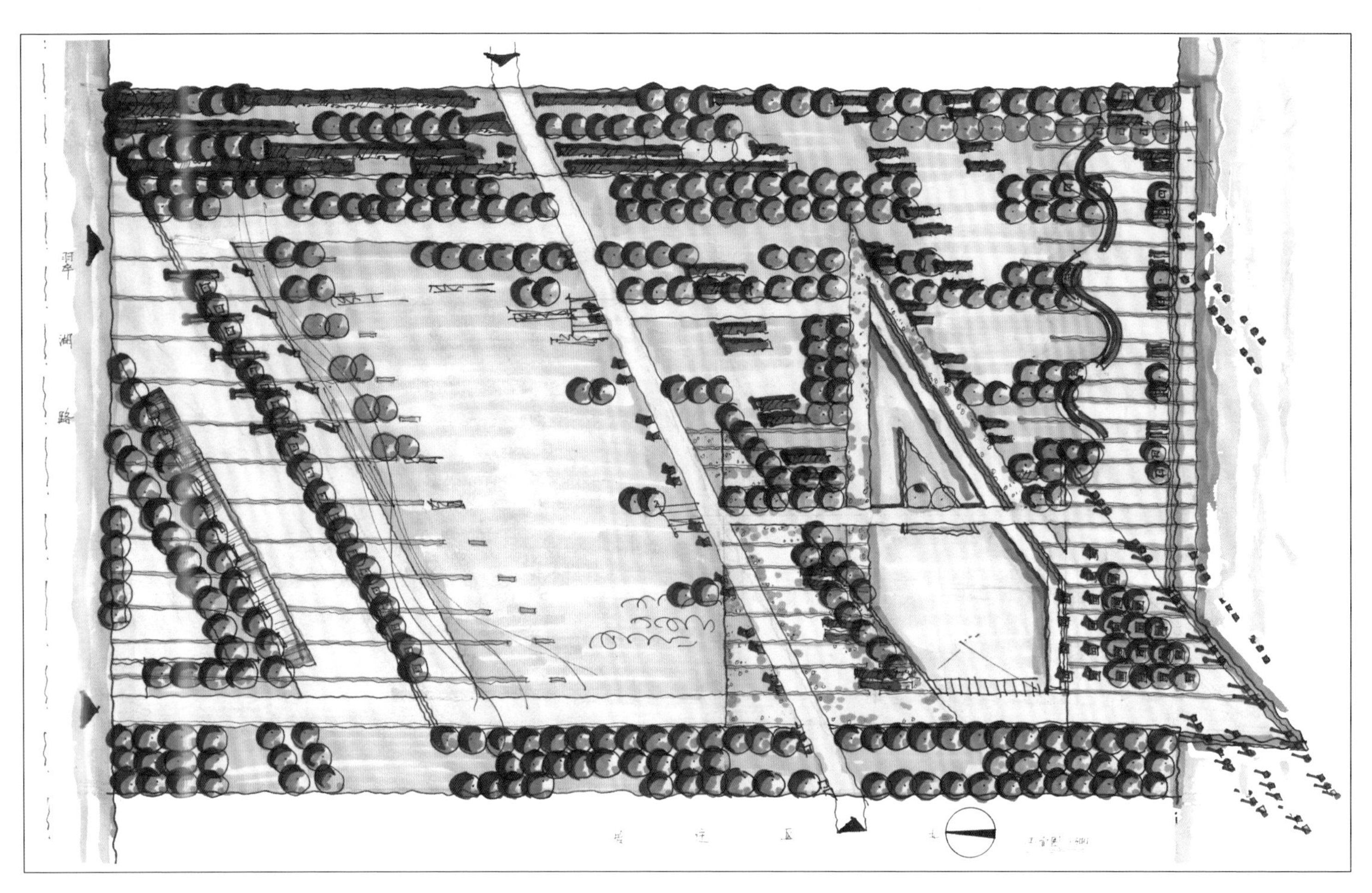

图 5-15　翠湖公园实例二　总平面图

5.4　展览花园

5.4.1　题目要求

（1）主题：印象·空间·体验——展览花园设计

（2）区位与用地现状

2007 年中国国际园艺花卉博览会将在中国某城市的约 70hm^2 的岛上举办（图 5-16），国内外各地的展览花园是这届博览会的最重要的组成部分。位于岛中部的面积约 3700m^2 的地块（图 5-16 中填充的部分）是考生设计展览花园的位置。

（3）设计内容及要求

考生设计的位于这块 3700m^2 的地块上的小花园是考生所在城市为这届园艺博览会建造的展览花园，花园要有以下 3 方面的考虑：

- 反映人们对考生所在城市的印象，但这种印象不能通过建造考生所在城市的微缩景物来达到；
- 是一个具有简明但空间变化丰富的花园；
- 是一个能够让人们去体验的花园。

（4）图纸要求

- 所有成果都画在若干张 A3（420mm × 297mm）白色的复印纸上
- 平面图（1 ： 300，表现形式不限，植物只表达类型，不标种类）
- 剖面图（1 ： 300，1 个，表现形式不限）
- 鸟瞰图（1 张，表现形式不限）

图 5-16 花卉博览会 总体规划图

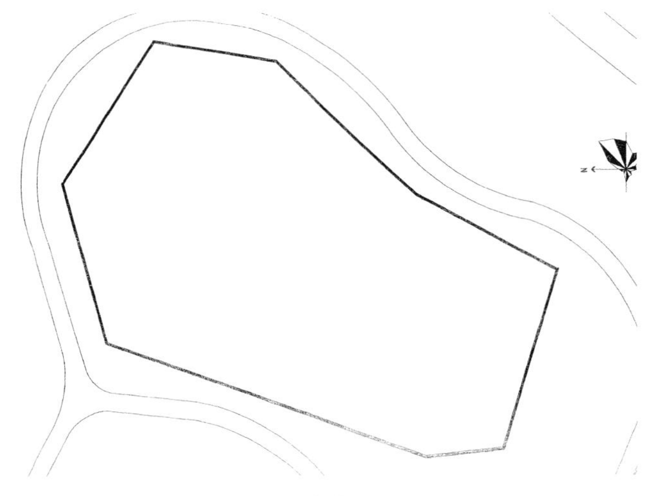

图 5-17 展览花园 现状图

5.4.2 审题、解题

关键词：花卉博览会、展览花园、城市印象、岛、体验的花园。

解题：此题考察的重点在于如何创造一个个性、简明、用于体验的空间，反映城市印象。其过程可以理解为通过个性空间的塑造和城市印象要素的提取与重构，为游人带来丰富的体验。

该用地面积较小，且为其他主题的展园环抱，每一个主题花园的构园手法、形式特征、构园要素等都不同，相互之间存在干扰的可能。因此常规手法是先把空间从周围的环境中限定出来，成为一个独立、范围明确、纯净的内向性的空间系统，这样易于突出空间个性。空间处理不需要太复杂，以一个为内向性单元为核心，适当增加两、三个附属单元即可。形态处理也是设计方案成功的关键，但也不宜变化过多，可以以一到两种形态元素为主。对于本题，思路之一是提取一到两种设计元素，使元素有机的生长，充满场地，并注重主空间与附属空间之间的界面处理方式，从而达到形成简明且丰富的空间的目标。

此题难点在于对城市印象的把握与提取。一个城市有太多的内容可以让人们留下印象，并加以展示，而每个人的理解又不相同，要放到如此之小的面积当中加以体现，需要对城市有深入认知，进而把握城市的主要特征，方能抽取出典型要素。同时，对于一些个性化的城市元素，短时间内去提炼、抽象、概括到另一个环境中，需要突出的空间与形态构成能力。如果对一个城市可以有深入而全面的理解和概括是最理想的，但仅就应试而言，大部分情况下比较困难。因此，需要寻求一条捷径，以便于能够快速完成设计。所谓“印象”，可以是表面化的感受、对于片段的认知，因此，对于这样的题目，如果能够快速地提取出一些有特征的“城市印象”，也许它仅是这个城市的某个或某几个侧面，并能够迅速地通过空间与形态手法将它（们）展示出来，是解决问题的便捷途径。但是，正如题目中要求，不能以微缩城市典型景物来实现。

5.4.3 方案实例

（1）作者：赵睿（原图纸尺寸 420mm × 297mm）

评析：方案采用了较为常规的布局手法，以一个较大的主体空间为中心，周边环以不同尺度和形态的场地及空间单元，并通过一条折形园路引导游览。场地细部设计较丰富，空间开合、疏密变化较丰富、多变。

方案表现较好，线条娴熟，色彩丰富统一，素描关系和谐，马克笔技法纯熟。鸟瞰图主体突出，场景完整，较好地反映出全园的整体结构和面貌。

图 5-18　展览花园实例一　鸟瞰及剖面图

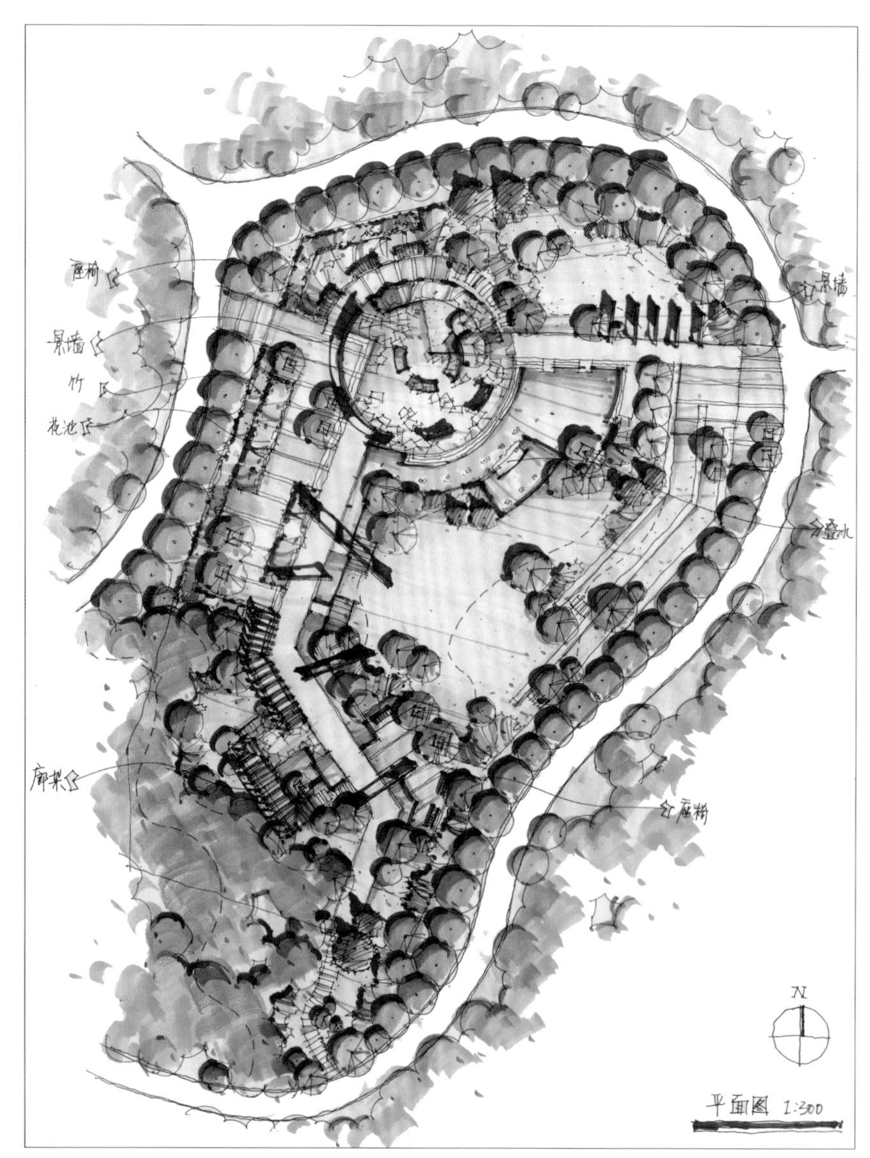

图 5-19　展览花园实例一　总平面图

（2）作者：许晓明（原图纸尺寸 420mm×297mm）

评析：方案较个性，设计中希望反映作者所在城市经历的，由近代快速城市化引发的一系列隐藏于平静日常生活之下的冲突。方案将折线形成的尖锐形态植入场地之中，通过多样的材质、肌理的抽取与重构，结合跌落水体形成的轰鸣之声，形成了对比强烈、充满矛盾与冲突的空间感受，体现了设计主题。空间纯净、富于变化，动静对比强烈、穿行体验丰富、令人印象深刻。

整体表现不错，彩铅表现细腻，但部分水体表达不够明确，马克笔表现稍显生疏。

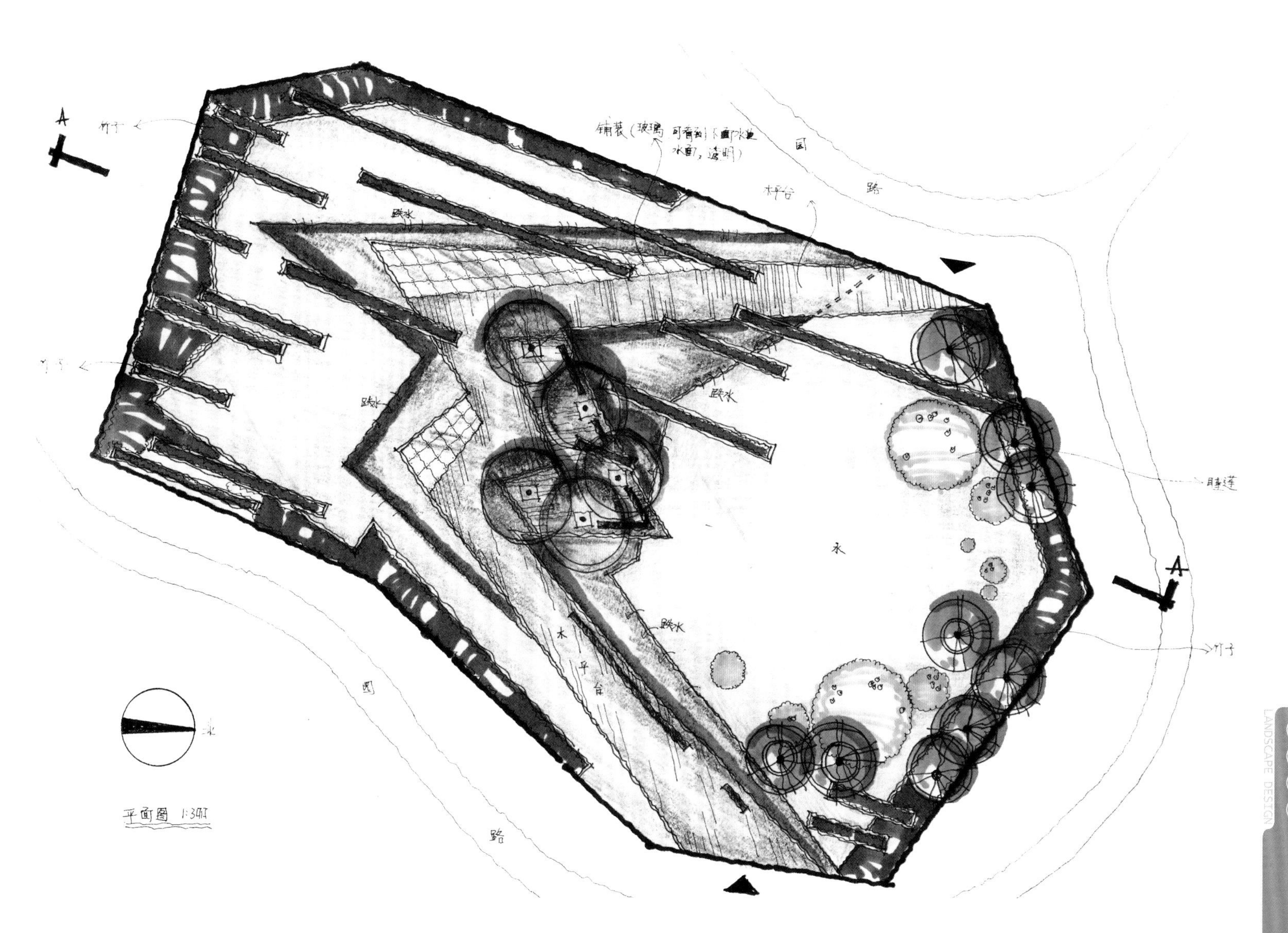

图 5-20　展览花园实例二　总平面图

5.5 建筑庭院环境设计

5.5.1 题目要求

（1）区位与用地现状

北京某大学艺术学院建筑位于该大学西北角，周围树林密布，环境优美。艺术学院建筑为三层，钢筋混凝土框架结构，立面材料为混凝土墙面、玻璃和杉木条遮阳板，建筑风格典雅明快。

建筑围合了三个庭院，其中西部和中部的两个庭院是可以进入的，而东部的庭院由于面积较小，除管理外，平时不能进入。

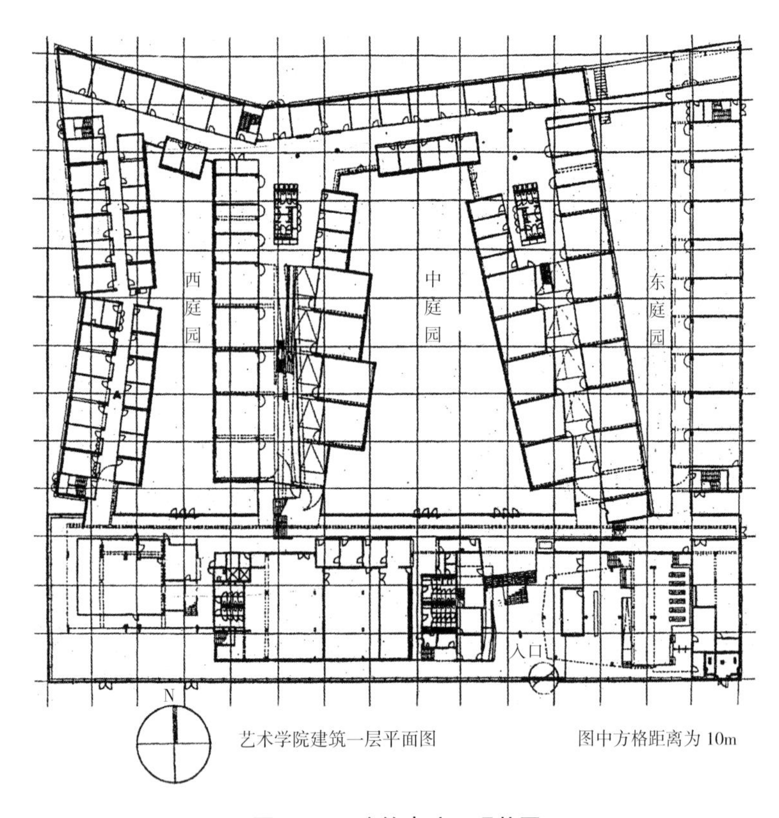

图 5-21 建筑庭院 现状图

（2）设计内容及要求

设计时要充分考虑从建筑内部观赏三个庭院的视觉效果，在建筑内部主要位置都能欣赏到庭院的景色。环境设计要体现艺术院校的文化特征。西部和中部两个庭院应成为良好的户外交流、休息环境。

（3）图纸要求

设计内容在 A3 的图纸上表示，建筑只需画轮廓线，建筑内部的房间可不表示。图中方格网为 10m × 10m。图纸表现形式不限。内容包括：

- 平面图 1 ： 300；
- 局部透视图 2 张；
- 设计说明 200 字左右。

5.5.2 审题、解题

关键词：庭院、艺术学院、现代风格建筑、户外交流。

解题：设计要求包括三个层面：从建筑内部观赏三个庭院的视觉效果、体现艺术院校的文化特征；创造良好的户外交流、休息环境；同时应注意场地大小，创造人性化尺度空间。

考题的尺度较小，空间结构已给定，清楚明确，功能内容单一，因此，对于空间结构和功能内容的梳理变得非常简单，即遵循三个庭院现有的逻辑关系即可。本试题的考察重点在于如何构筑具有良好艺术品质的环境单元和如何建立便捷的休息交流场所。在技能层面上考察的重点是对于细节的把控能力——设计能力和表现能力。设计方案应重点体现对以下内容的理解与把握：庭院的作用、庭院与建筑的关系、交流环境设计、细节处理。适当地点缀一些雕塑小品是必要的，以强调环境的艺术品位。

庭院是依附于建筑而存在的空间。建筑室内是主要观赏点。庭院自身的形态特征首先应与建筑形成对比，同时，又要使其与建筑相关联。中部庭院较开阔，应作为主要的户外休息空间，是外部空间的“中心”。最右侧的庭院明确说明不进入，突出展示功能。

5.5.3 方案实例

（1）作者：郁聪（原图纸尺寸 420mm × 297mm）

评析：方案中三个庭院各具特点，形式多样，功能定位互补，内容合理，主庭院以户外交流、休憩空间为主要内容，空间结构清晰，形式手法多样，但植物种植稍显松散；次庭院汀步尺度把握稍有偏差；右侧小庭院完全利用植物塑造空间，不同色彩，质感的植物相互组合，形成色彩、材质和肌理的变化，富有趣味性，方式快速有效。

总体表现较好，个人风格突出，应注意的是对细节的处理。

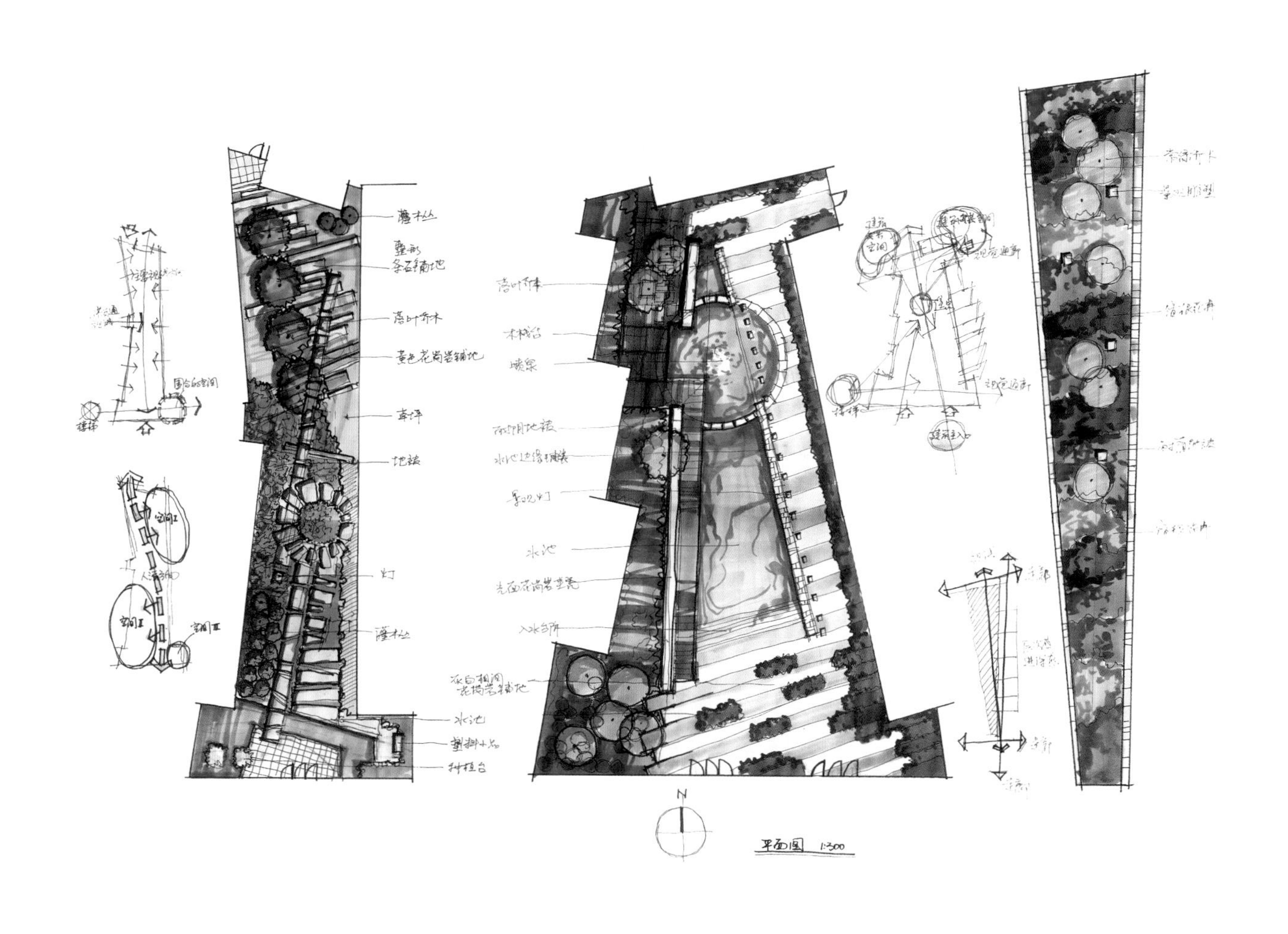

图 5-22　建筑庭院实例一　总平面图

（2）作者：赵睿（原图纸尺寸 420mm × 297mm）

评析：本方案形式丰富，场地结合水池和植物创造了富有趣味的室外休息、交流环境。稍感不足的是，局部空间界定不够明确，铺装面积偏大。

线条娴熟、用色丰富和谐，黑白灰关系清晰，马克笔使用娴熟。水池、草坪、植物的画法值得借鉴。

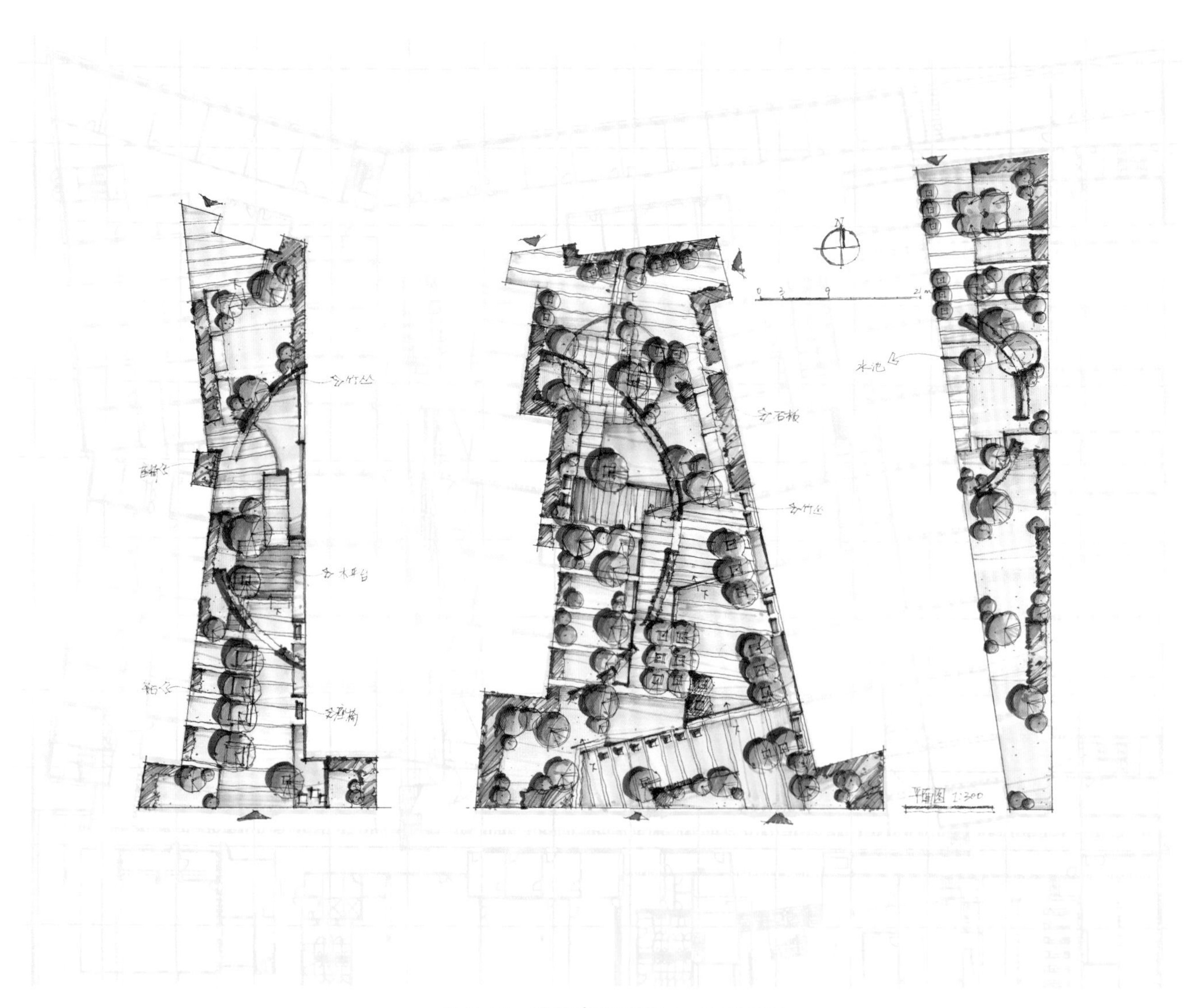

图 5-23　建筑庭院实例二　总平面图

5.6 校园环境设计

5.6.1 题目要求

（1）区位与用地现状

中国华北地区电影艺术高校校园需要根据学校的发展进行改造。校园北临事业单位，南接教师居住小区，东、西两侧为城市道路。校园内部分区明确，南部为生活区，北部为教学区，主楼位于校园中部，其西侧为主出入口（详见图5-24），校园建筑均为现代风格。随着学校的发展，人口激增，新建筑不断增加，用地日趋紧张，户外环境的改造和重建已成为校园建设的重要问题。

（2）设计内容及要求

当前，校园户外环境建设急需解决两方面问题：

- 校园景观环境无特色。既没有体现出高校所应具有的文化氛围，更无艺术院校的气质。
- 未能提供良好的户外休闲活动和学习交流空间。该校校园绿地集中布置于主楼南北两侧，是其外部空间的主要特征。由于没有停留场所，师生对绿地的使用基本上是"围观"或"践踏"两种方式，因此需要对校园内的外部空间进行重新的功能整合和界定，以满足使用要求并形成亲切的外部空间体系。

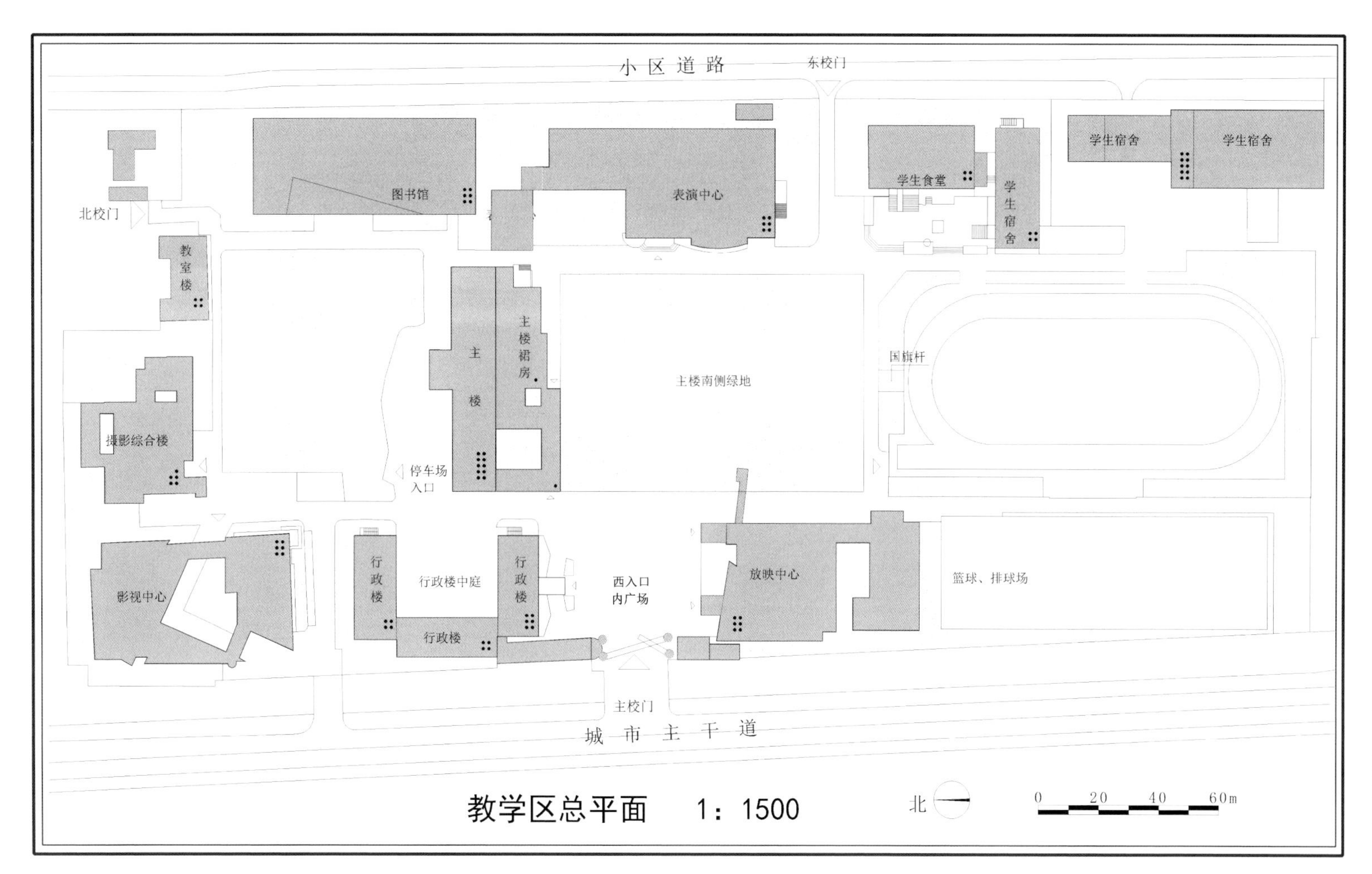

图 5-24 校园现状 总平面图

（3）图纸要求

- 户外空间概念性规划图：根据你的设想，以分析图的方式，完成校园户外空间的概念性规划，并结合文字，概述不同空间的功能及所应具有的空间特色和氛围，文字叙述你在规划中对树种选择的设想。图纸比例 1 ∶ 1500。
- 核心区设计图：在户外空间概念性规划的基础上，完成校园核心区设计。校园核心区是指西出入口内广场、行政楼中庭和主楼南部绿地为核心的区域（如图 5-25），设计中应充分体现其校园文化特征，并满足多功能使用的要求（原图纸比例 1 ∶ 600）。
- 核心区效果图：请在一张图幅为 A3 的图纸上完成效果图 2 张，鸟瞰或局部透视均可。

注：校园内路网可根据需求调整。主楼北侧绿地地下已规划地下停车场，地面不考虑停车需求。第二页（图 5-24，已缩放）和第三页（图 5-25，已缩放）为规划设计底图，概念性规划和中心区设计图可直接在第二、第三页上完成，也可用自带纸。所有图纸纸张类型不限，图幅为 A3。

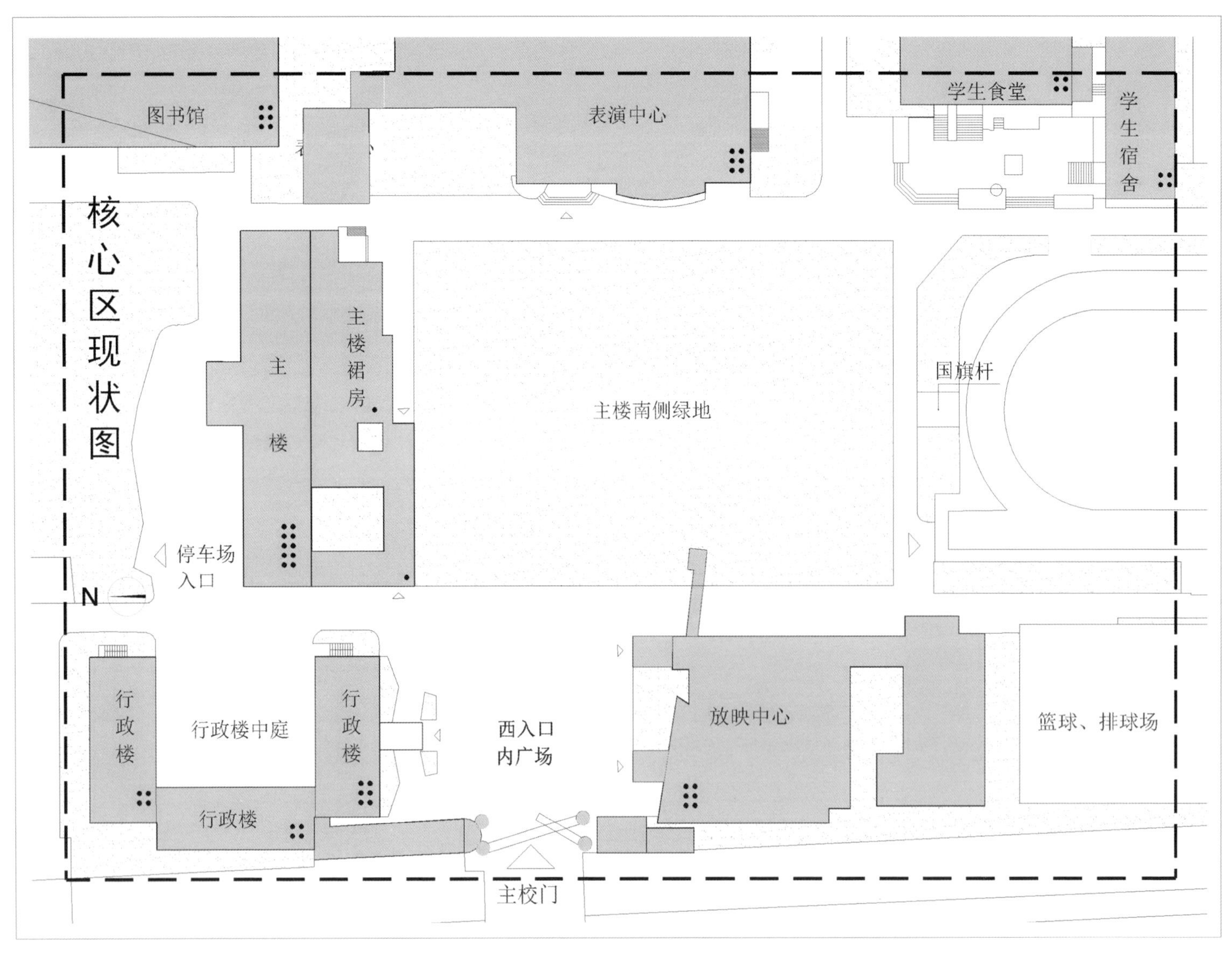

图 5-25　校园核心区现状图

5.6.2 审题、解题

关键词：电影艺术高校、户外空间规划、绿地、现代风格、艺术气质

解题：此题考察的重点是，如何通过户外空间设计，整合校园环境，形成一个完整有机的校园空间体系；重塑户外空间的艺术氛围，体现电影艺术学院的特质；为校园师生的生活、学习提供一个良好的户外休息、交流空间。因此考题要求完成两部分成果：户外空间概念性规划、中心区设计。

户外空间概念性规划，是对校园户外空间的整体分析与思考。需要设计者对校园环境特征做出全面的判断、总结和重组。其中场地整合与空间构成是重点，反映设计者对环境的认知能力、概括能力和整合能力。户外空间概念性规划是完成中心区设计的基础，它决定中心区的性质与特征。

中心区设计：作为附属绿地，必须明确地认知中心区的三块场地是整个校园的组成部分：每一块场地都与各自周围的建筑、其它场地和设施具有非常直接的关联，而非独立存在，因此在设计时不能孤立地看待三块场地。主出入口广场既是学院的交通枢纽，也是行政楼和放映中心的外广场；中心绿地是整个校园外部空间的核心，既是主楼的外环境、学校主出入口的对景，同时还是周边其它各建筑的外环境，与生活区（食堂）也有一定联系，中心绿地与周边建筑和场地的关系存在层次差异；行政楼庭院功能比较单纯，主要为教职工提供一个相对独立、安静的户外空间单元。

由于大多设计者都对电影艺术有较多地接触和了解，有太多的元素可以添加到环境之中，以突出场所的文化品位与场所特征。如：电影大师塑像、电影艺术纪念墙、校史纪念碑、露天小舞台以及各类雕塑艺术小品等。

设计中需要留意的其他内容：

- 华北地区：遵循华北地区气候特点及植被特征。
- 主楼：主楼是学院里的核心建筑，对整个校园具有控制性，从主楼延伸出控制性的轴线到国旗台，设计时应该有所考虑。
- 绿地：题目中已明确给出中心区三块用地的定性，其中主楼前用地明确定性为绿地，因此在设计时应该有足够的绿化面积，不可设计成广场等。此外，此块绿地是校园中唯一一块较为完整的绿地，应该尽可能保证其完整性。
- 建筑：户外空间规划是对整体校园空间的整合，包括建筑在内，户外空间和建筑是一个整体，和建筑密不可分。因此，在做户外空间规划和中心区设计时，应紧密联系周围建筑。在空间、形式、交通等各方面，使户外空间和建筑整合为统一的整体。
- 现代风格：校园内现代风格的建筑以及电影艺术学院的特质，决定了校园户外环境的整体形式特征最好为现代风格。

5.6.3　方案实例

（1）作者：骆杰（原图纸尺寸 420mm × 297mm）

评析：本方案各场地定位明确，主楼前作为集中的活动场地，环境丰富、多样，空间明确，细节丰富。其中斜向穿行的空间作为电影艺术展示的廊道，增加环境的艺术气息。交通体系结构清晰、解决了主楼前的集散，又考虑到了各建筑间的穿行需要。但铺装面积稍大，另注意利用竖向变化处理、构筑场所特征。

整体表现较佳，色彩淡雅、统一，简单有效，制图规整。鸟瞰图很有特点，通过简单的线条和色彩表现出场地的结构和大的空间关系，简单、省时、有效，如能进一步明确交代主楼和周围建筑，则更为理想和完整。分析图表现稍弱，内容较少、较松散。

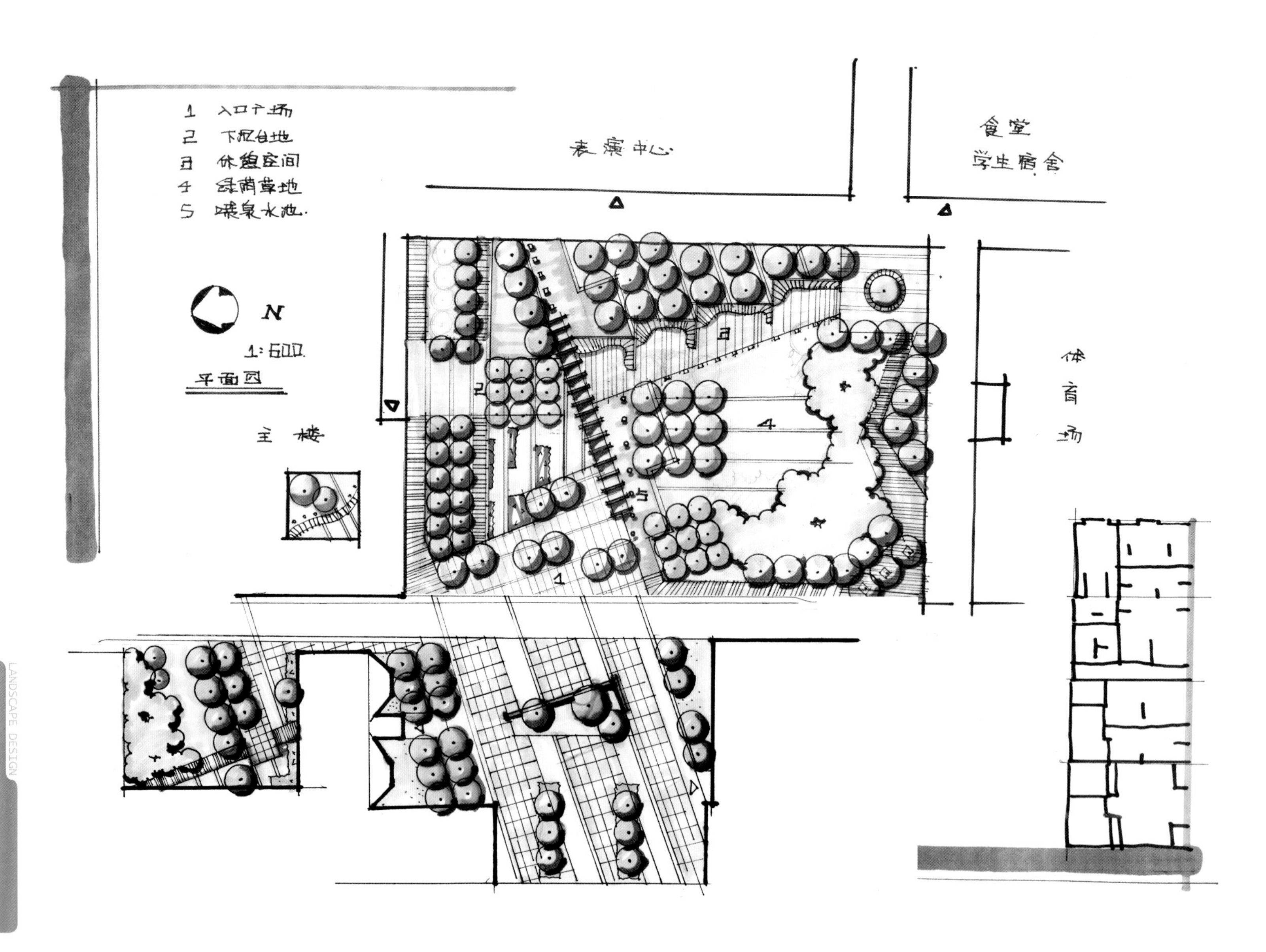

图 5-26　校园环境设计实例一　总平面图

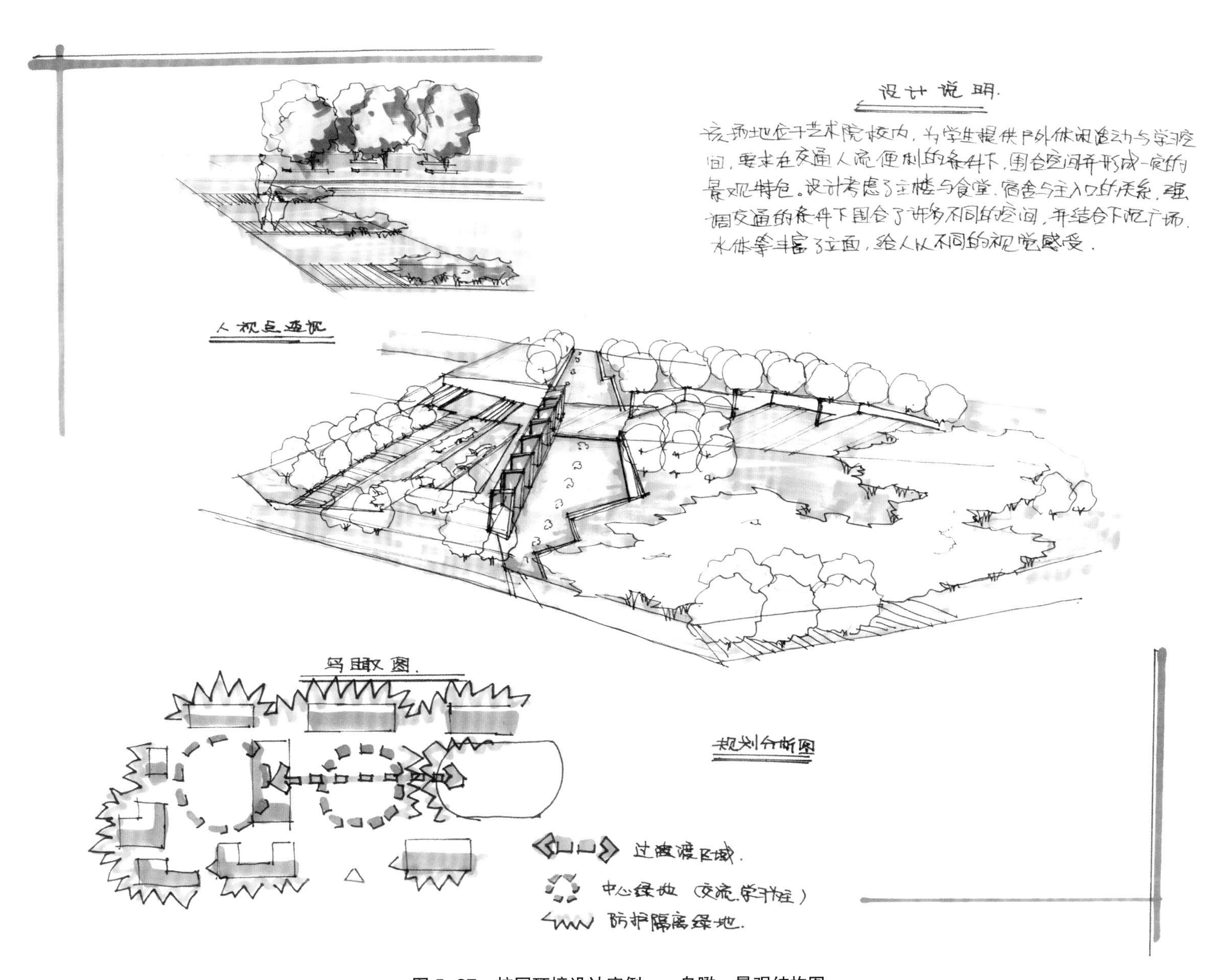

图 5-27　校园环境设计实例一　鸟瞰、景观结构图

（2）作者：许晓明（原图纸尺寸 420mm × 297mm）

评析：本方案各地块定位准确，中心绿地完整，整体感强。中心绿地与周围环境紧密结合，设计了一系列带状林下休息空间，并结合不同区域之间的穿行需要，安排、组织内部交通，充分满足了日常的使用需求。方案较好地处理了旗杆与整个区域的关系，进一步强调了旗杆与场地、主楼之间的关系。庭院设计较具特色。总体种植设计偏弱。

线条仍需提高，乔木暗部过重，用色偏灰，遮住了部分树下细节。缺少比例尺、图名及必要的文字说明。

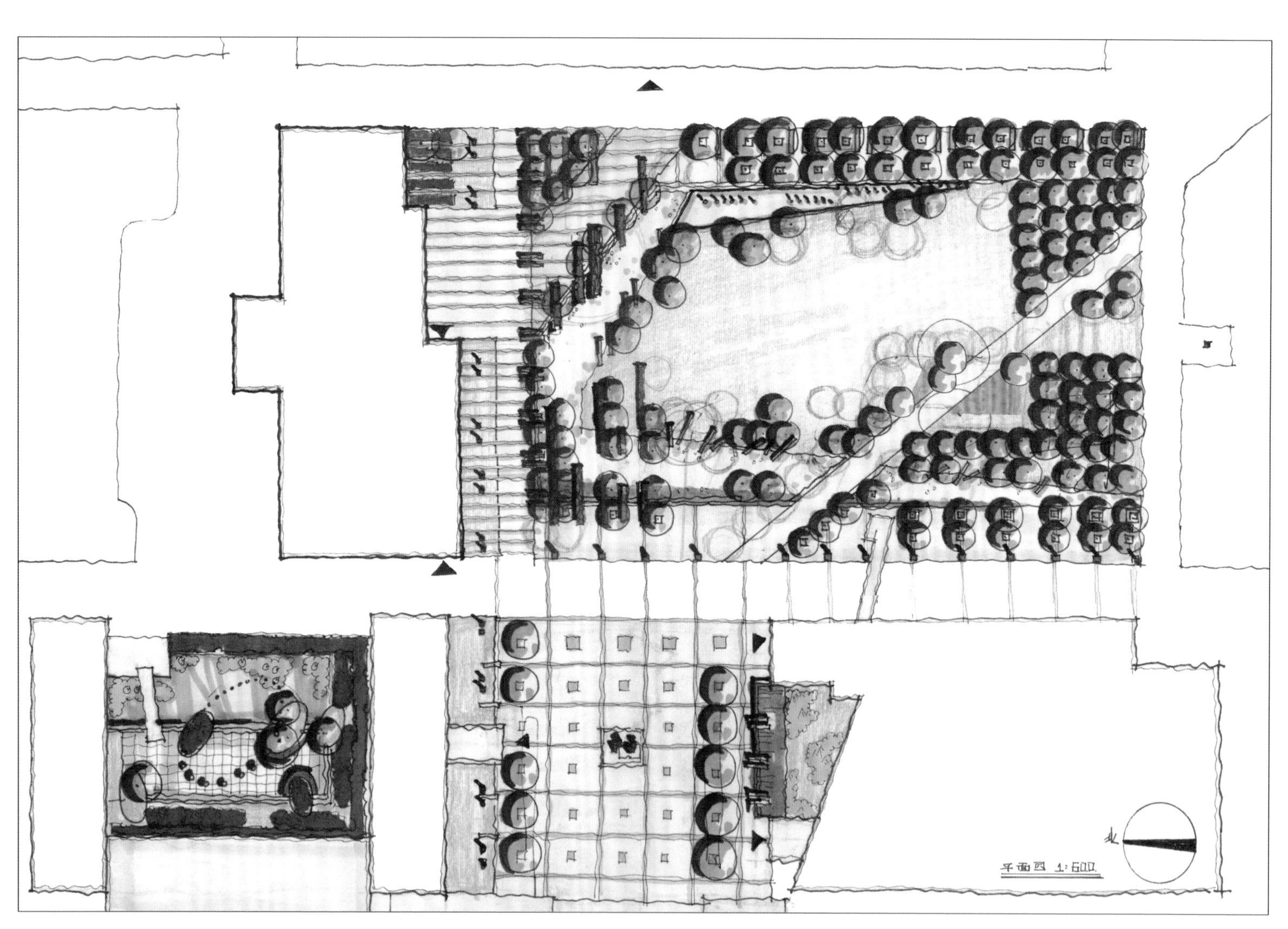

图 5-28　校园环境设计实例二　总平面图

（3）作者：郁聪（原图纸尺寸 420mm × 297mm）

评析：方案抓住了原有场地潜在的结构特点，通过轴线和斜向的道路控制、整合校园环境。强调两个主轴线，气势较大，结构脉络清晰。一条轴线由主楼延伸到国旗杆；另一条由入口延伸到表演中心。不足之处是对中心绿地的分割过多，稍显破碎。细节稍感不足。

方案表现手法娴熟，但稍感随意。分析图设计构思意图表达得较为清楚。

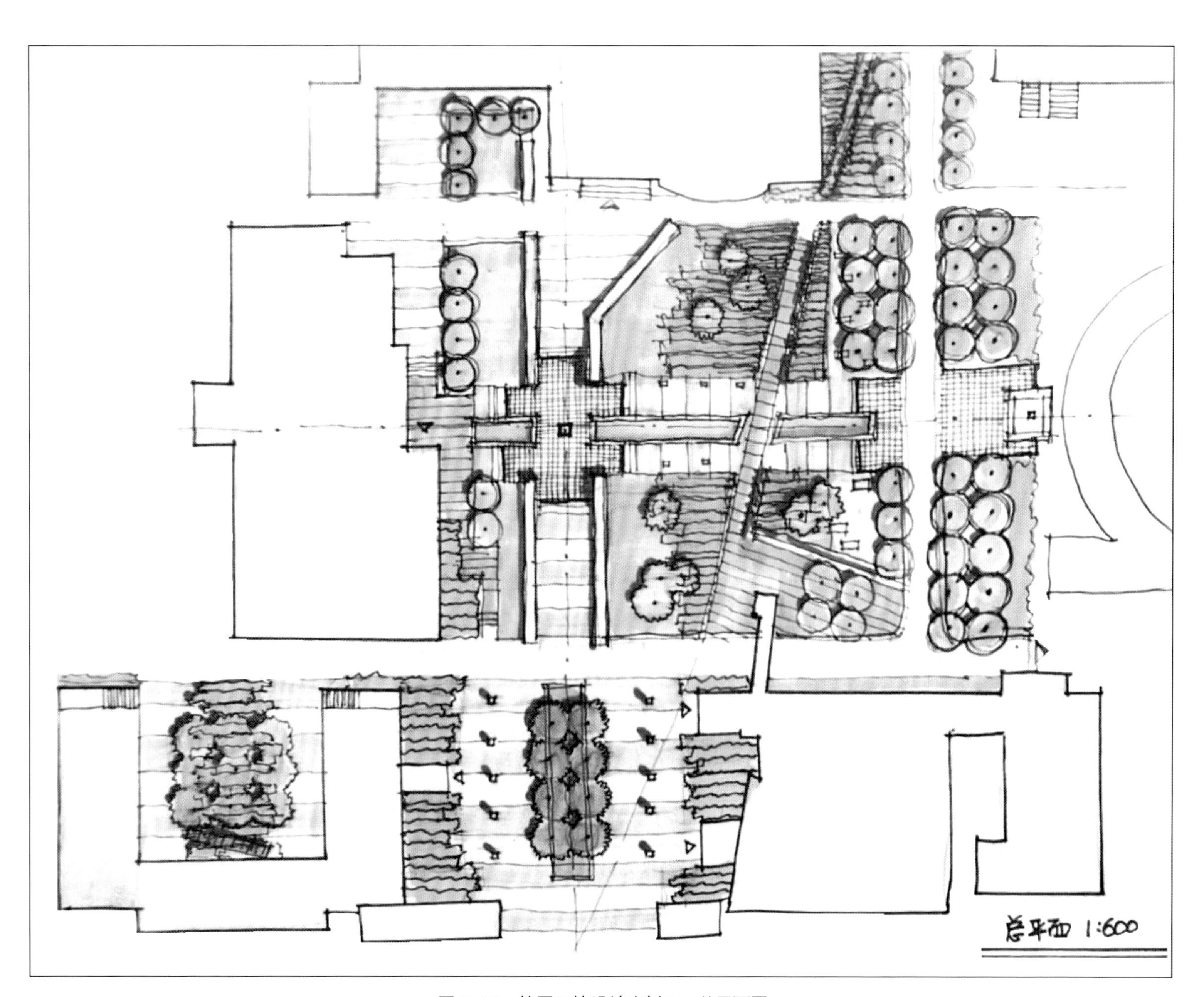

图 5–29　校园环境设计实例三　总平面图

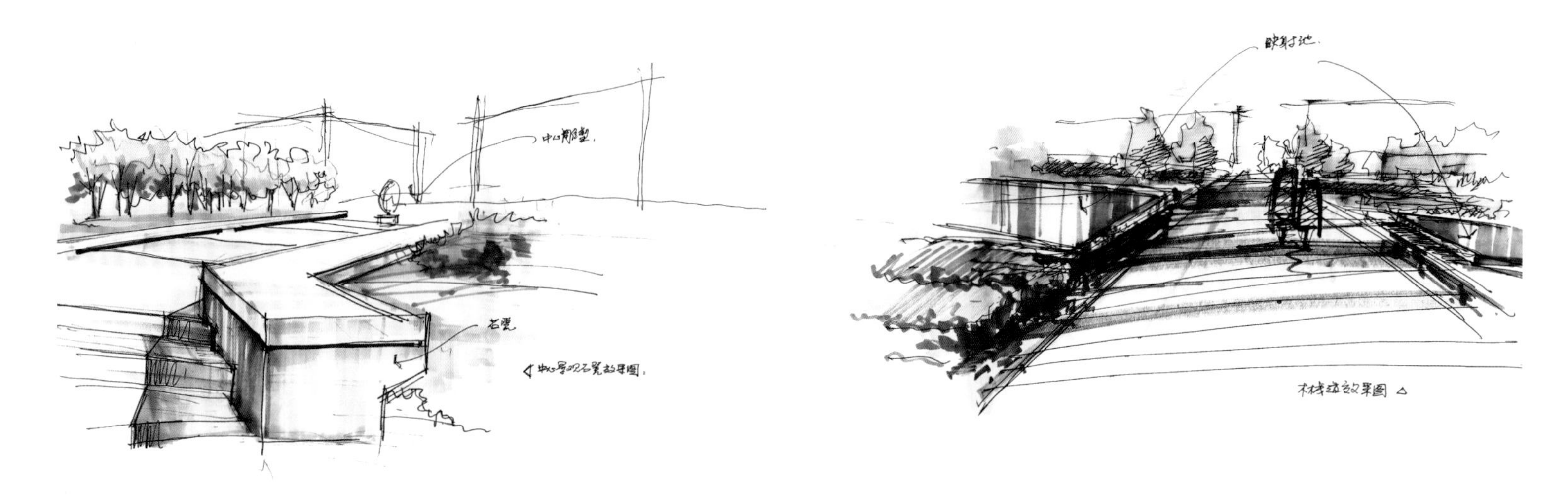

图 5-30　校园环境设计实例三　效果图

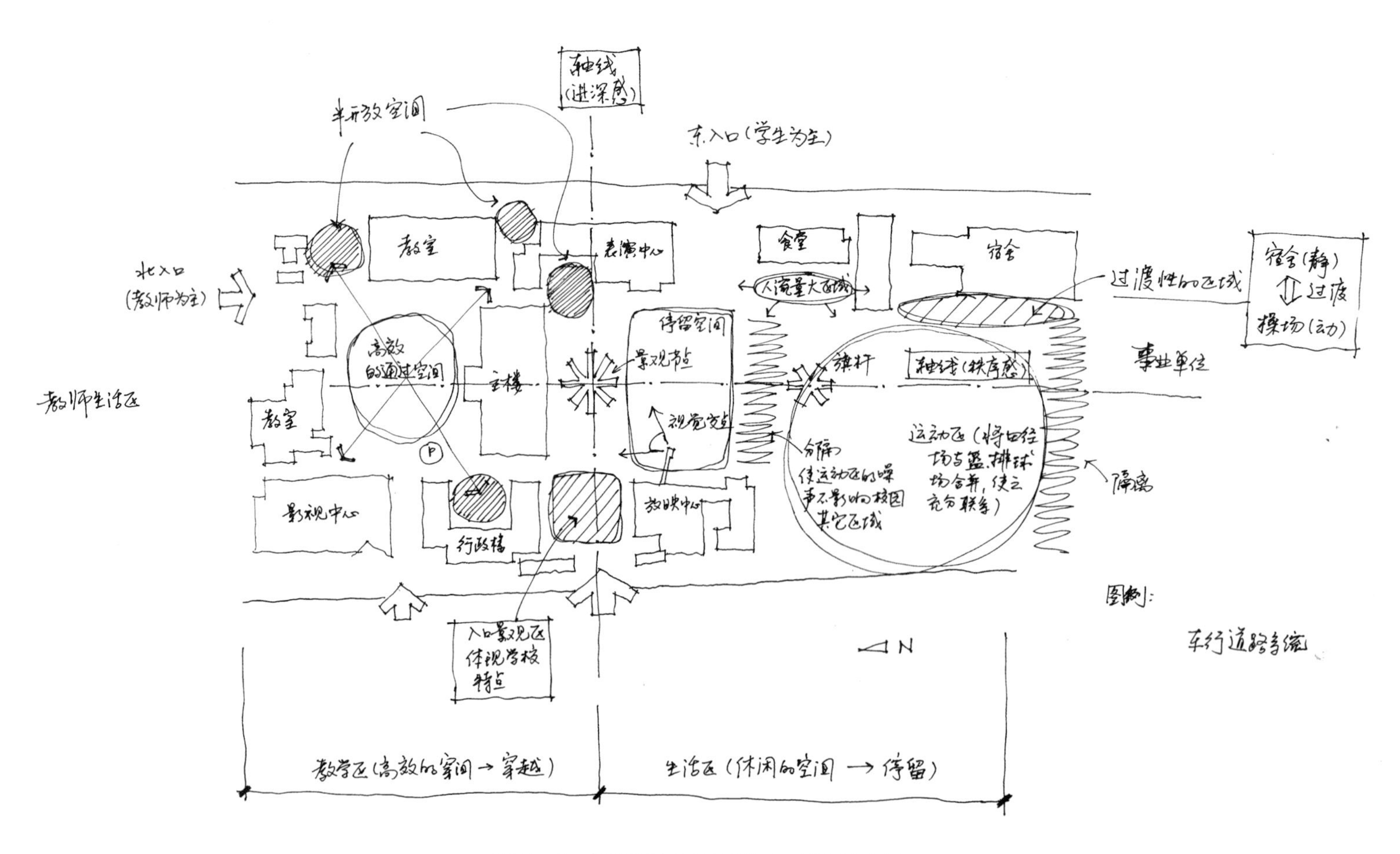

图 5-31　校园环境设计实例三　景观结构图

5.7 居住区绿地

5.7.1 题目要求

（1）区位与用地现状

华东地区某市为改善市民居住条件，新建了一处欧陆风格的居住小区，淡茶红色的墙面，白色塑钢窗框，浅绿色的玻璃，每户面积 100~140m^2 左右，户型合理，房间均向阳。该小区北临城市干道，西邻城市次干道，小区由前后两排楼房组成，前排由 3 幢 12 层与 7 层的塔楼组成，后排由 3 幢 12 层的塔楼与 2 层裙楼组成，其地下为车库，一、二层是公建、综合性商场、超级市场、连锁店等。小区实施封闭式管理，主入口设于东侧，紧邻居委会文化活动中心；次入口在南侧，为门廊式入口，主要留作消防通道，平时关闭。小区主要居住人群为工薪阶层，文化程度较高。

（2）设计内容及要求

- 创造优质环境，既要满足户外休闲活动要求，又要体现其自身特色，不与一般小区绿化雷同。
- 结合地形和建筑群的风格，继承中国造园理念，创造现代居住环境的新形式。
- 环境绿地率应在 50% 以上，植物材料宜采用当地能露地生长的本气候带常用植物，不追求奇花异卉。

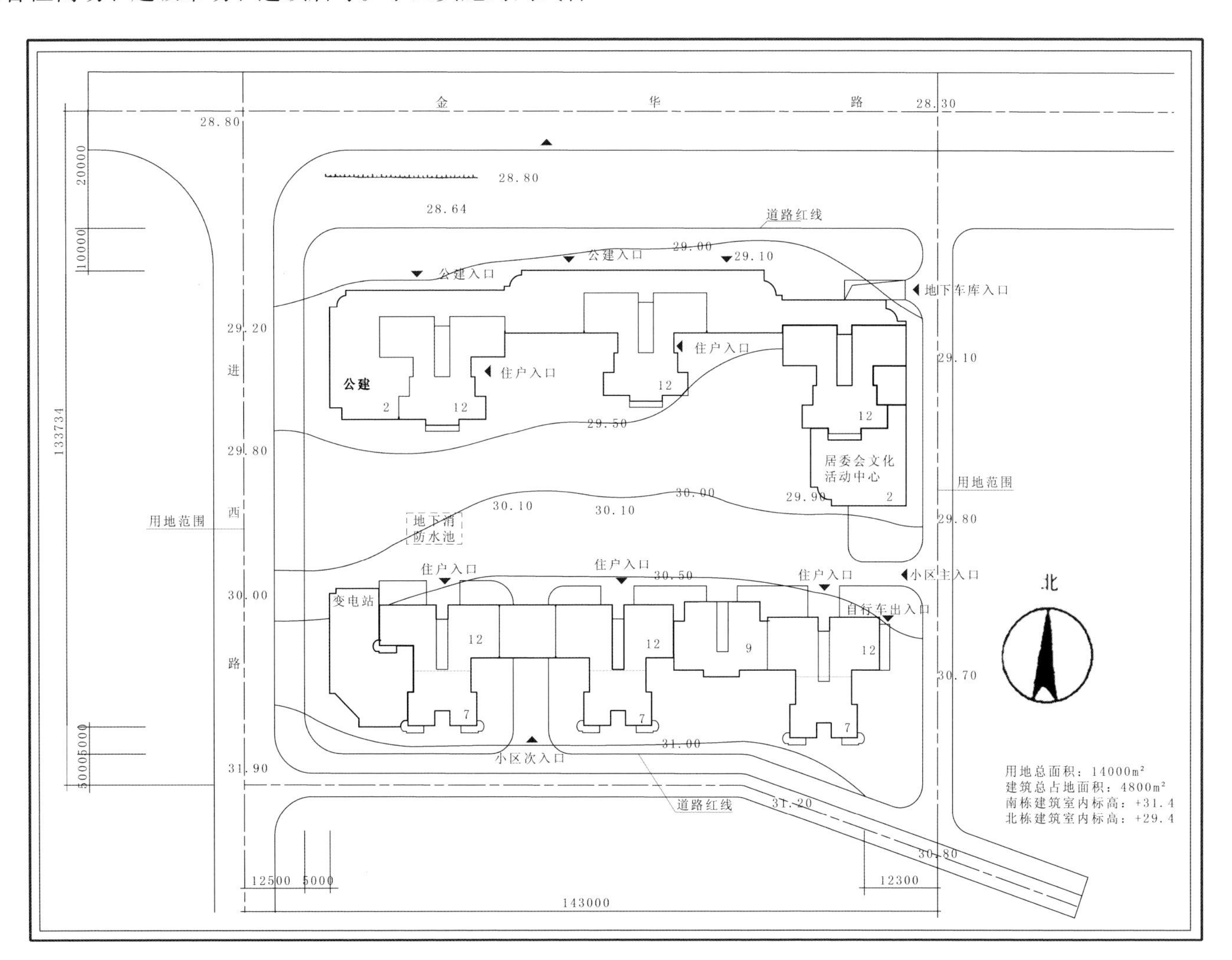

图 5-32　居住区规划图

（3）图纸要求

- 总体设计图 1 ∶ 500。
- 竖向设计图 1 ∶ 500。
- 作全园鸟瞰图及透视效果图各 1 张。
- 设计说明书。

5.7.2 审题、解题

关键词：欧陆风格、中国造园理念、现代居住环境、乡土树种。

解题：本设计综合性较强，需要设计者对居住小区环境设计有比较清晰的理解，方能完成对小区内部的交通、场地、设施的安排与组织。根据对现状的分析，可以把现有地块定性为三个功能区：北侧后排住宅含底商，为含有对处服务功能的商业活动空间，因此对外应设有足够的铺装场地，用于集散；两排建筑之间的地块，为整个小区的核心户外空间，主要的绿地和场地应该集中在这里；前排住宅南侧，主要为展示型绿地或者设计成底层住户的花园，此外，也应起到隔离城市道路的干扰等作用。

对各个地块进行了精确定位之后，本题的设计重点是两排住宅间的核心绿地。而核心绿地的环境塑造重点是主入口和居委会文化活动中心，作为居住区内最主要的活动场地，同时也是用地核心。整个核心绿地从入口到内部，要注意一定的景观节奏变化，如从入口交通实间到绿色核心开放空间再到私密、自然围合的宅前空间，整体环境氛围应以安静、素雅为基调，以亲切尺度和静态活动为主要内容。另作为居住生活场所，内部交通的组织也是本设计的关键问题之一，应通顺可达，以满足日常使用的要求，如搬运家具设施等。此外，为满足日常居民户外活动的需求，应有相应的活动场地和设施，如儿童活动场地、户外健身器材等，只有在符合了功能和使用的基础上，景观设计才有意义。

华北地区楼间日照间距大，场地应尽量安排在核心区用地偏北侧，这样才能有足够的日照，特别是冬季。此外，不宜设计大型的水景，养护成本高，冬季景观差。植被类型应反映华北地区特点，植物采用乡土树种。

已设计地下停车场，应：考虑人防出口对环境的影响，采用遮挡、美化等方式。地下车库的出入口两侧视线应开阔，满足设计规范。

此外，设计应该满足其他基本的设计规范，如建筑 5m 内不配置乔木，以免影响室内采光；建筑周边应有基础种植；以及消防通道、登高作业场地、临时停车、回车场设计等。

5.7.3 方案实例

（1）作者：李子玉（原图纸尺寸 420mm × 297mm）

评析：总体而言，方案简洁、明快，以植物景观为主体。功能完善，交通体系完整、便捷。稍感不足的是空间层次偏弱。趣味性不足，北侧底高没有配置足够集散活动场地。

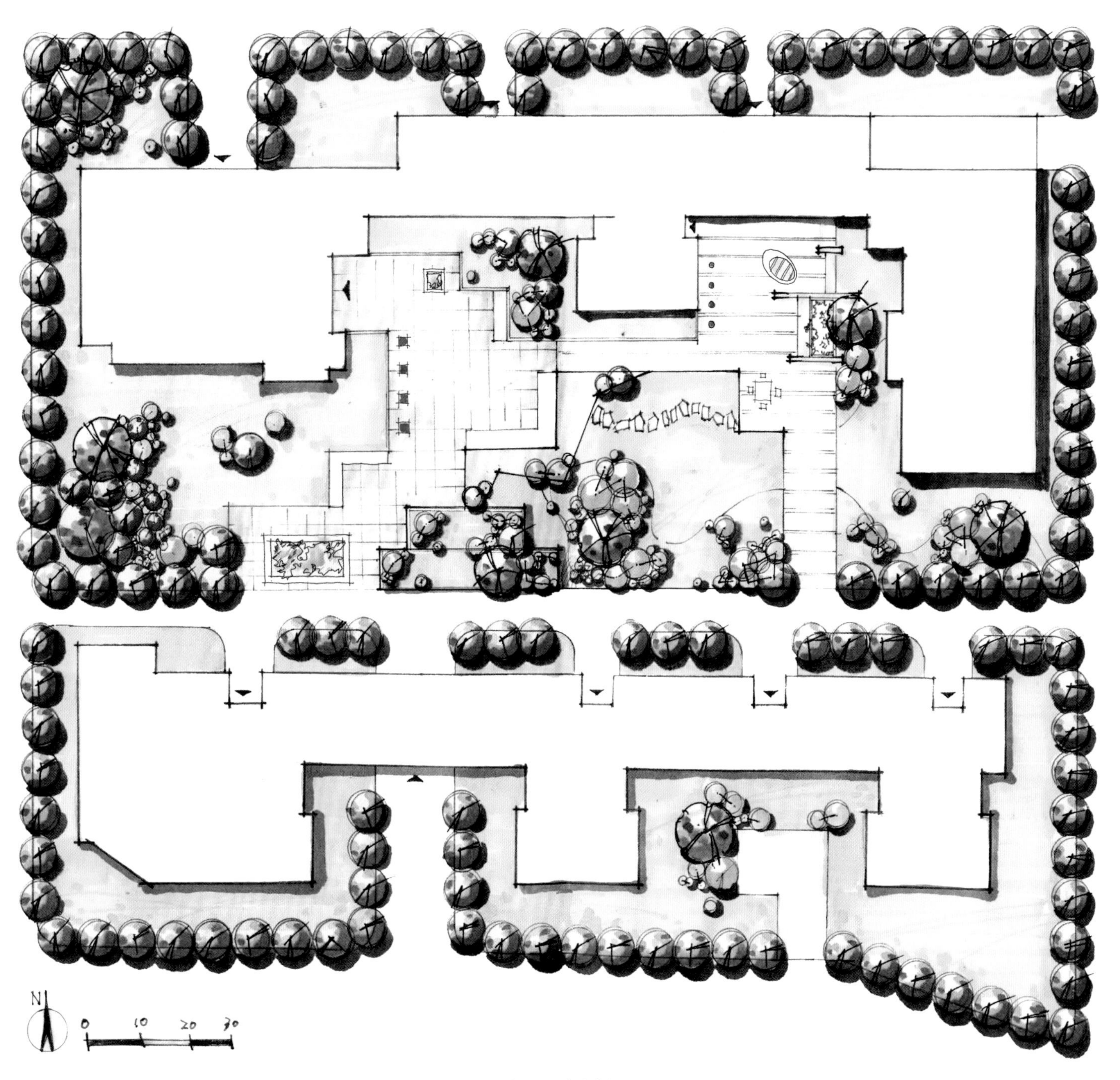

图 5–33　居住区绿地实例一　总平面图

（2）设计者：许晓明（原图纸尺寸 420mm×297mm）

评析：方案空间结构明确，疏密、节奏变化丰富、形式统一。从入口由一条横向的滨水带型空间作为引导，联系各空间单元。中心绿地完整，场地和绿地的结合紧密。

但居民活动中心被绿地环绕，未配置集散活动场地，交通不便。标注文字书写潦草。

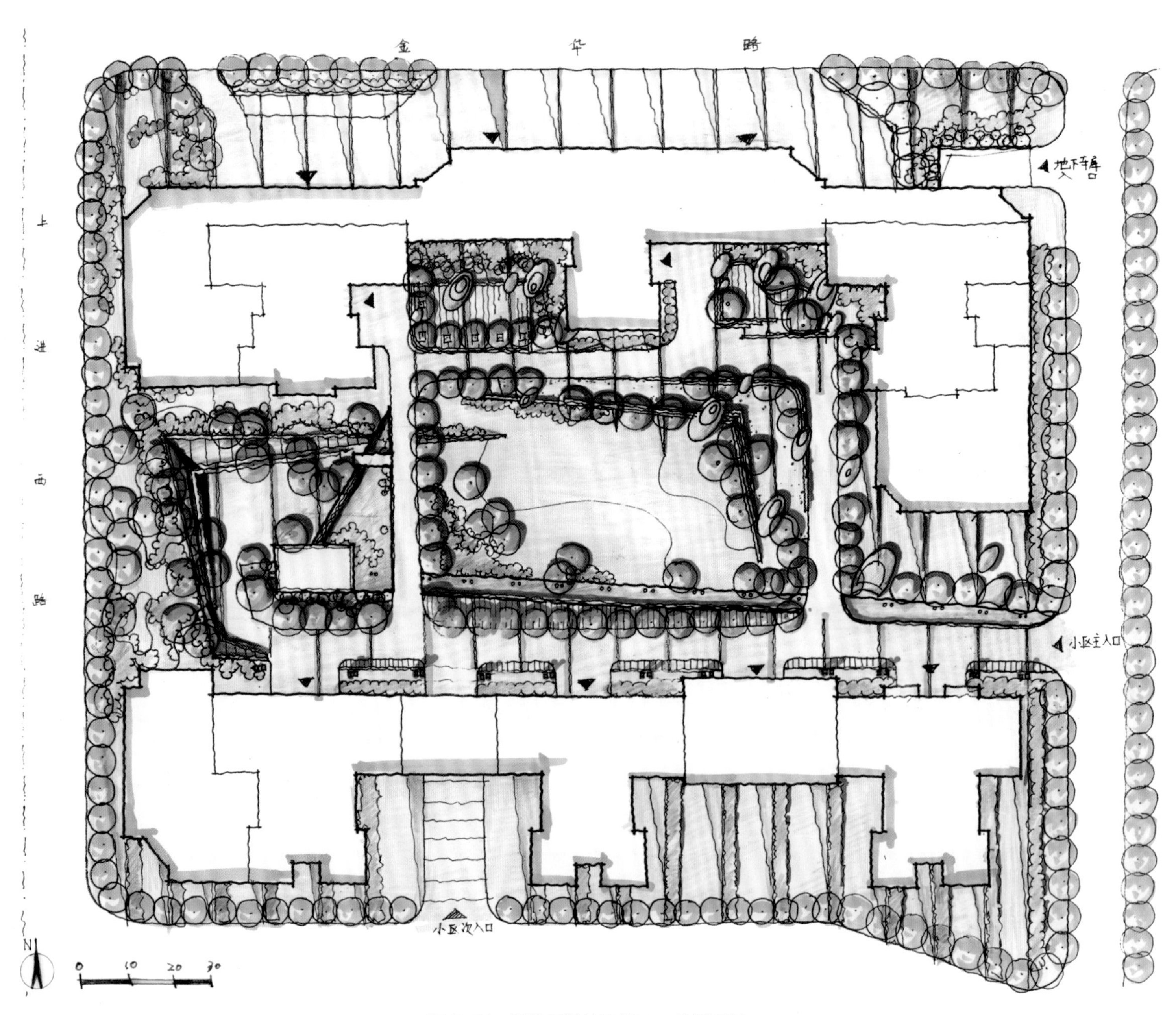

图 5-34　居住区绿地实例二　总平面图

5.8 商务外环境设计

5.8.1 题目要求

（1）背景介绍

具有优美空间环境、良好生态条件和充分社会服务设施的城市空间不但使土地地块本身价值上升，而且还将带动周围土地潜在价值的提升，吸引潜在投资，增加城市潜在收益。因此，越来越多的城市在加入了 CBD（中央商务中心）的建设浪潮的同时，同样十分关注其内部环境的建设。本题假设我国某北方城市正在规划建设一个 CBD，地块内部环境根据发展需求进行合理的建设。

（2）环境条件

本次需进行设计的场地，位于规划 CBD 的核心区域，面积约 0.65hm^2。该地块的南部区域为购物中心、银行和 IT 商城；北部为大型企业商务办公区和证券交易所、餐饮、酒店等服务设施；西部为会展中心；东部为电影院。四周规划有城市干道，地块内所有建筑均为现代风格。

（3）设计要求

- 创造优美的空间形象，满足人们对于高品质环境的需求。
- 提供良好的户外休闲、交流空间。

（4）设计成果要求

- 平面图：在户外空间总体规划的基础上，完成设计范围内户外景观设计，设计应充分体现商务文化特征，并满足多功能使用要求。图纸比例 1 ∶ 500。
- 效果图：鸟瞰或局部透视 2 张。

注：已规划地下停车场，地面不需设计停车场。

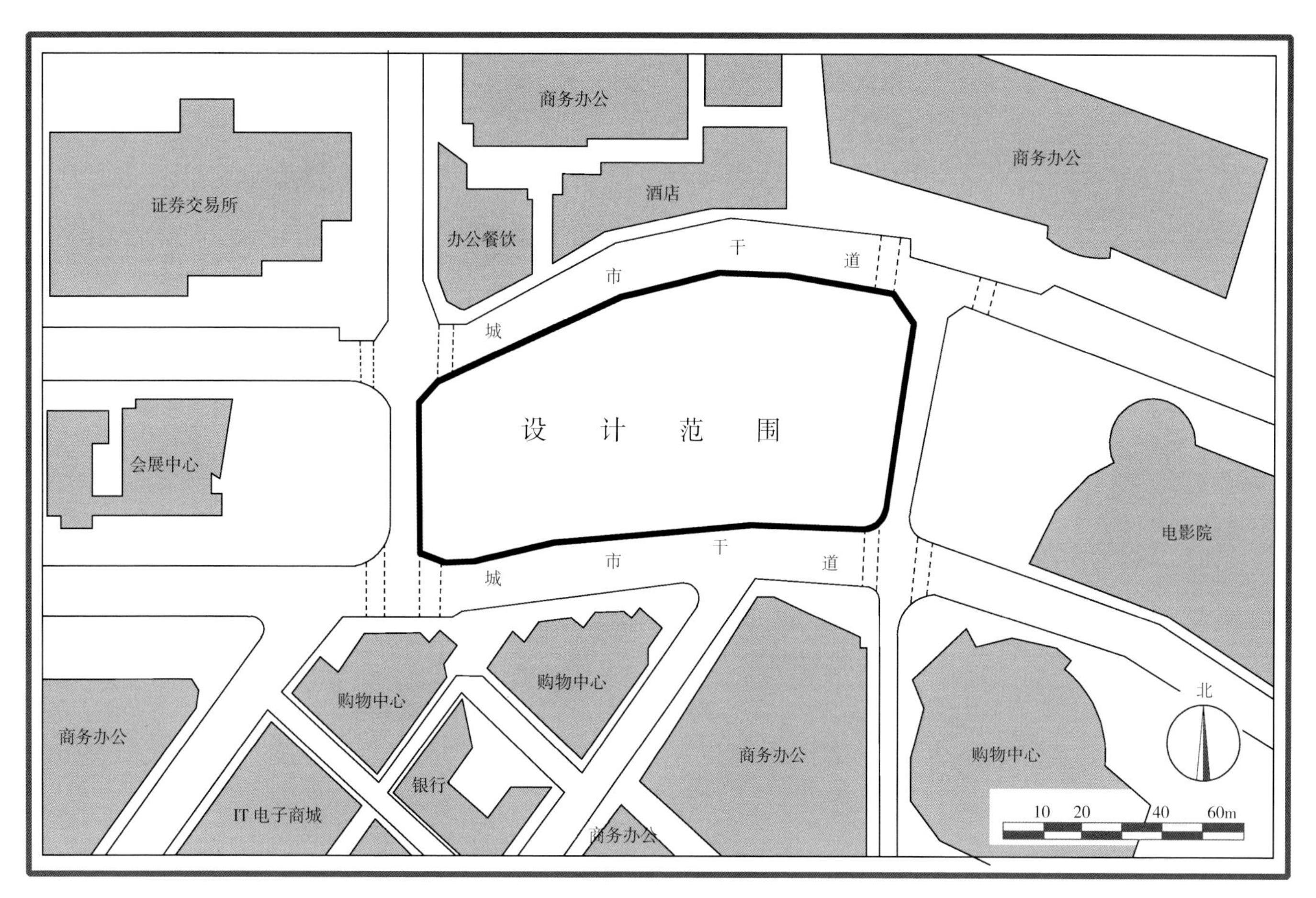

图 5-35　CBD 现状图

5.8.2 审题、解题

关键词：CBD、多功能、高品质环境、现代风格、城市干道、户外空间总体规划。

解题：本题主要考察对地块的准确定性，如何处理地块与周围城市环境的关系，交通组织和高品质户外环境的创造。设计地块位于 CBD 核心区，高楼林立、四周为城市道路，车流量大，用地外围环境嘈杂。在这样的城市环境中，最需要的是一块绿色、自然、宜人、舒适并不被干扰的绿地。因此绿地空间最好为内向型，利用植物和地形隔绝外围噪音和不良景观的干扰。周围高容积率的建筑布局使绿地的使用具有大流量和使用较集中的特点。绿地北部建筑以商务办公为主，其中办公人员一般集中在中午休息时间或者上下班时使用绿地，多为简短休息。南部以购物中心为主，没有明显的集中使用时间。因此应根据潜在的使用特点，设计足够面积的场地，并控制好场地面积，协调好场地与绿地的关系。

地块处于 CBD 核心区，是城市形象的“名片”，故应创造具有一定形式特征、高品质的户外空间环境，应具有一定的个性。周围建筑的风格与功能，决定了空间的形式采用现代风格较易与周围环境相协调。

交通组织与协调能力也是本题的考点之一。场地承载的交通流量大、集中，特别是南北向的穿行交通，现状虚线为地下通道的位置，对应的南北地下通道口间应设计相应的交通空间。此外应协调好外围交通和内部交通之间的关系，应尽量避免穿行交通对用地内部环境的干扰。

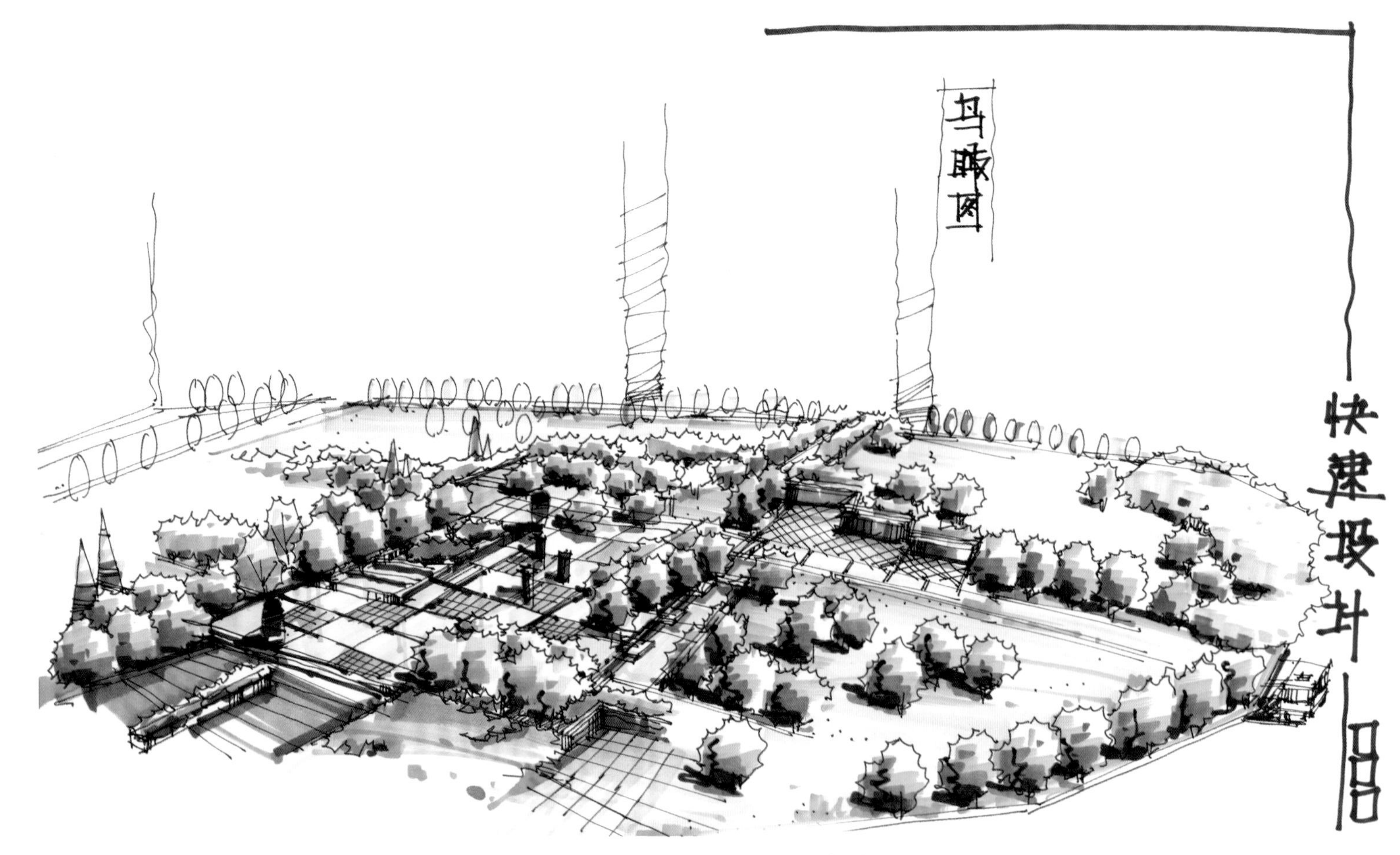

图 5-36　商务外环境实例一　鸟瞰图

5.8.3 方案实例

（1）作者：周叶子、阳烨（原图纸尺寸 420mm × 297mm）

评析：方案整体结构清晰、与周围环境对应较好、尺度控制适宜。本方案考虑到商务外环境人流量大，使用较集中的特点，集中布置场地，满足了潜在的使用功能需求。空间结构清晰，尺度合宜，种植设计较完整，形式构图简约、统一。但需要注意的是，场地和绿地的结合和联系不够紧密。

表现较好，色彩和谐，鸟瞰图比例、尺度合适，主体表现突出，主次表现得当。

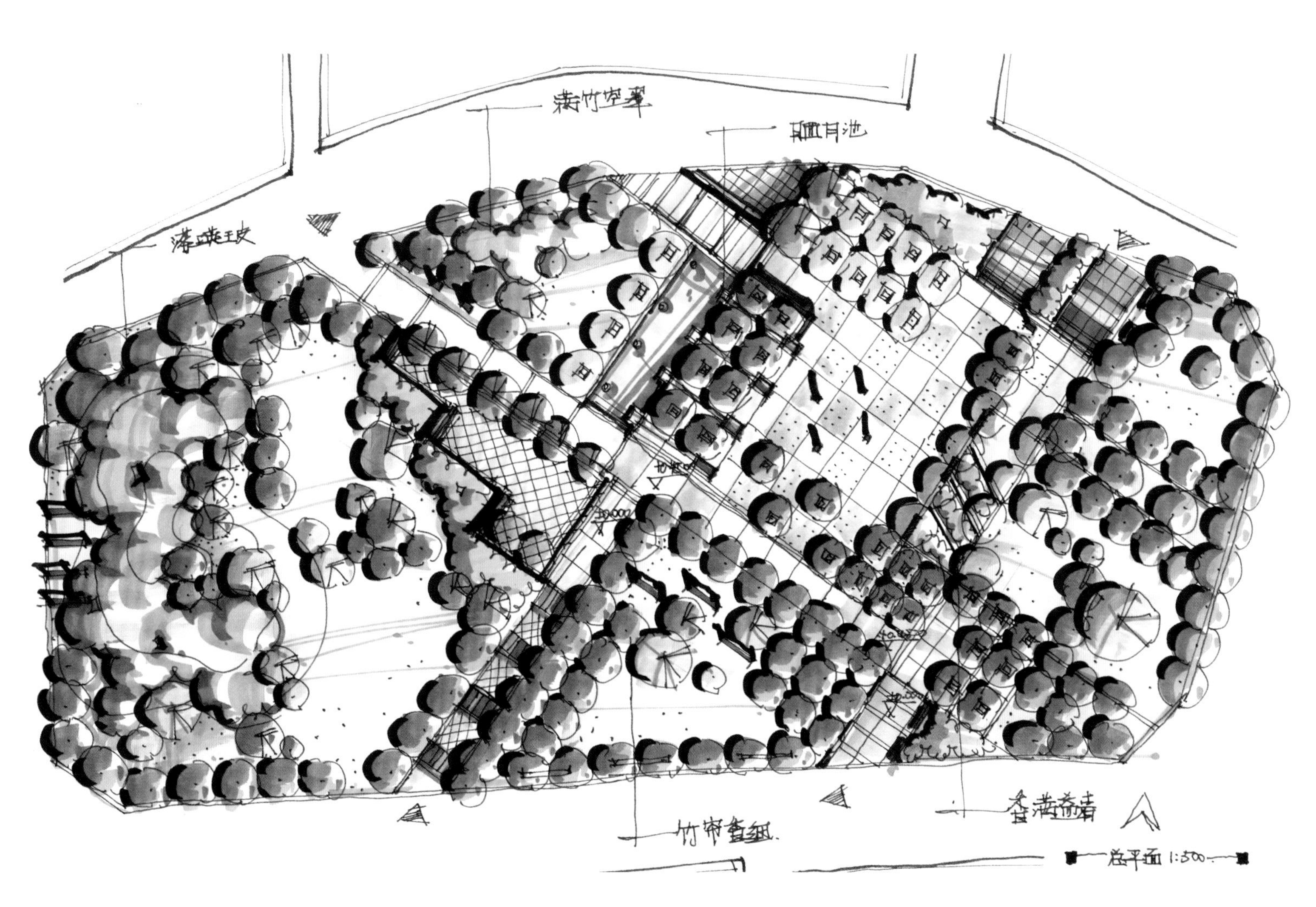

图 5–37　商务外环境实例一　总平面图

（2）作者：许晓明（原图纸尺寸 420mm × 297mm）

评析：方案中场地和绿地结合较紧密，通过绿地、场地、水体之间的相互穿插，形成了一些丰富、有趣的小空间。竖向上有一定的变化。形式点、线、面组织丰富，但局部略显破碎。铺装面积过大，场地不够集中，部分场地功能定位含糊，穿行交通和停留场地相互干扰。植物配置较零散，乔木种植方式单一。

表现粗糙，笔触过于随意。平面乔木表现不够通透，暗部较重，遮住树下的部分细节，对用地周围环境表现得不够完整。

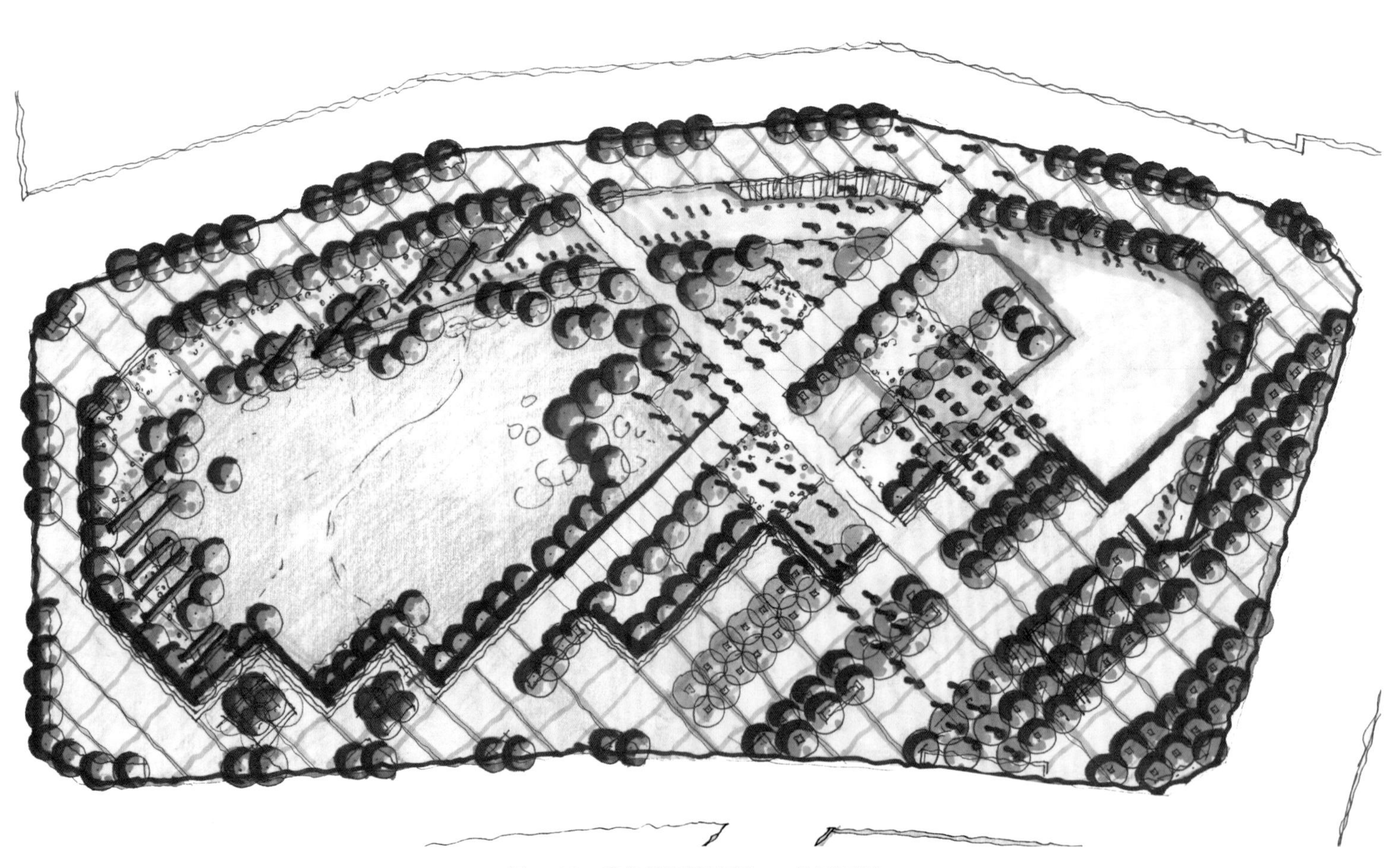

图 5-38　商务外环境实例二　总平面图

6 快速设计资料集

6.1 节点资料集

本节收集整理了一些节点设计图，主要包括滨水环境、出入口、广场三种类型，以期从不同视角为大家提供一些具体详实的资料，丰富大家的思路。

6.1.1 滨水环境

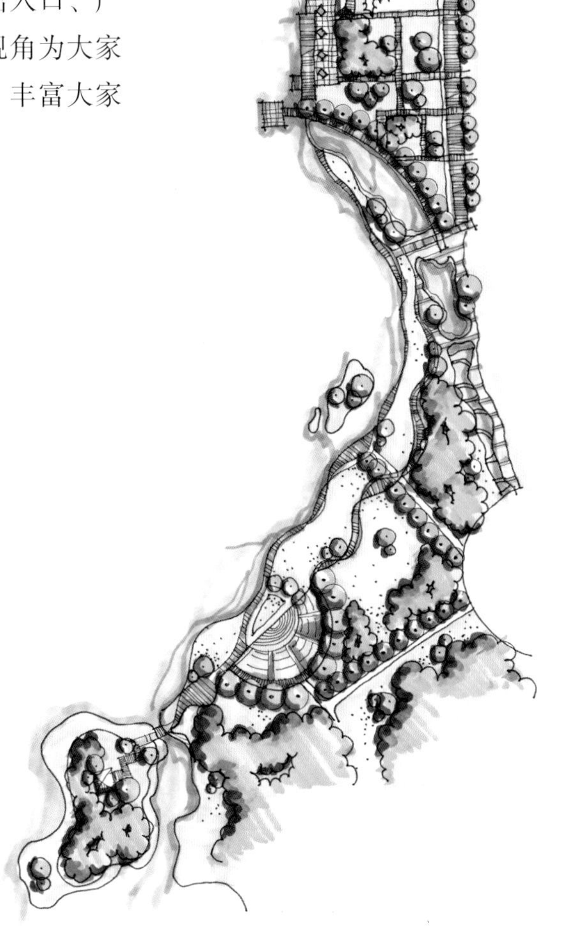

图 6-1　滨水环境一

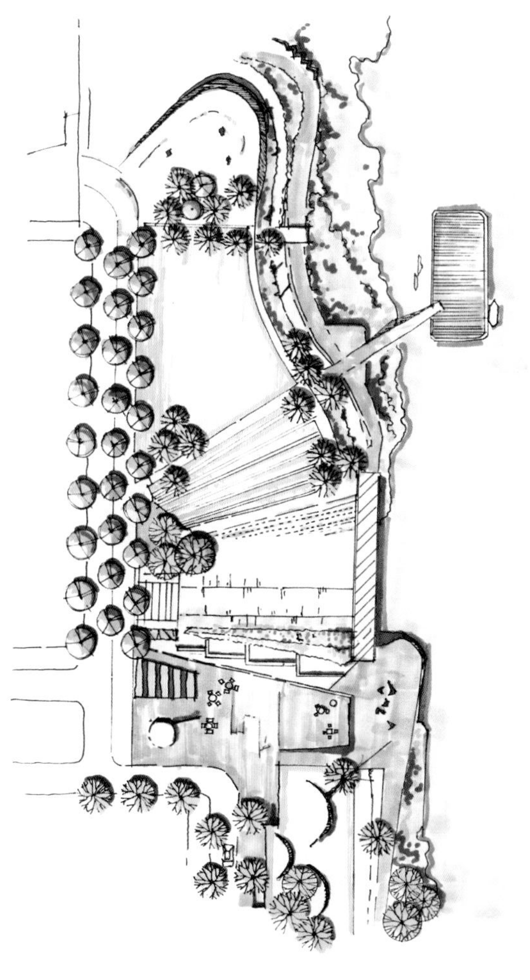

图 6-2　滨水环境二

图 6-3　滨水环境三

图 6-4　滨水环境四

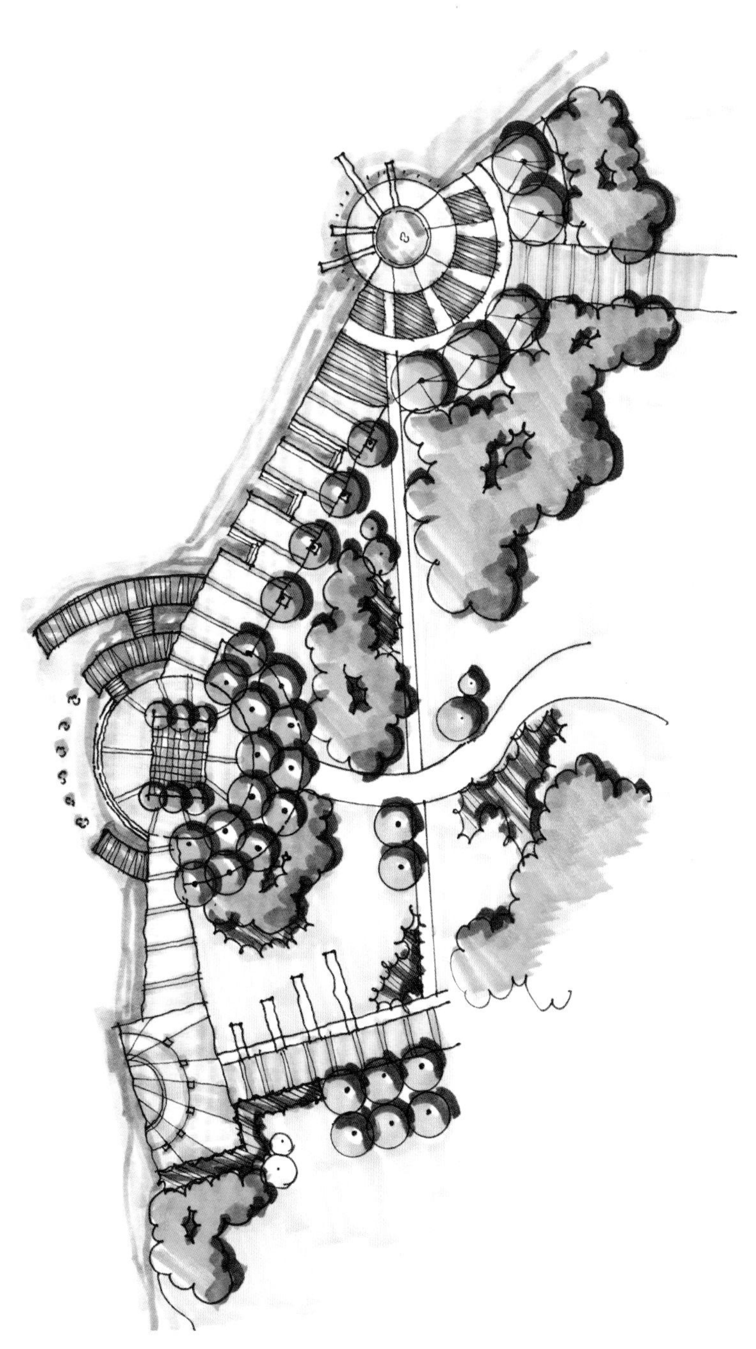

图 6-5　滨水环境五

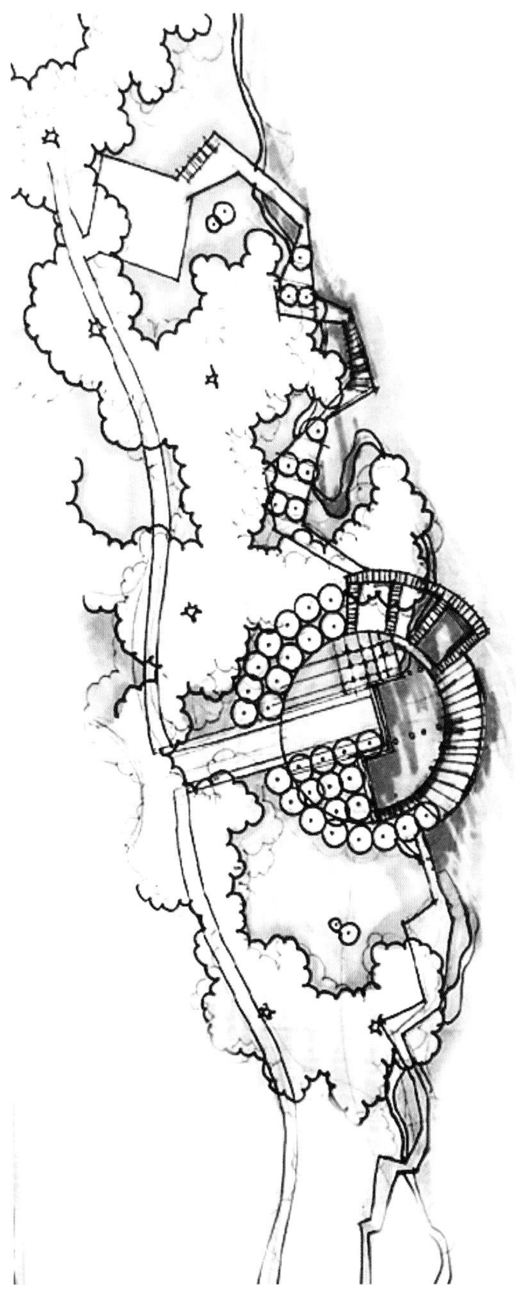

图 6-6　滨水环境六

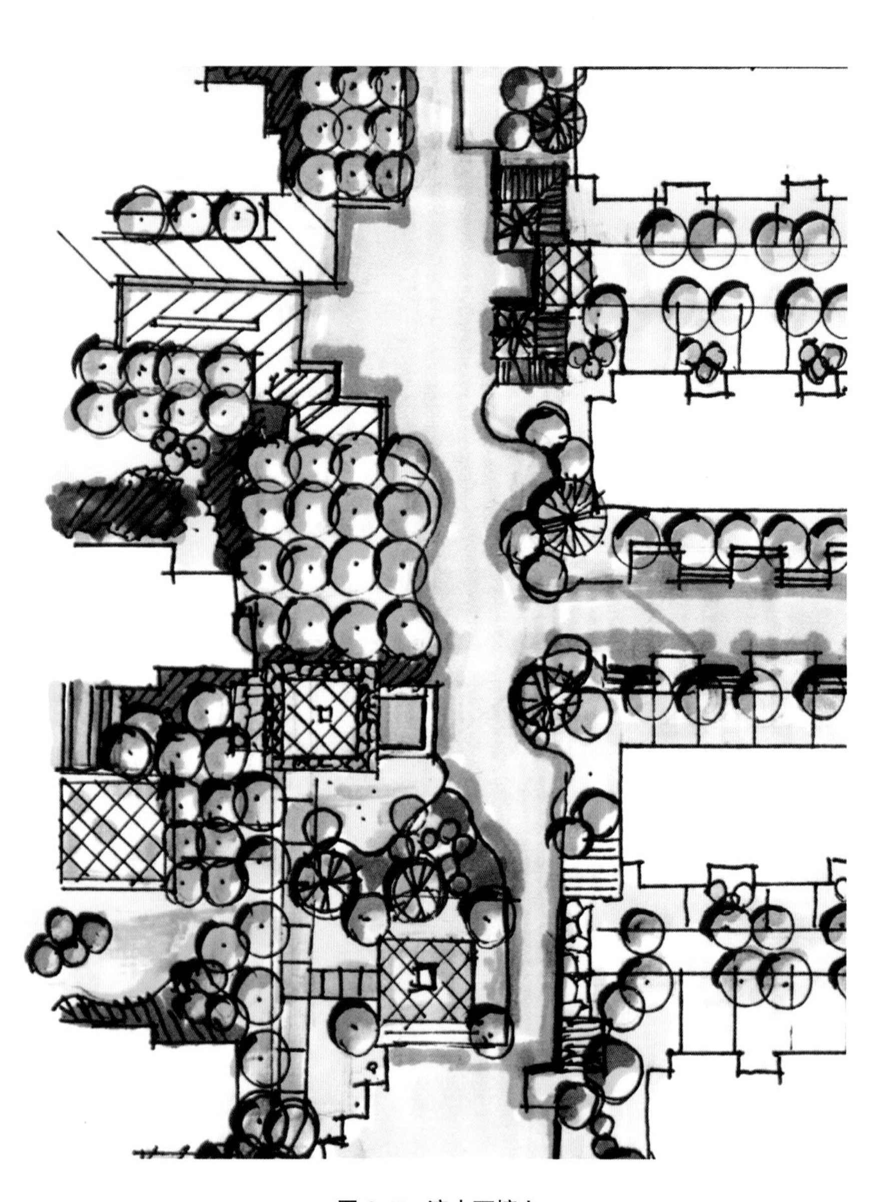

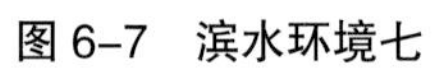

图 6–7　滨水环境七

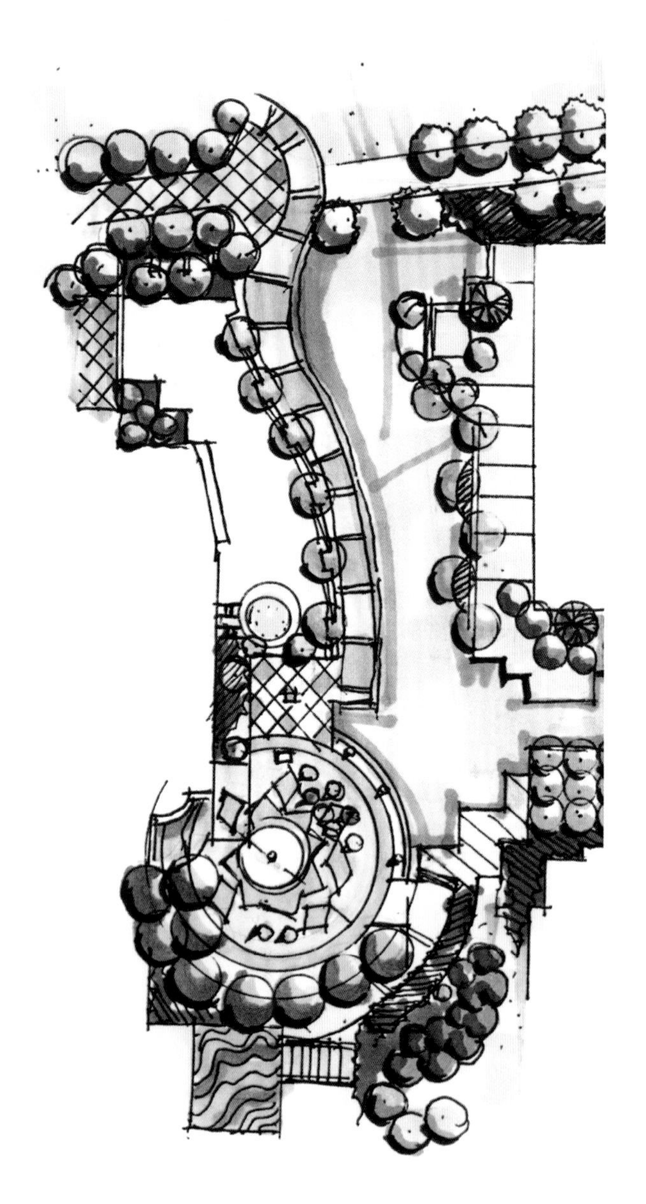

图 6–8　滨水环境八

6.1.2　出入口

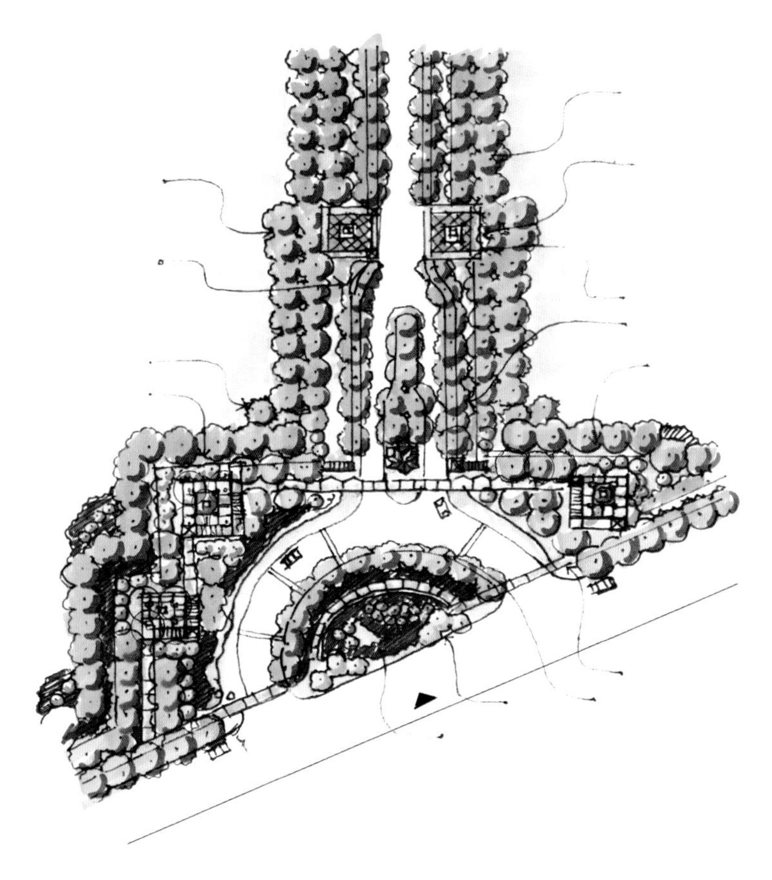

图 6–9　出入口一

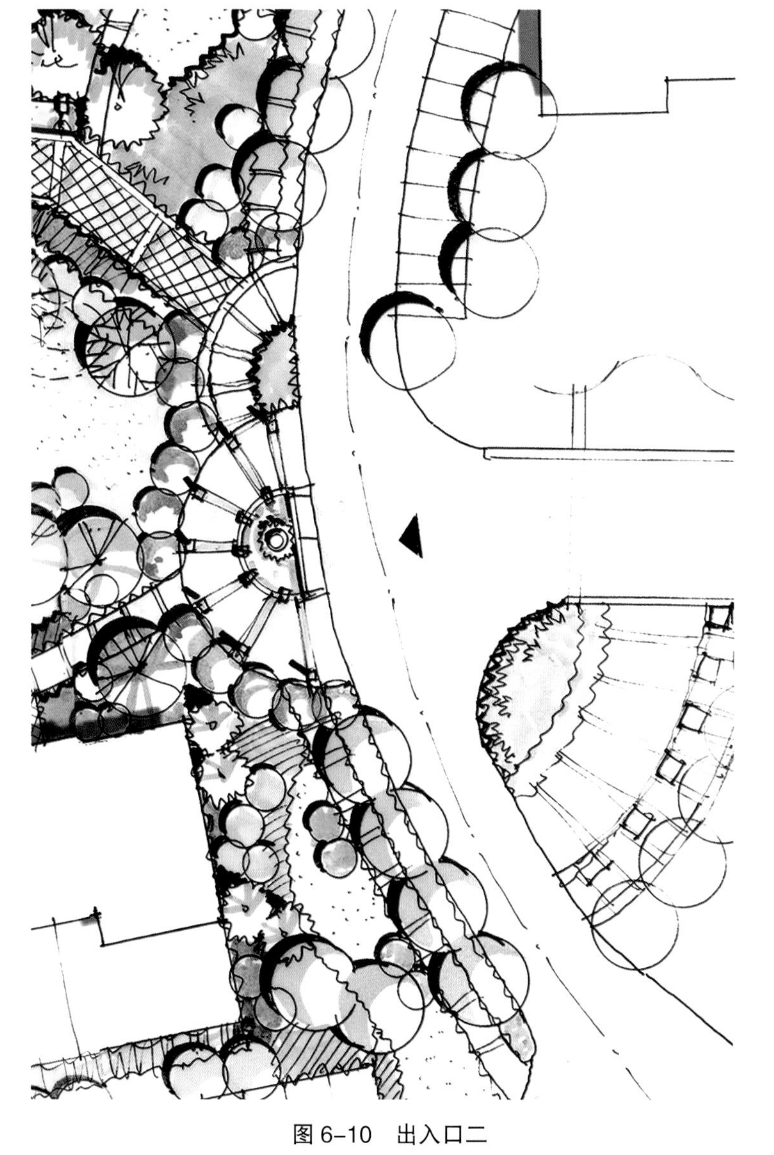

图 6–10　出入口二

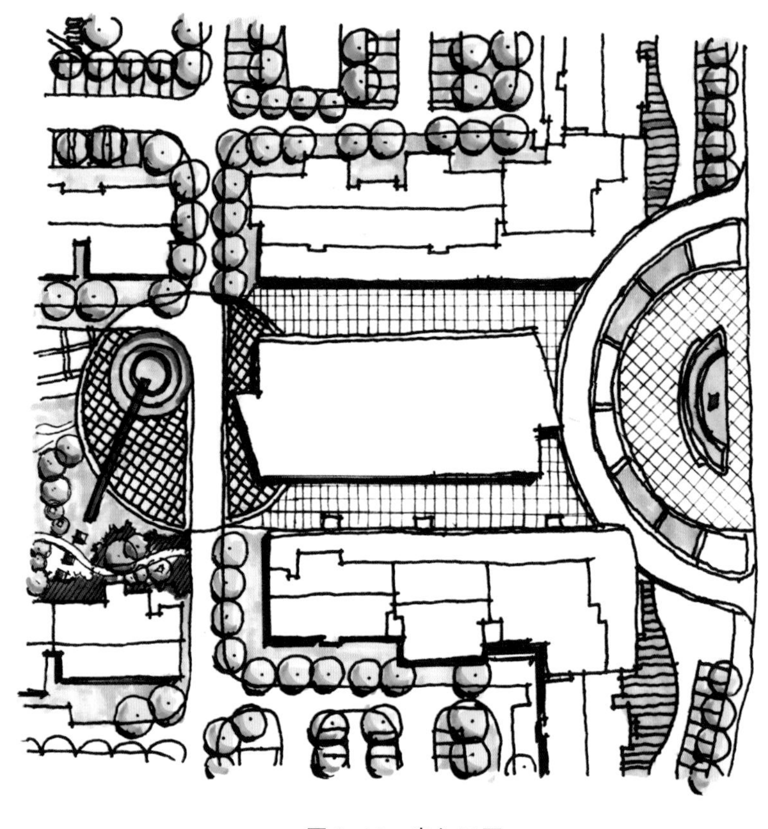

图 6-12　出入口四

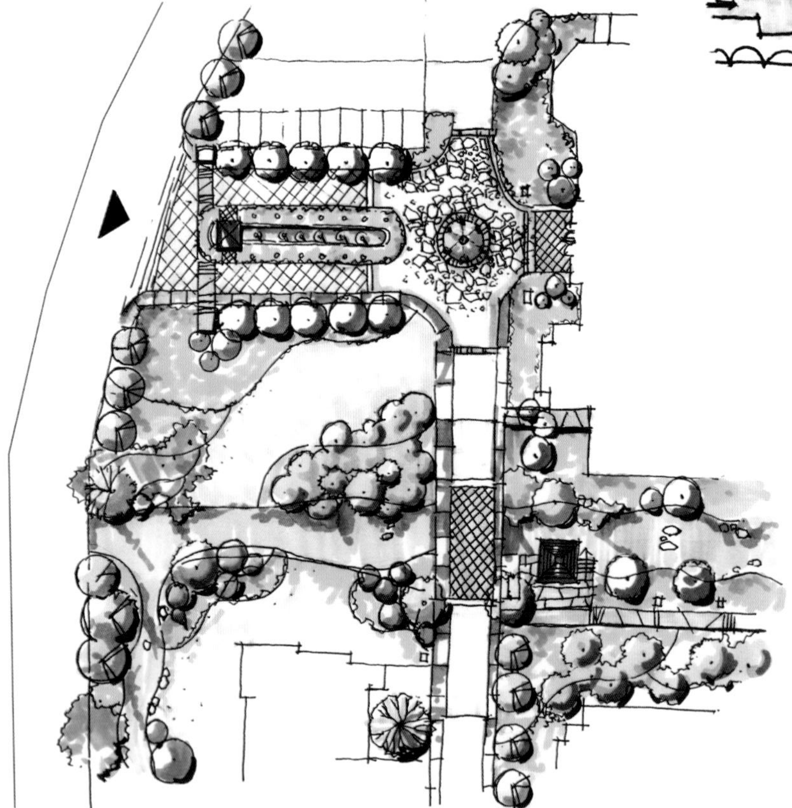

图 6-11　出入口三

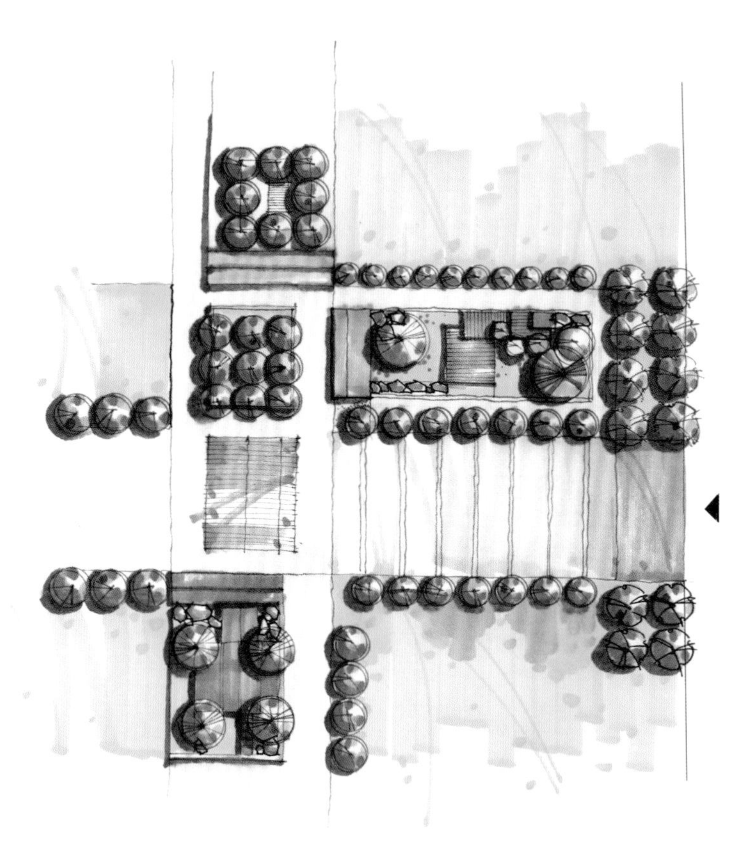

图 6-13　出入口五

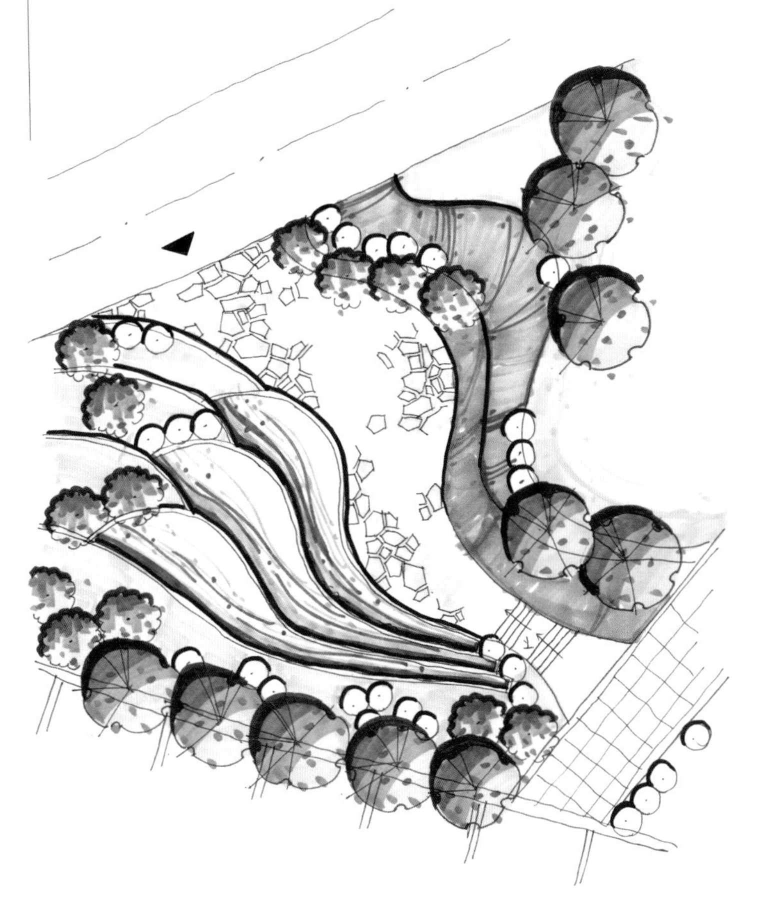

图 6-14　出入口六

6.1.3 广场

图 6–15　广场一

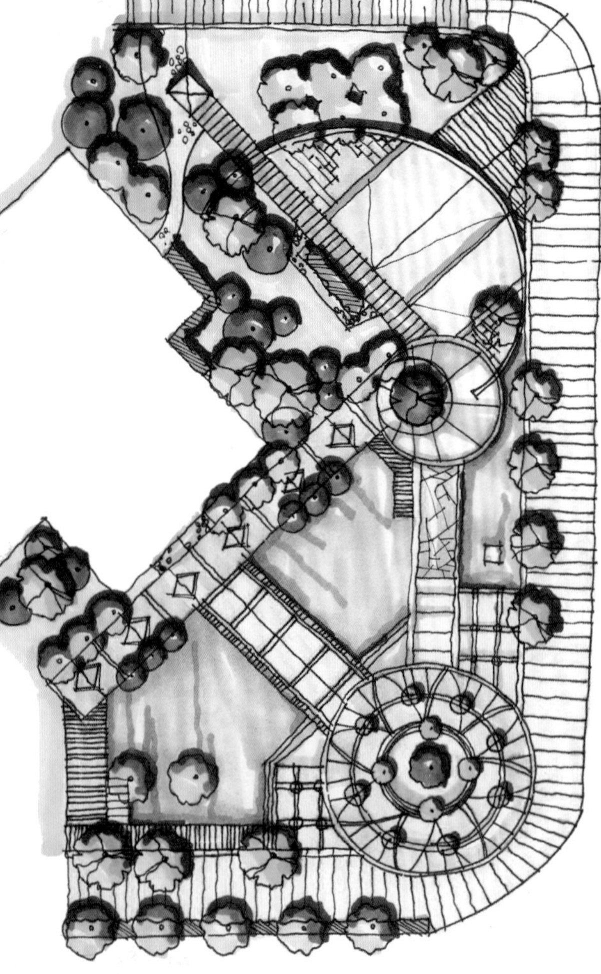

图 6–16　广场二

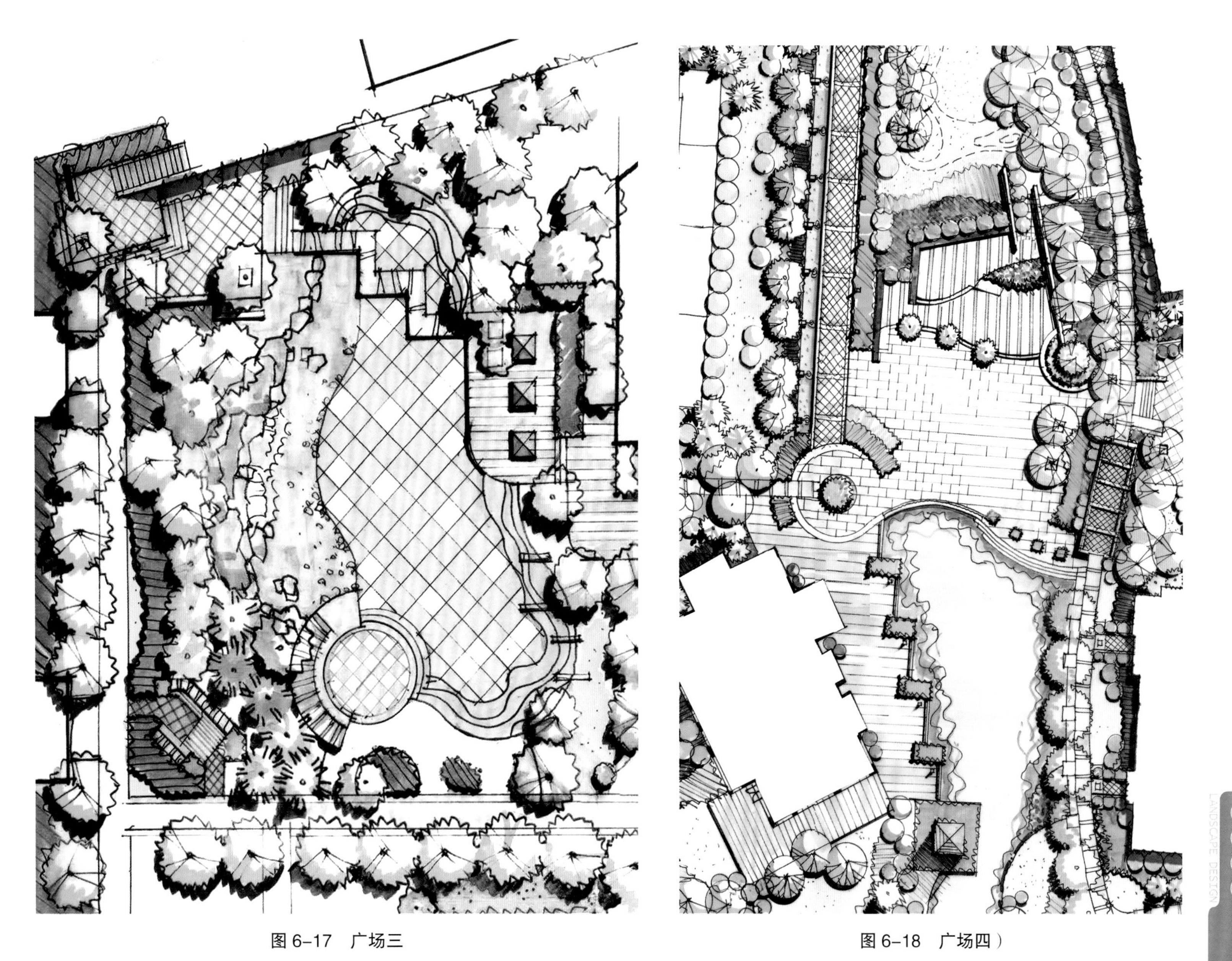

图 6-17　广场三

图 6-18　广场四）

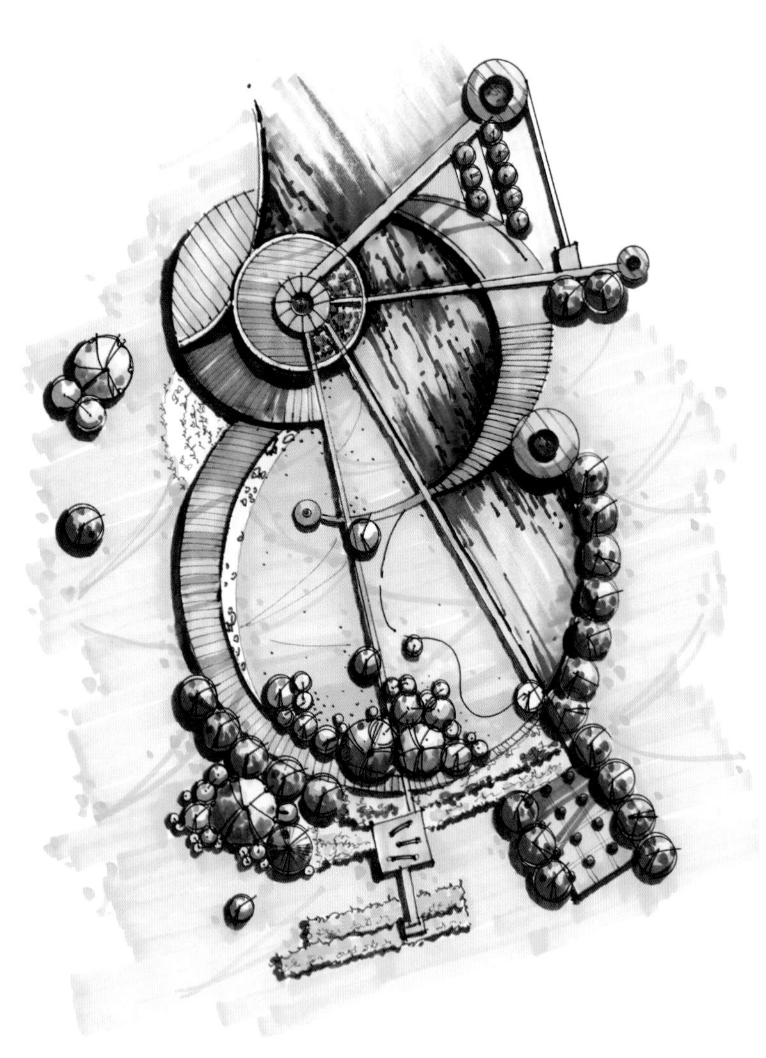

图 6–19　广场五

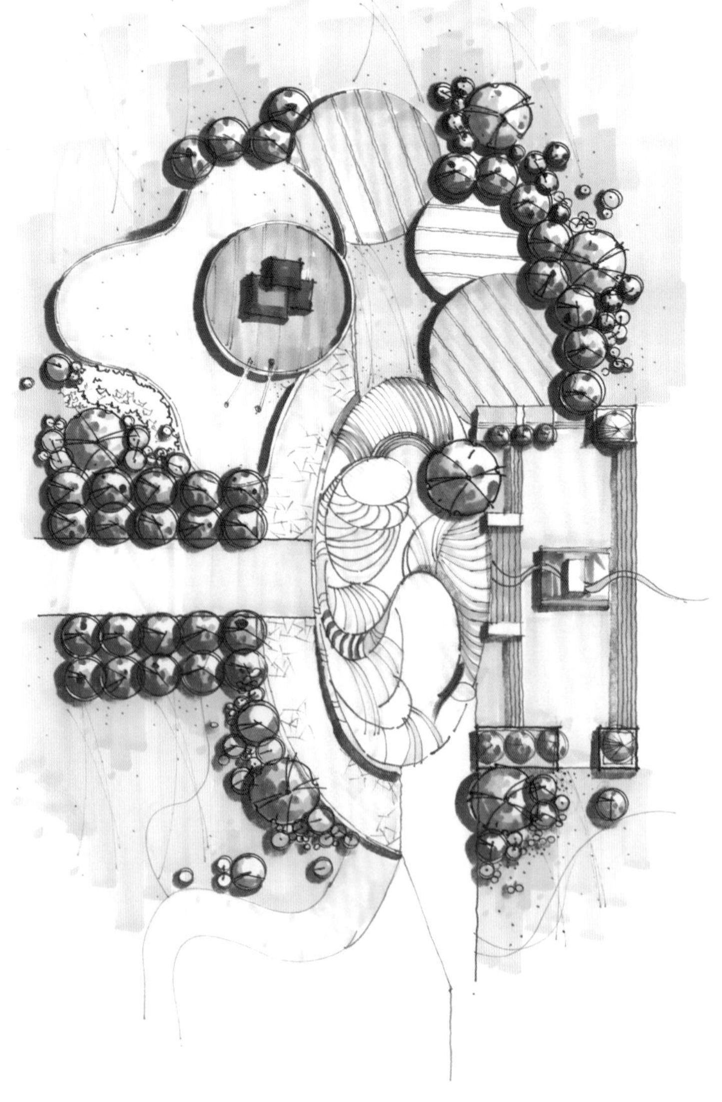

图 6–20　广场六

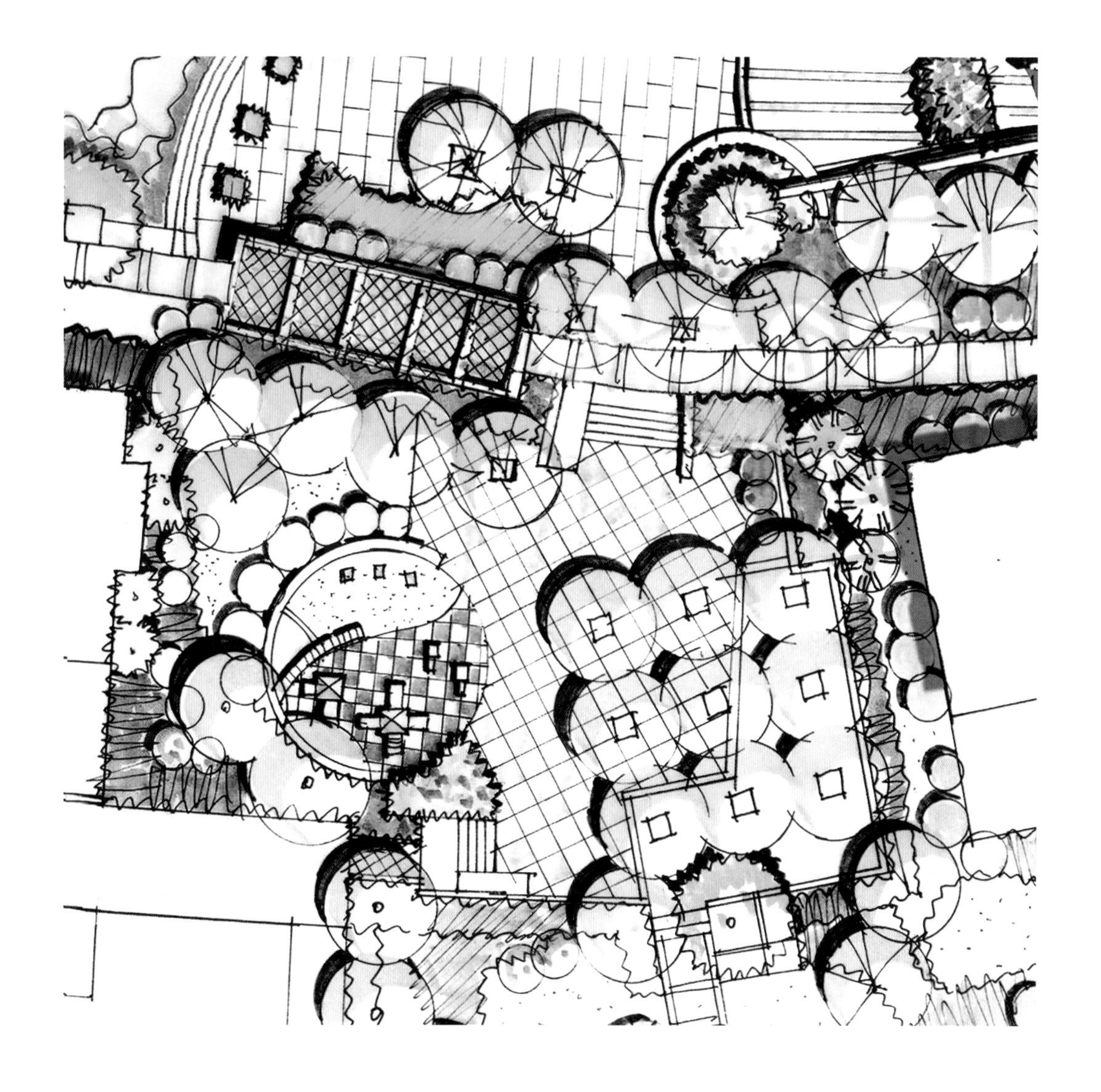

图 6–21　广场七

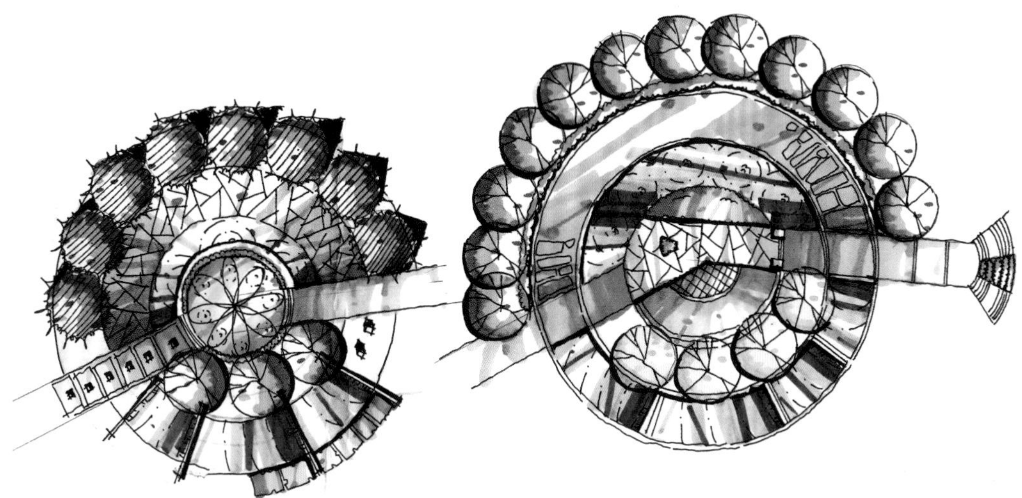

图 6–22　广场八

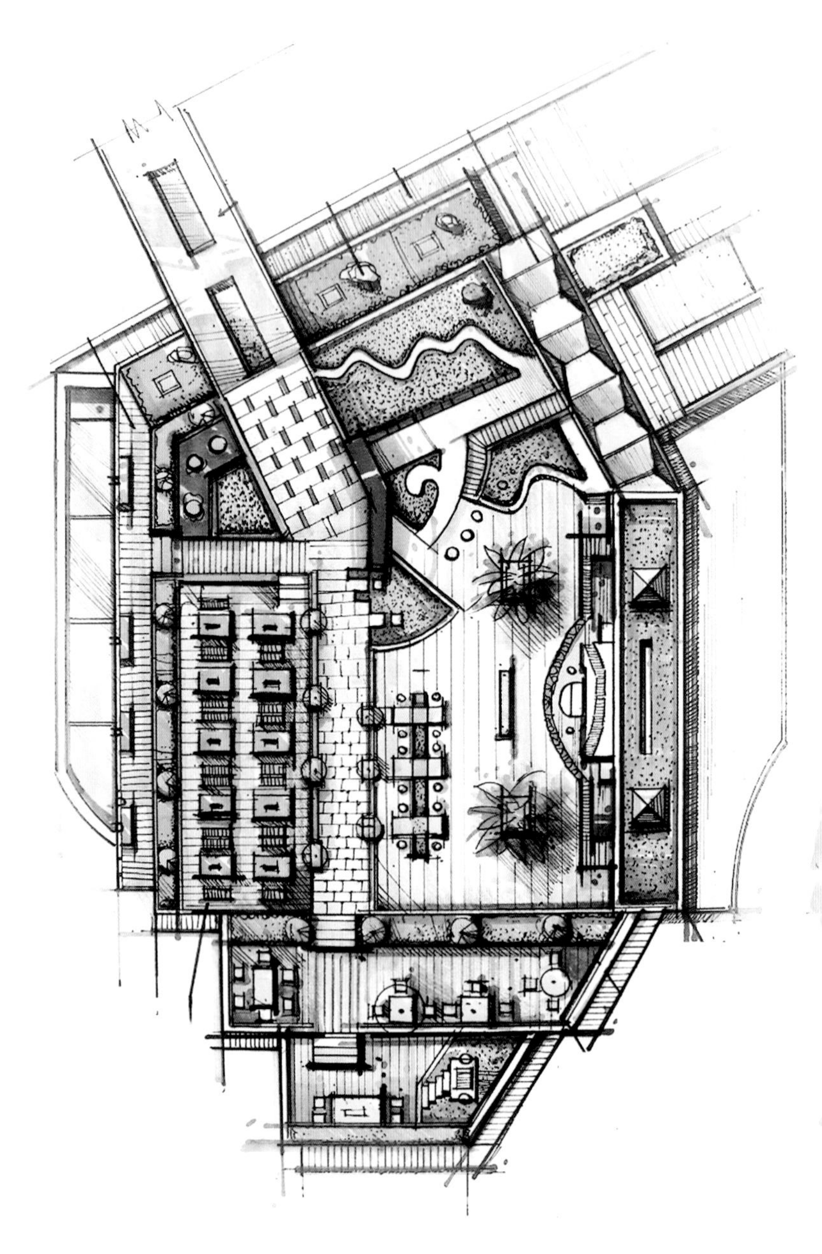

图 6-23　广场九

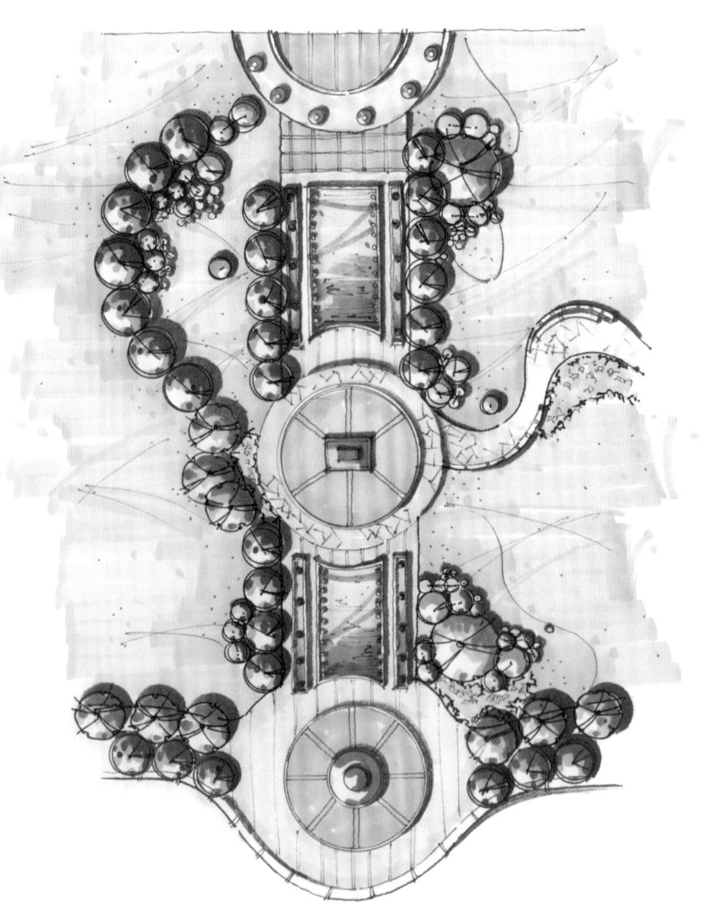

图 6-24　广场十

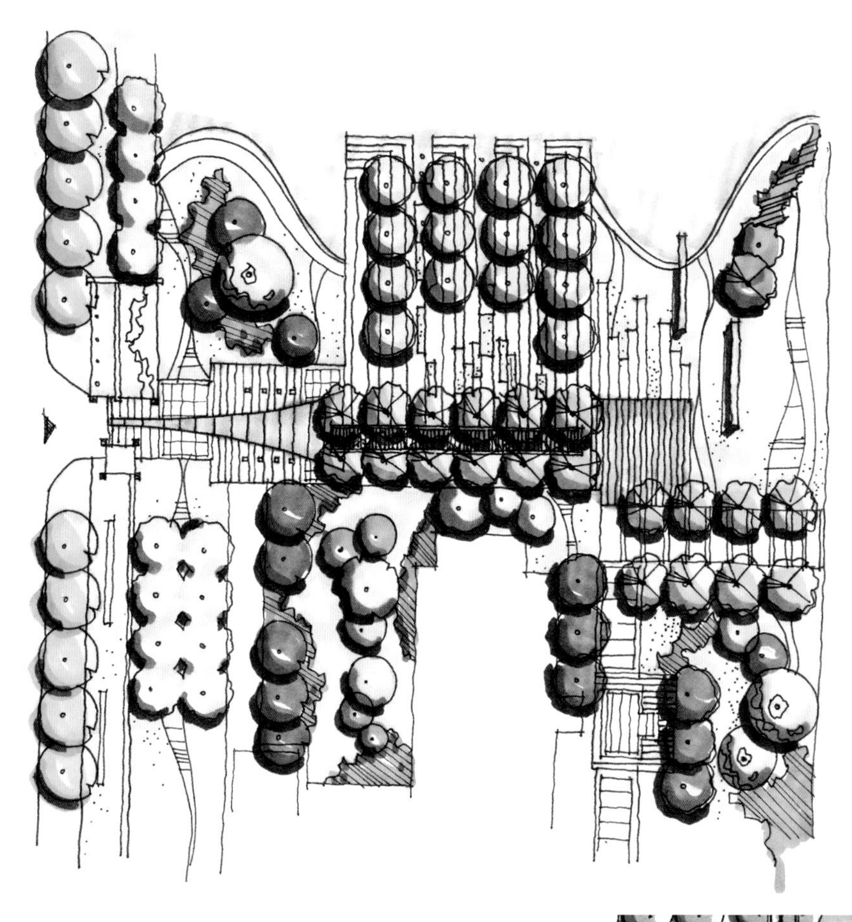

图 6-25　广场十一

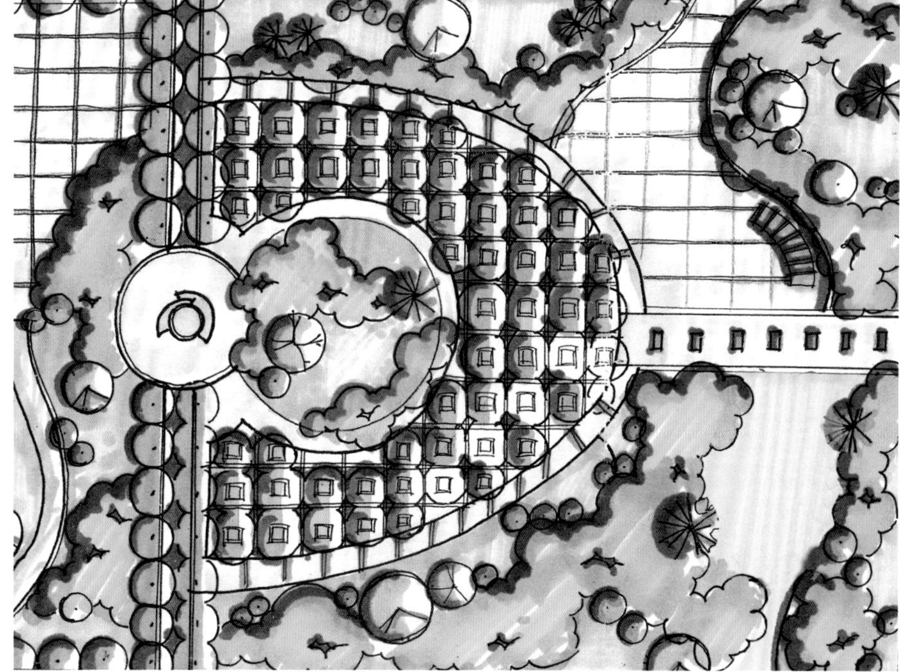

图 6-26　广场十二

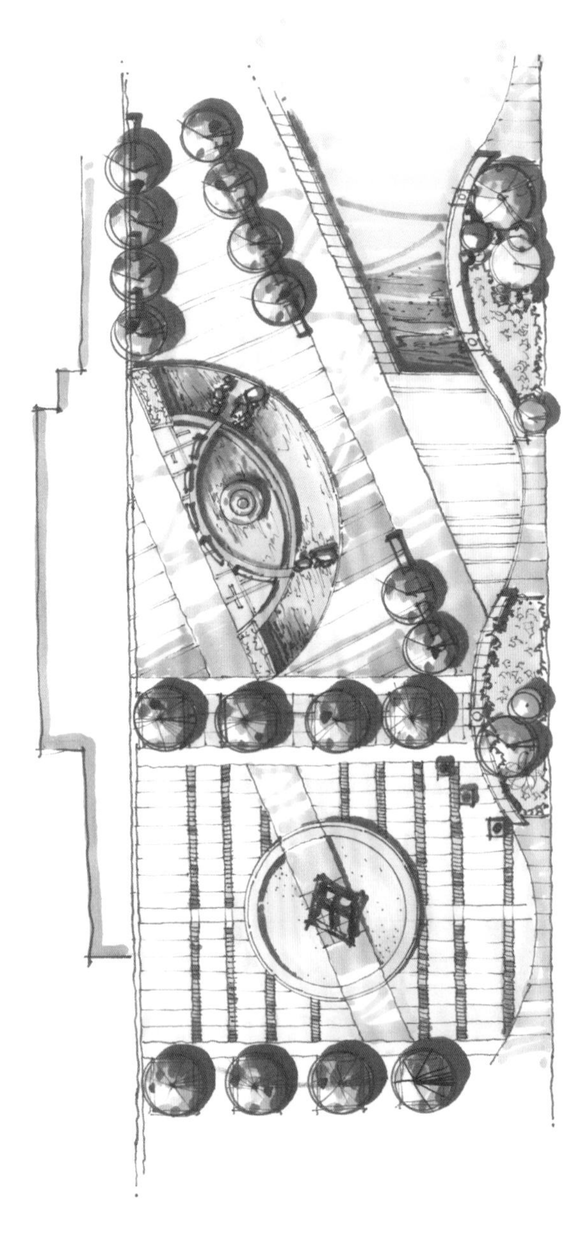

图 6-27　广场十三

图 6-28　广场十四

6.1.4 小型场地及环境

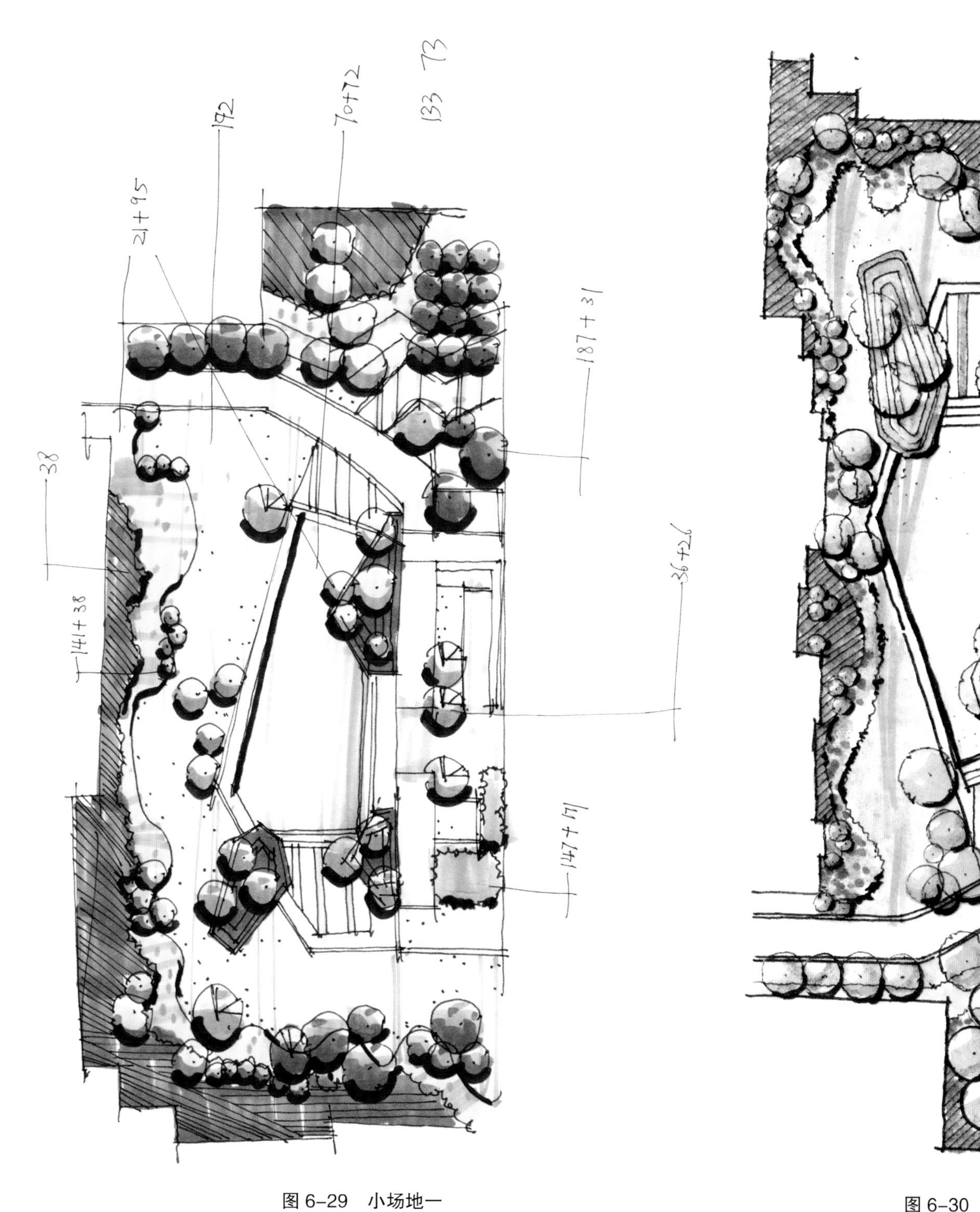

图 6-29 小场地一

图 6-30 小场地二

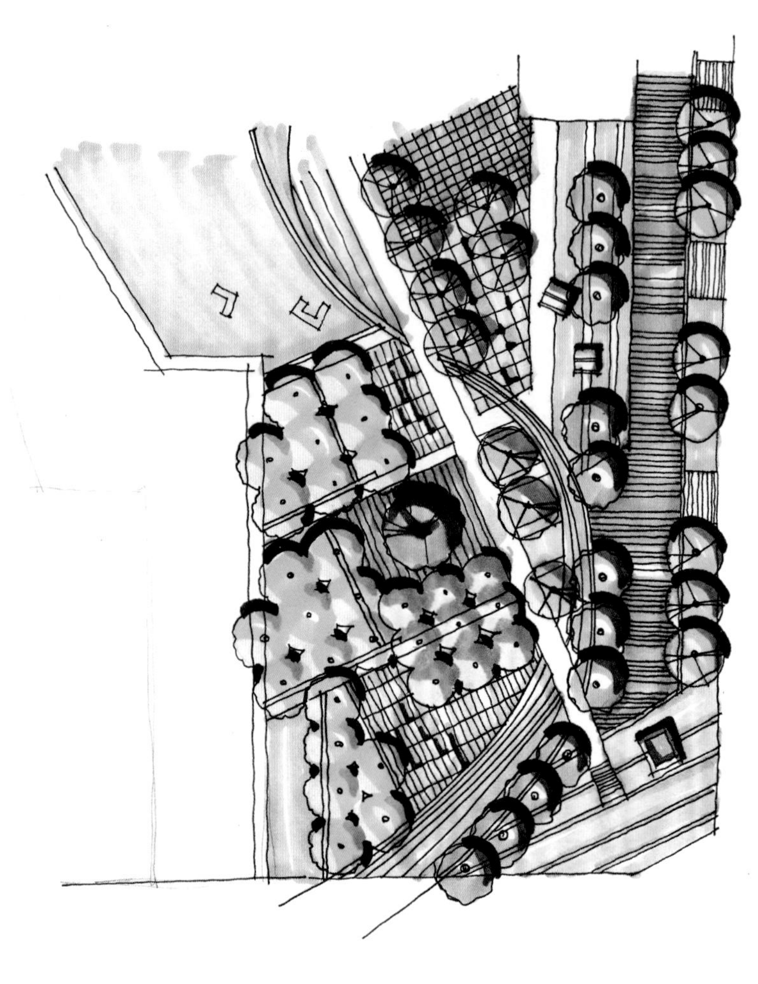

图 6-31　小场地三

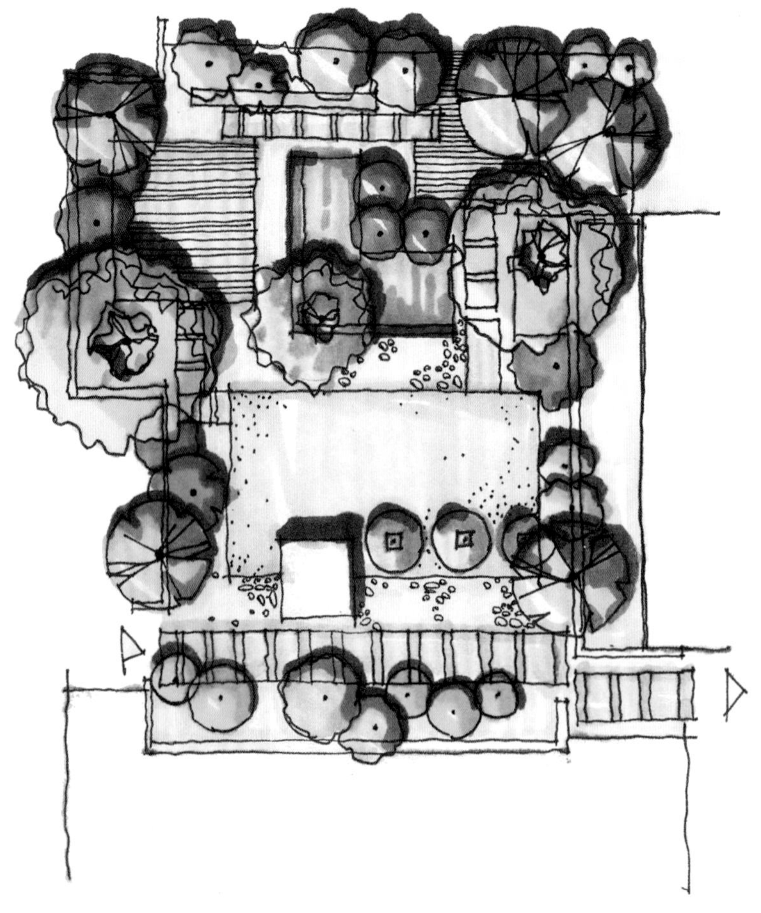

图 6-32　小场地四

图 6–33 小场地五

图 6–34 小场地六

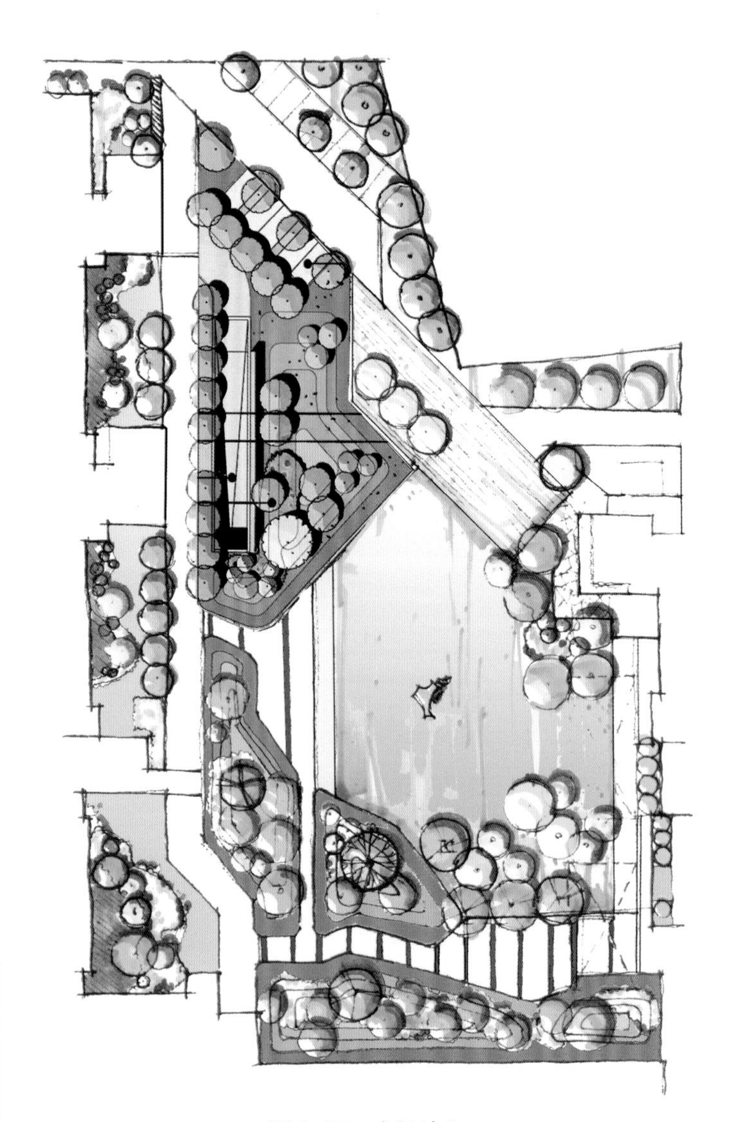

图 6-35　小场地七

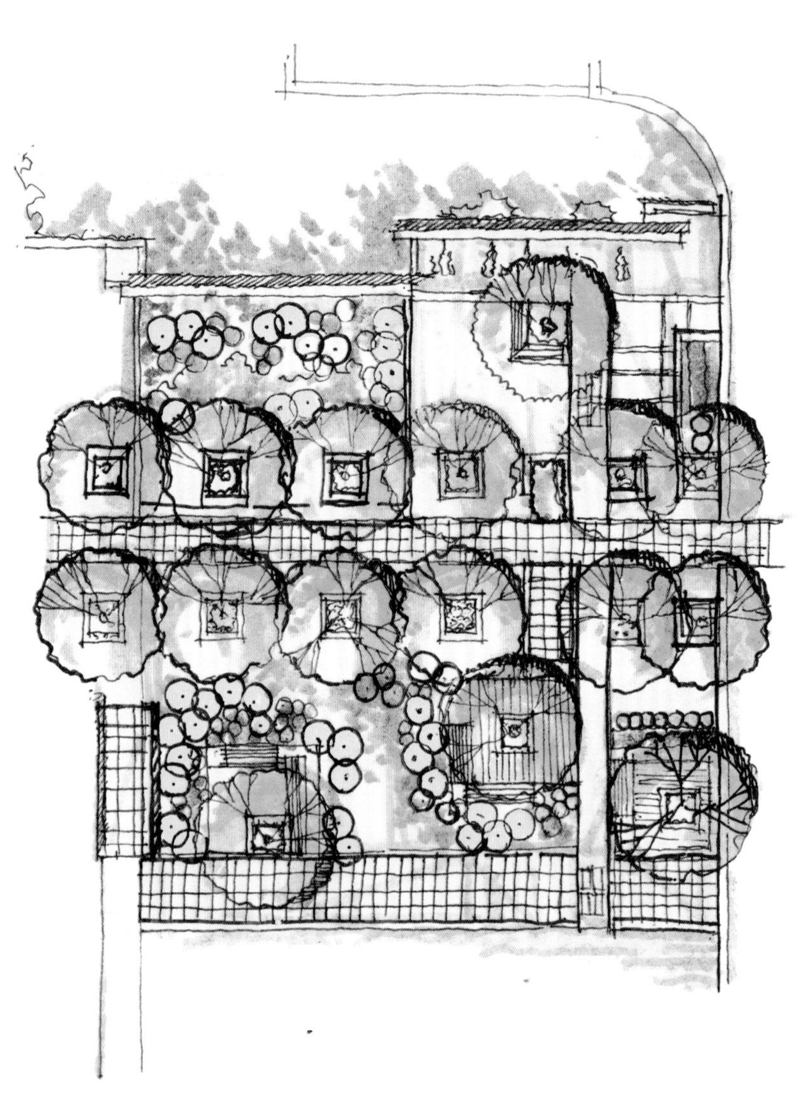

图 6-36　小场地八

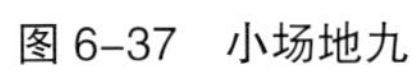

图 6-37　小场地九

图 6-38　小场地十

图 6-39　小场地十一

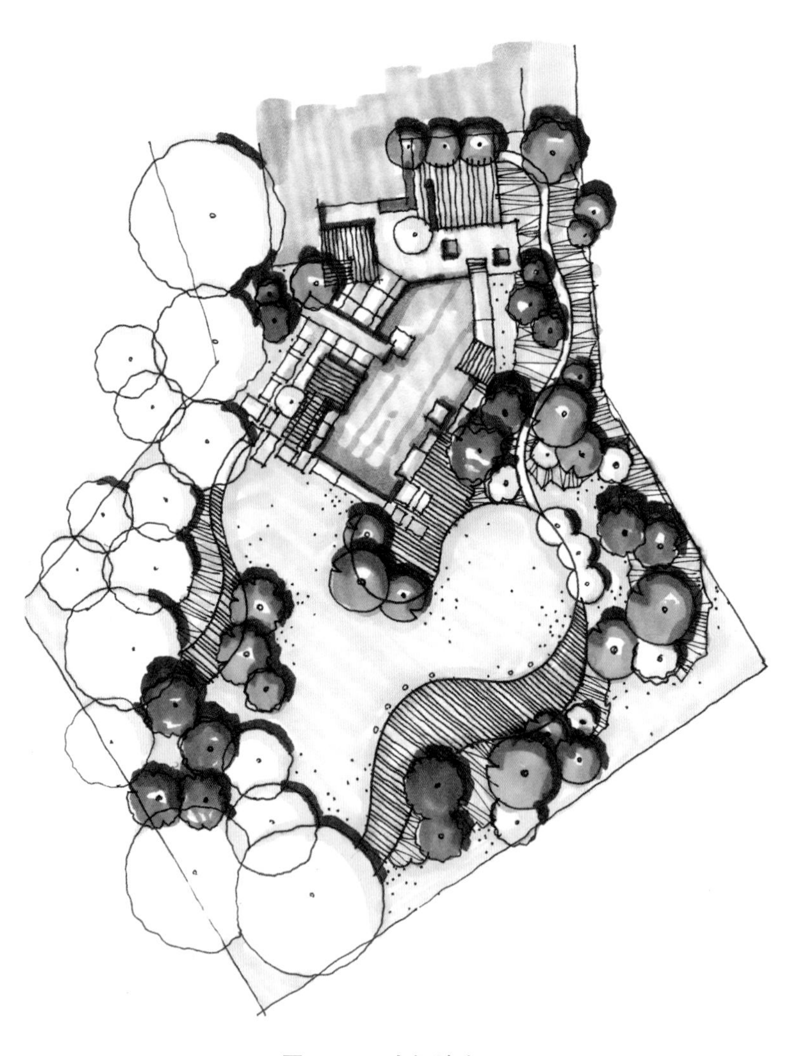

图 6-40　小场地十二

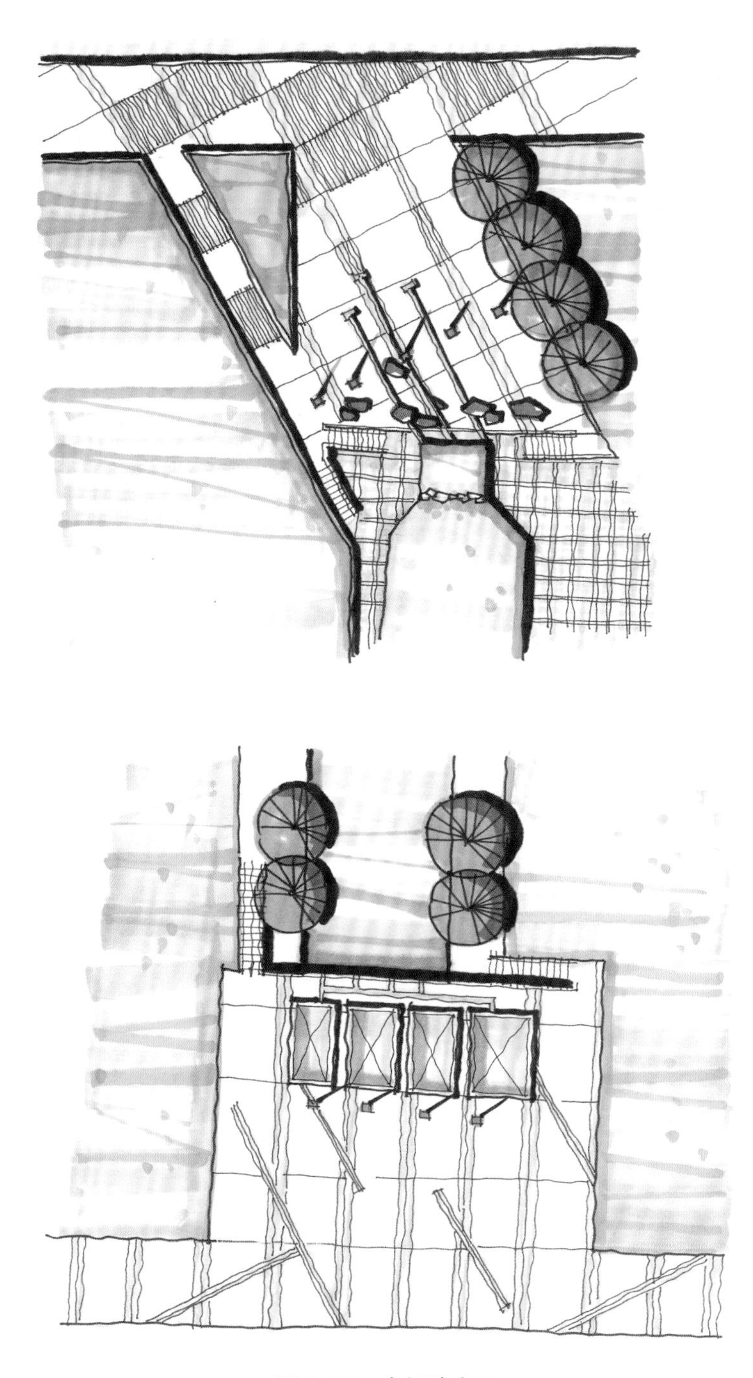

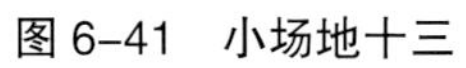

图 6-41　小场地十三

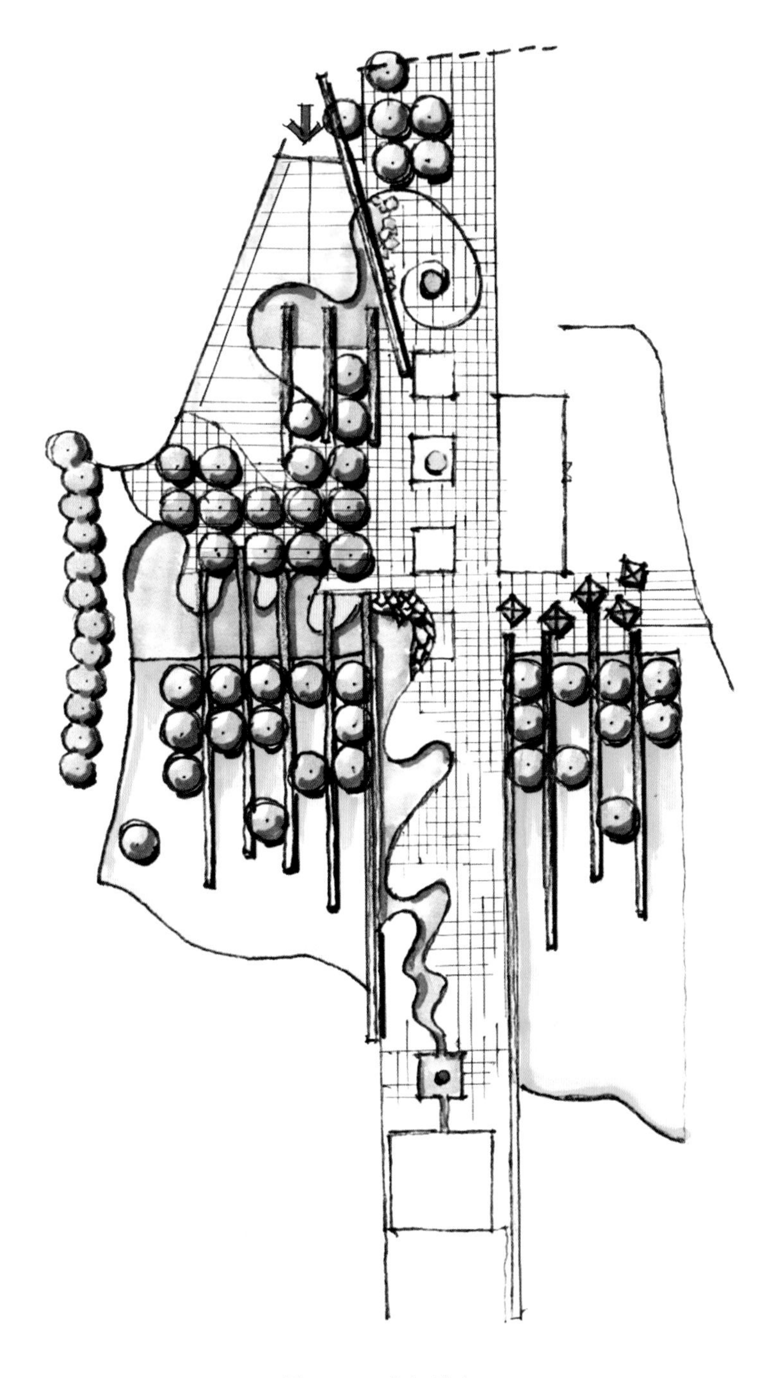

图 6-42　小场地十四

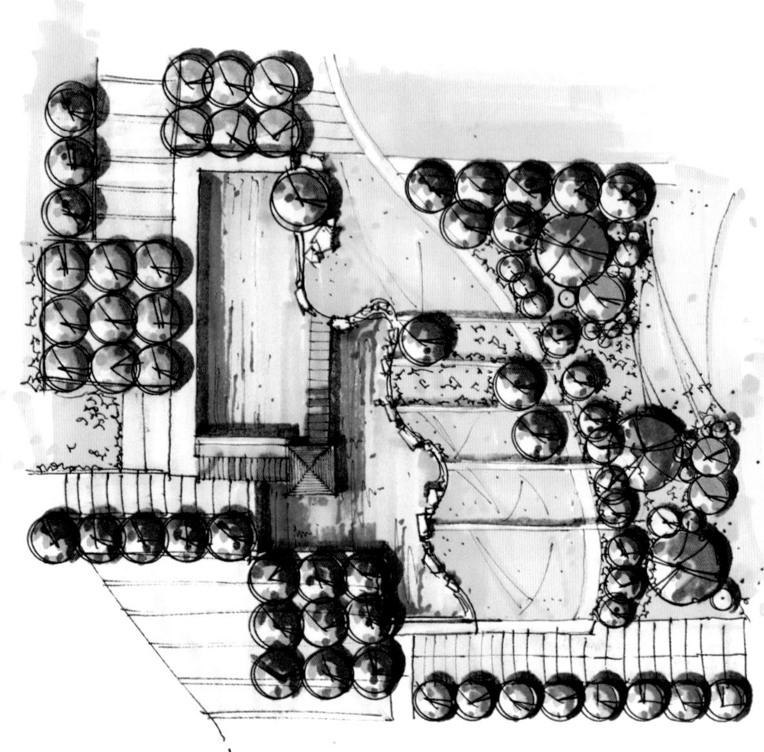

图 6-43　小场地十五

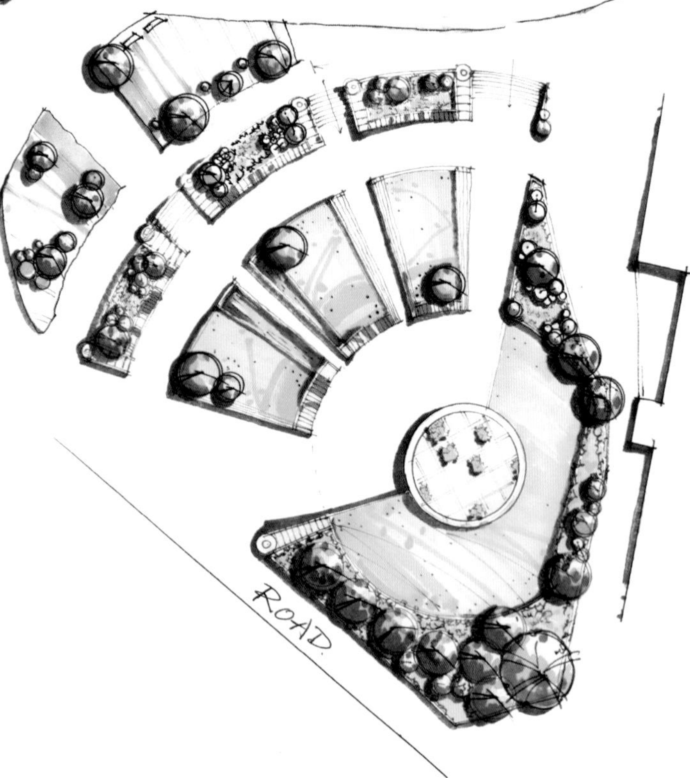

图 6-44　小场地十六

6.2 方案资料集

本节汇总了北京林业大学风景园林专业近年考研快速设计真题方案，题目包括庭院设计、商务环境、小型展园、校园环境、居住区楼间绿地、居住区公园、区域公园七种类型，是对案例分析的补充。对应于这些题目，本节共 38 套方案。加上前面章节的方案，本书一共为大家展示了 60 余套方案。这些方案并非“十全十美”，有些方案甚至可能存在明显的不足。仅希望通过这种“一题多解”，多种风格与特征并存的方式，展示设计方案形成的多种可能性，供读者参考，以期启发思考，开拓思路。

6.2.1 公园绿地

（1）滨湖公园：（题目详见第五章——5.1.1）

作者：石俊魁（原图纸尺寸 420mm × 297mm）

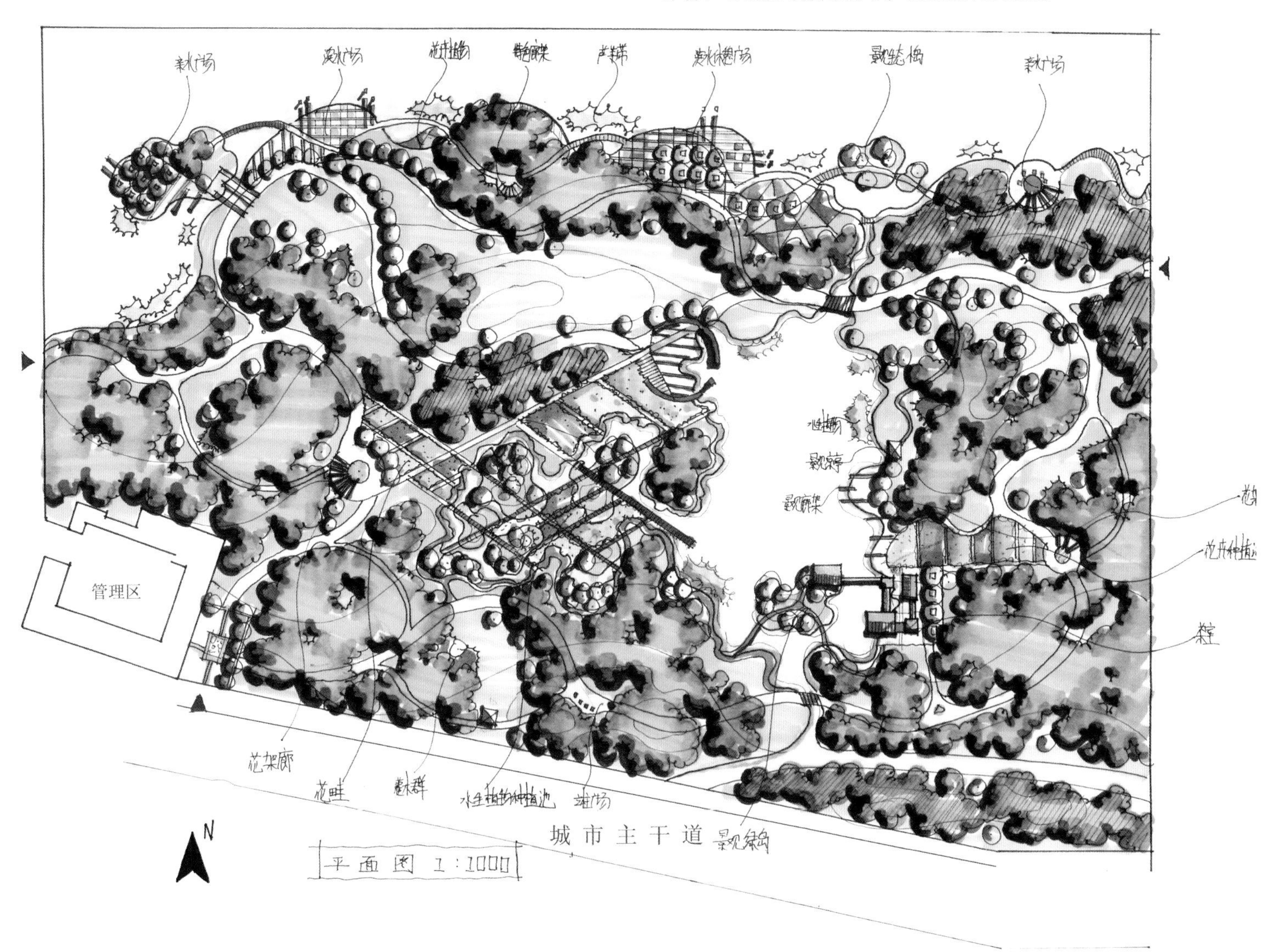

图 6-45 滨湖公园方案一 平面图

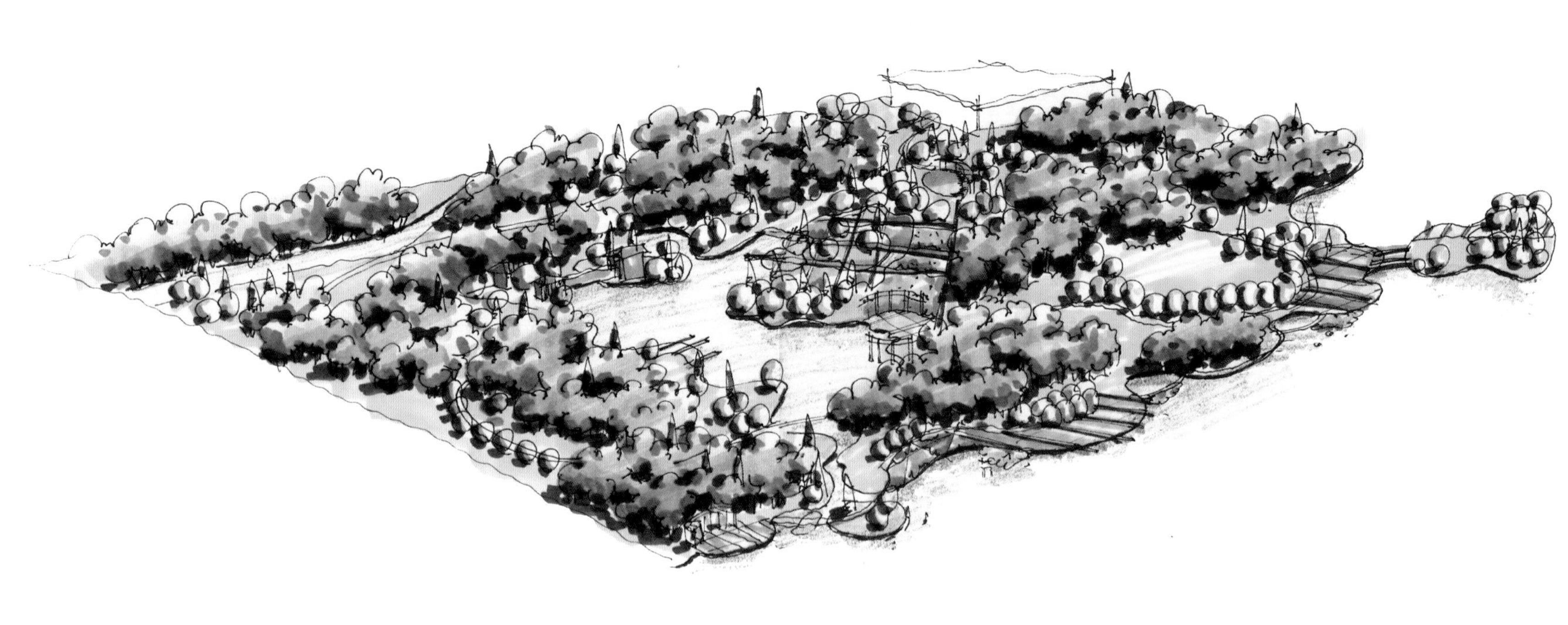

图 6-46　滨湖公园方案一　鸟瞰图

作者：满新（原图纸尺寸 420mm × 297mm）

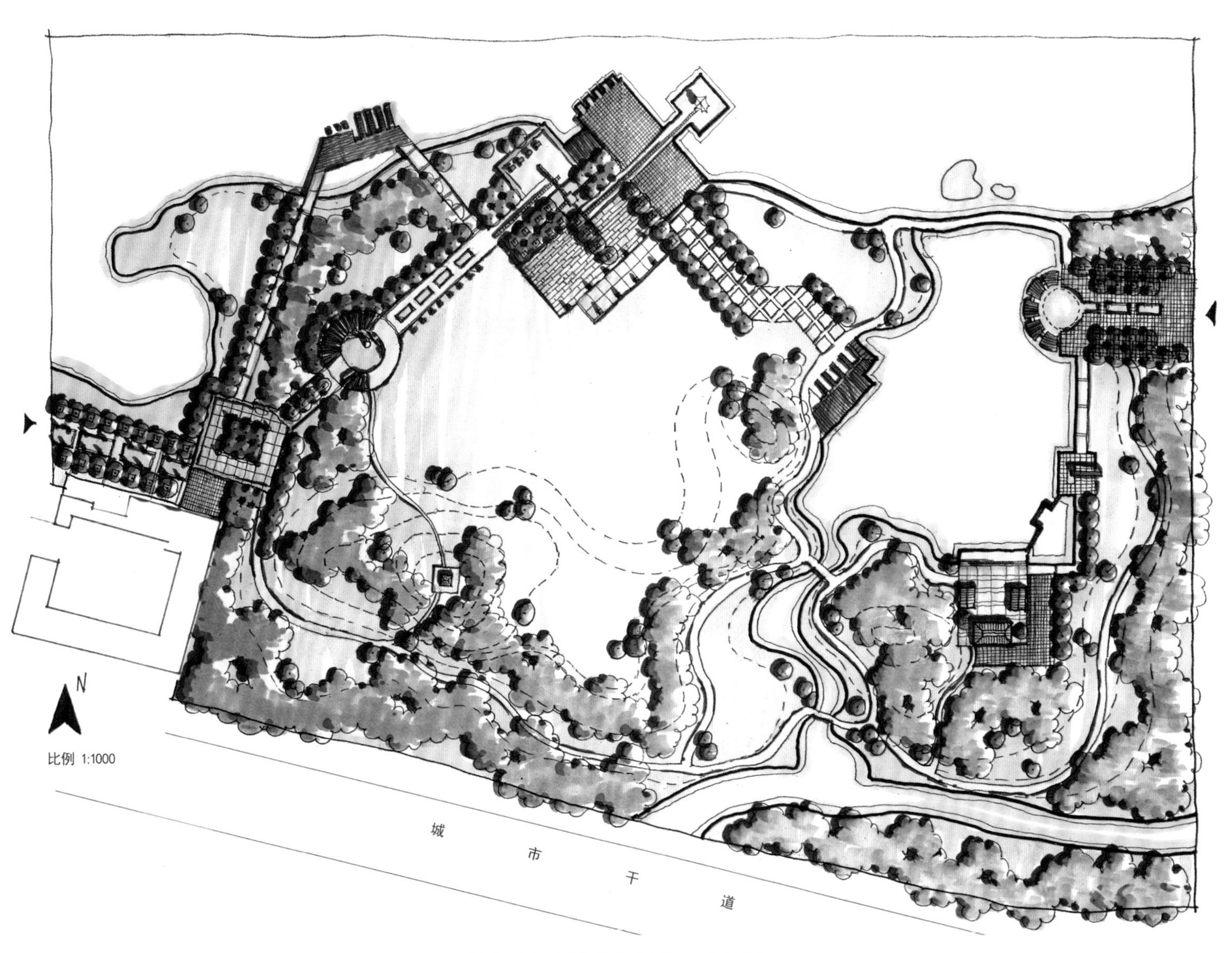

图 6–47 滨湖公园方案二 平面图

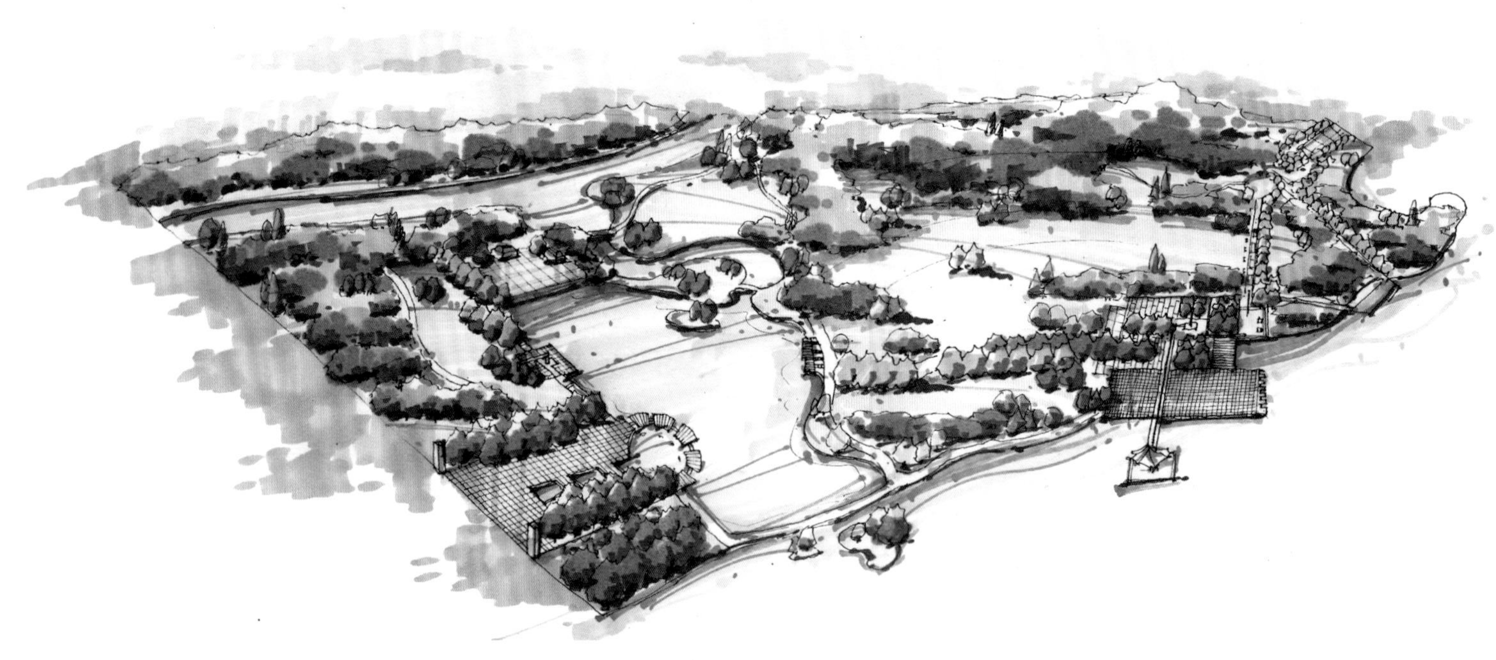

图 6-48　滨湖公园方案二　鸟瞰图

作者：刘圣维（原图纸尺寸 420mm × 297mm）

图 6–49　滨湖公园方案三　平面图

（2）居住区公园：（题目详见第五章——5.2.1）

作者：周叶子　杨烨（原图纸尺寸 420mm × 297mm）

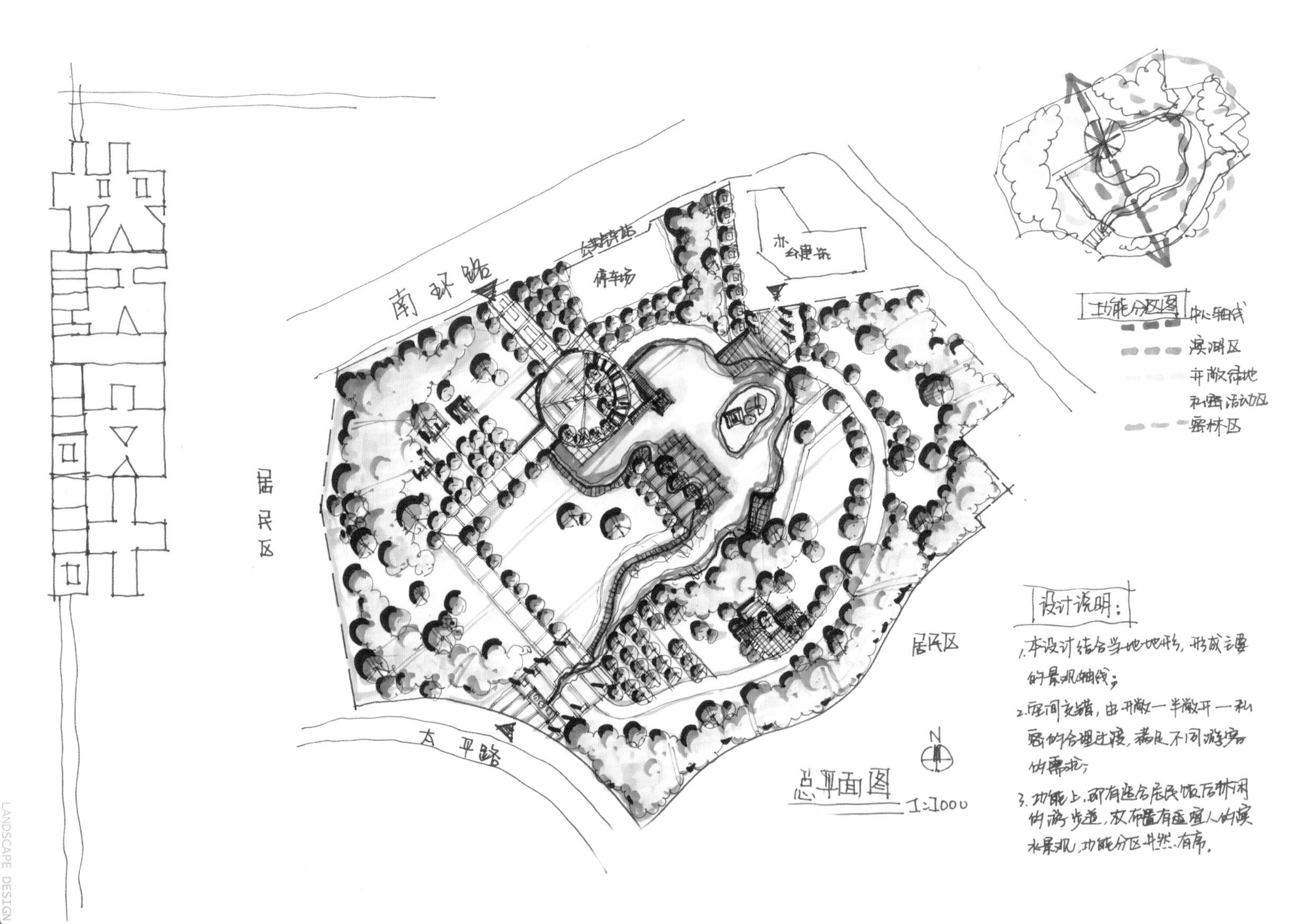

图 6–50　居住区公园一　平面图

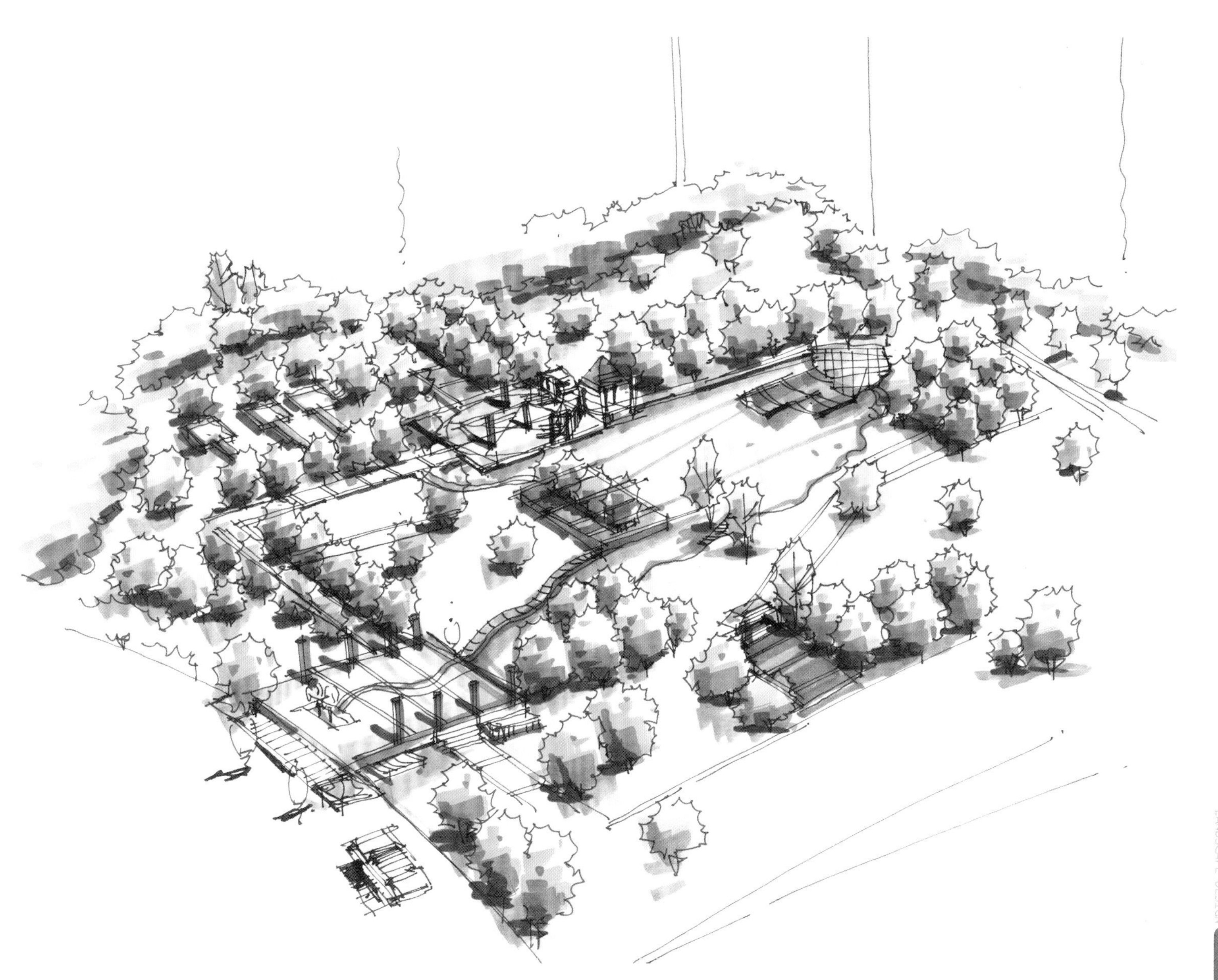

图 6-51 居住区公园一 鸟瞰图

作者：蒋薇（原图纸尺寸 420mm × 297mm）

图 6-52　居住区公园方案二　平面图

图 6-53　居住区公园方案二　效果图一

图 6-54　居住区公园方案二　效果图二

作者：满新（原图纸尺寸 420mm × 297mm）

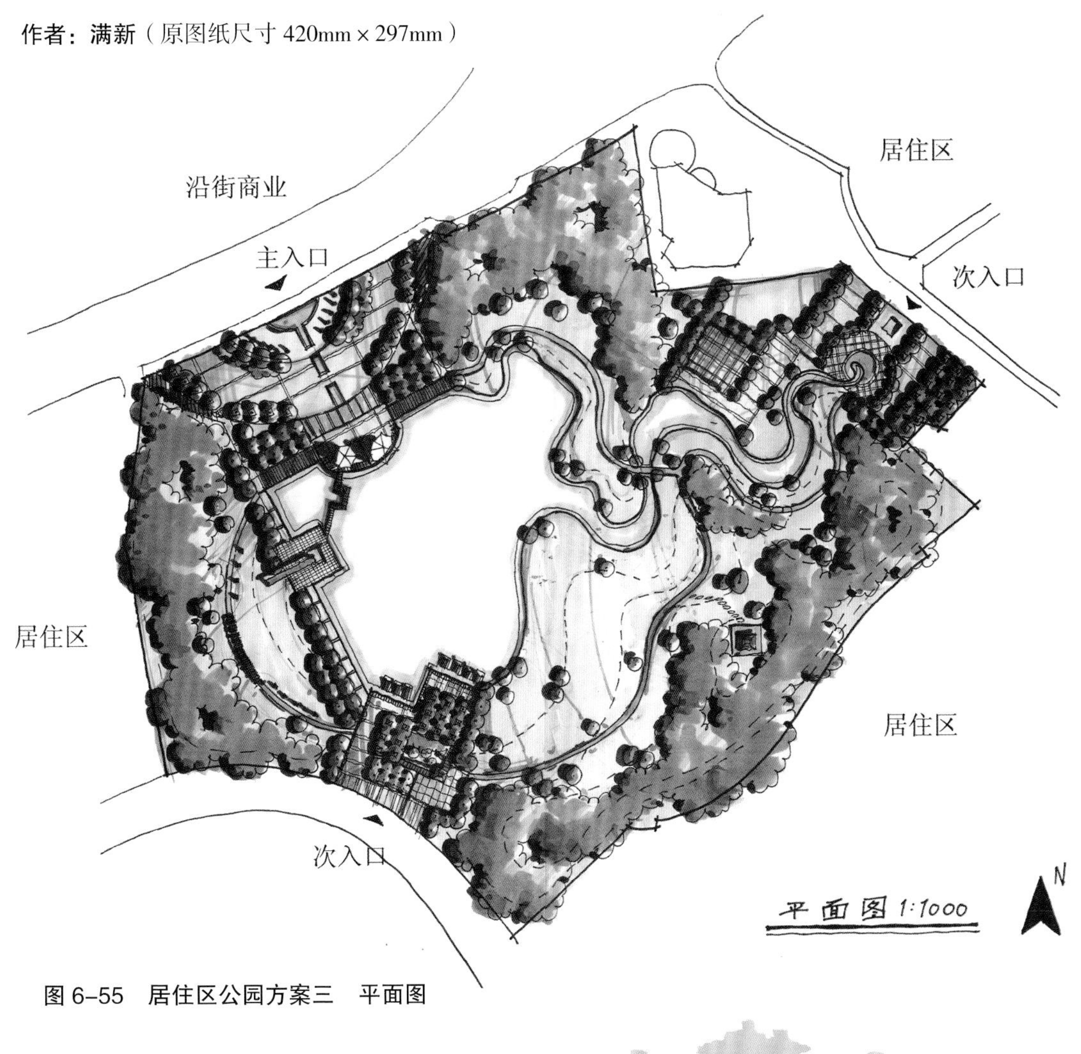

图 6-55　居住区公园方案三　平面图

图 6-56　居住区公园方案三　鸟瞰图

作者：牛苗苗（原图纸尺寸 420mm × 297mm）

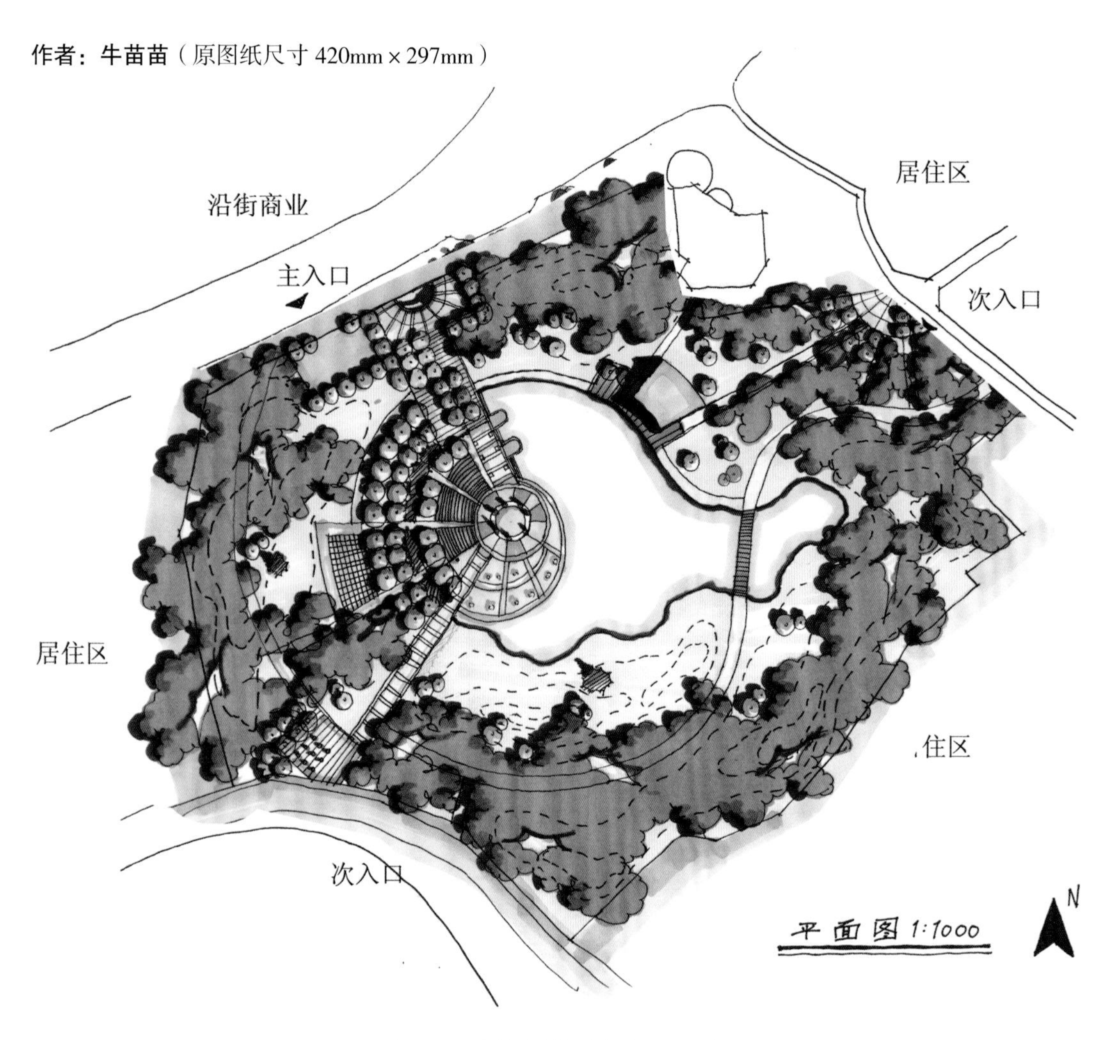

图 6-57　居住区公园方案四　平面图

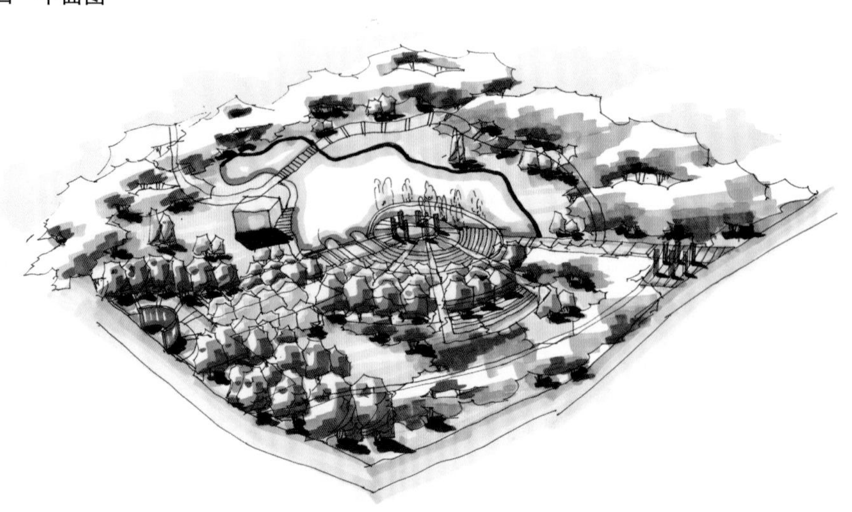

图 6-58　居住区公园方案四　鸟瞰图

作者：石俊魁（原图纸尺寸 420mm × 297mm）

图 6–59　居住区公园方案五　平面图

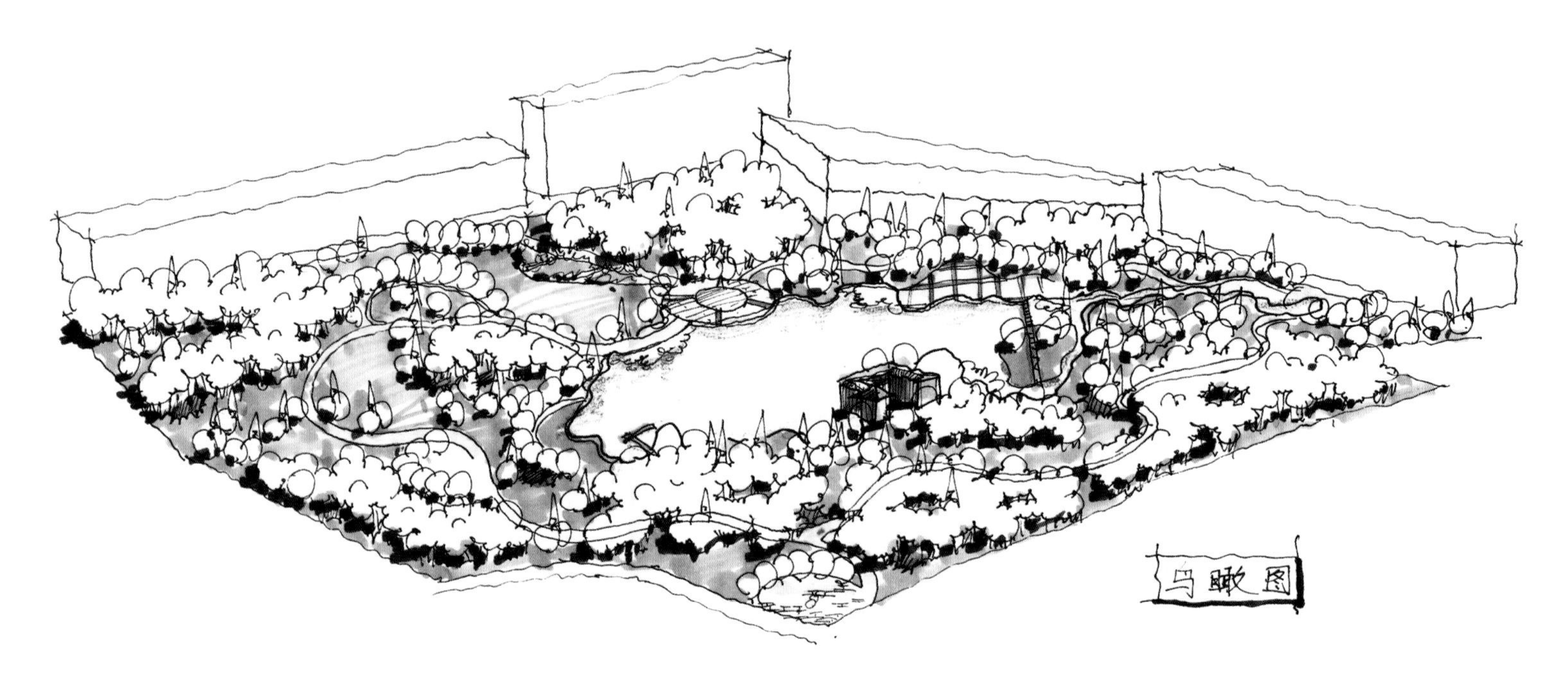

设计说明

整个公园呈自然山水园式，设计旨在给城市中的居民创造自然休闲的景观胜地。通过植物的围合与地形的塑造给人们轻松舒适的感觉，并创造开阔的水面与开阔的草坪给人们休憩放松的场地。功能分区明显，分为密林区、疏林区、开阔水面区与开阔草坪区，整个公园空间较丰富，给城市中的居民多一份"自然"。

图 6-60　居住区公园方案五　鸟瞰图及文字说明

作者：刘圣维（原图纸尺寸 420mm × 297mm）

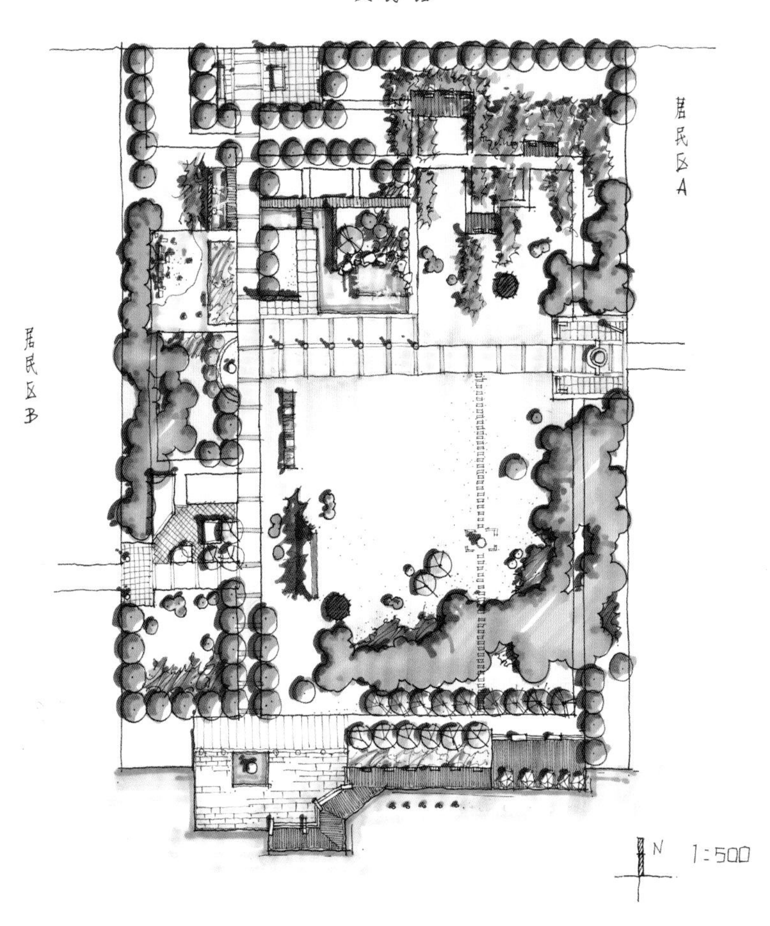

图 6-61　居住区公园方案一　平面图

（3）翠湖公园:（题目详见第五章——5.3.1）

图 6-62　翠湖公园方案一　效果图一

图 6-63　翠湖公园方案一　效果图二

作者：满新（原图纸尺寸 420mm × 297mm）

图 6–64　翠湖公园方案二　平面图

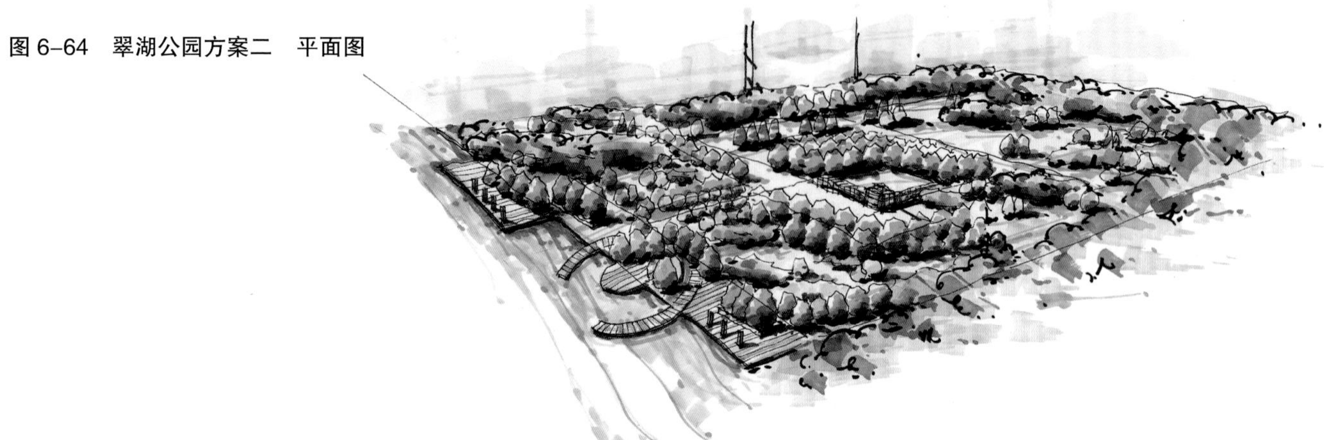

图 6–65　翠湖公园方案二　鸟瞰图

作者：汪在先（原图纸尺寸 420mm × 297mm）

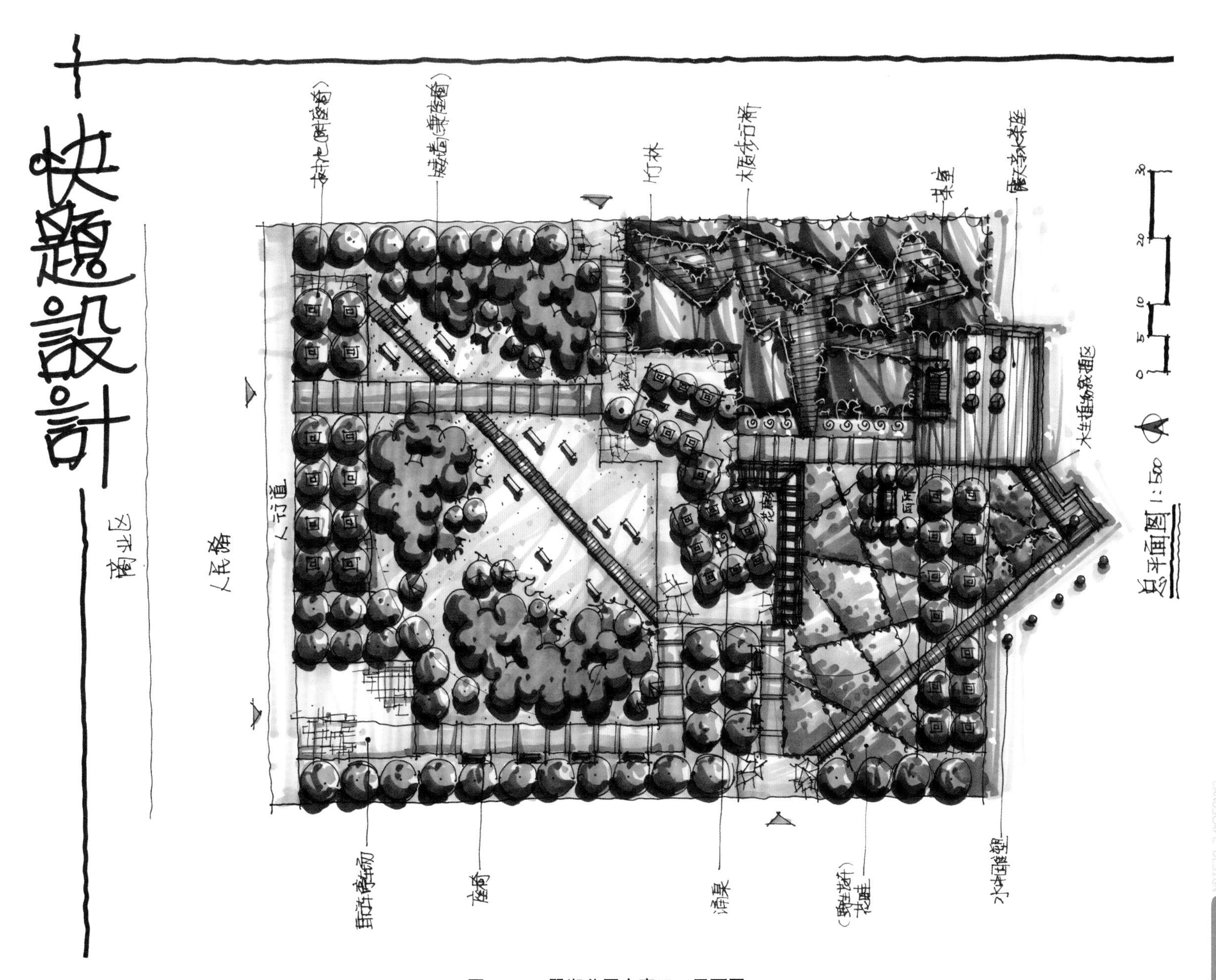

图 6–66　翠湖公园方案三　平面图

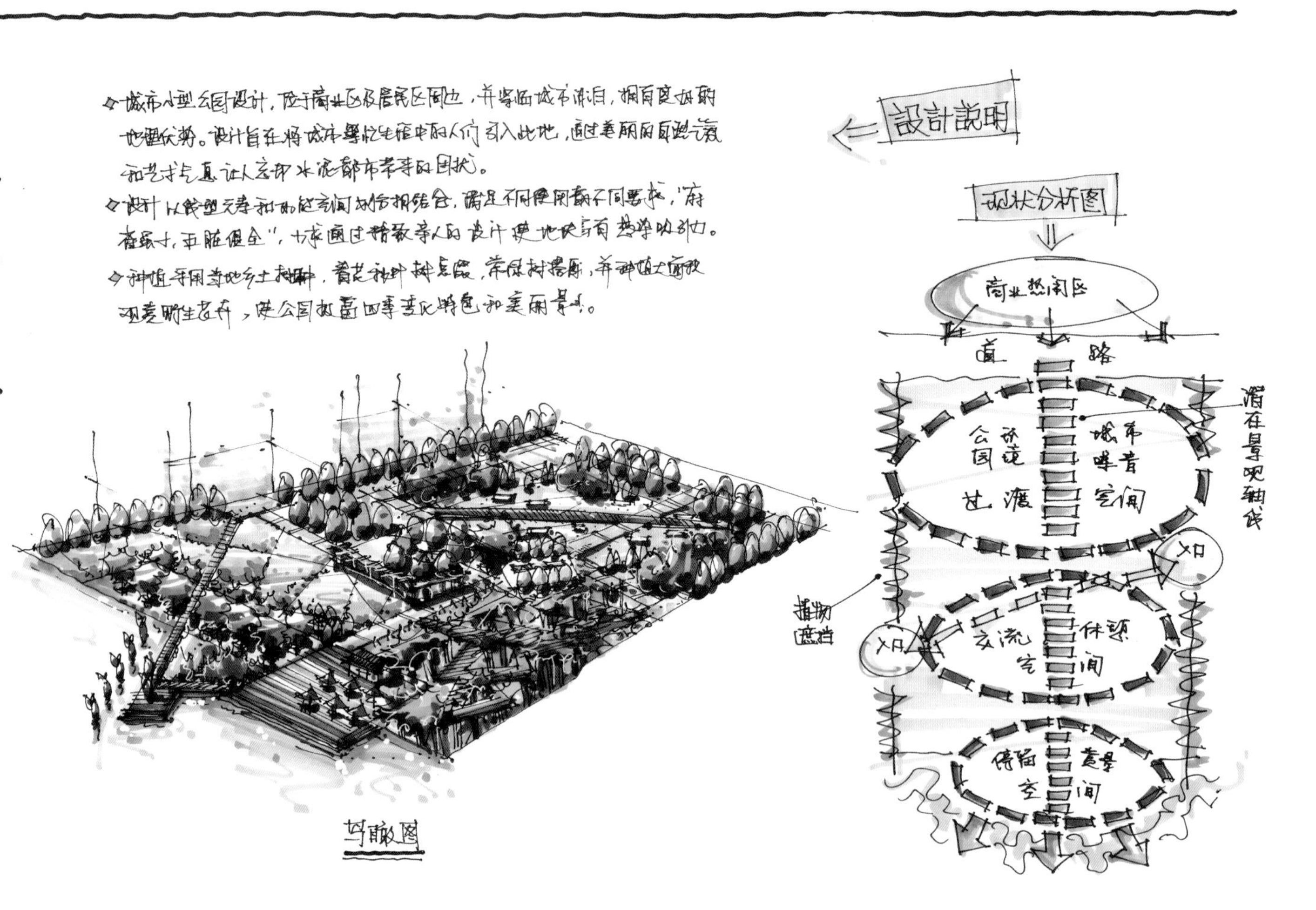

图 6-67　翠湖公园方案三　鸟瞰图、现状分析及设计说明

作者：赵爽（原图纸尺寸 420mm × 297mm）

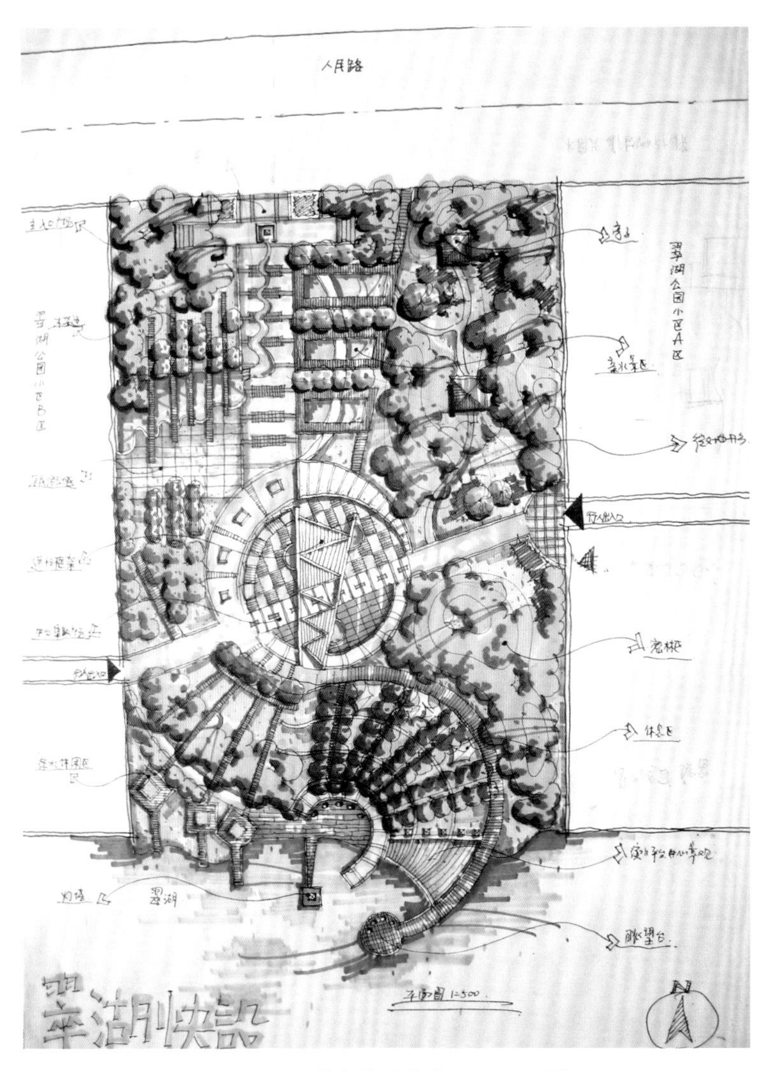

图 6–68　翠湖公园方案四　平面图

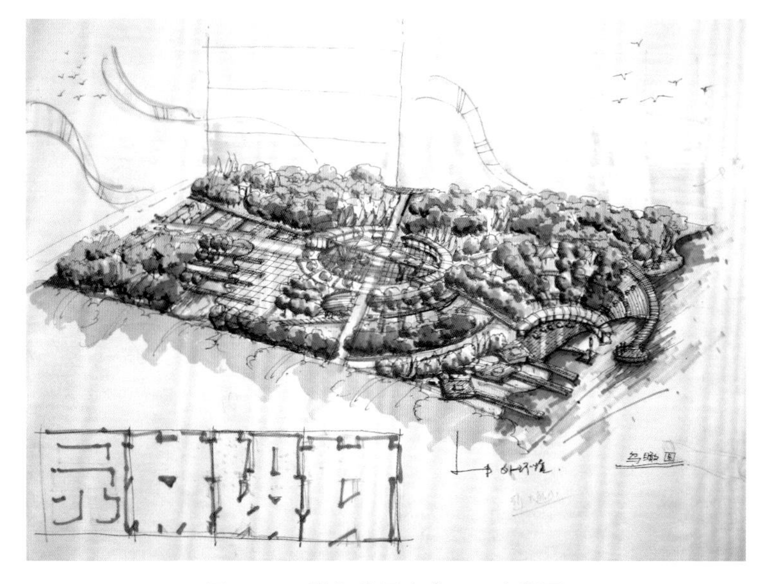

图 6–69　翠湖公园方案四　鸟瞰图

作者：罗彩云（原图纸尺寸 420mm × 297mm）

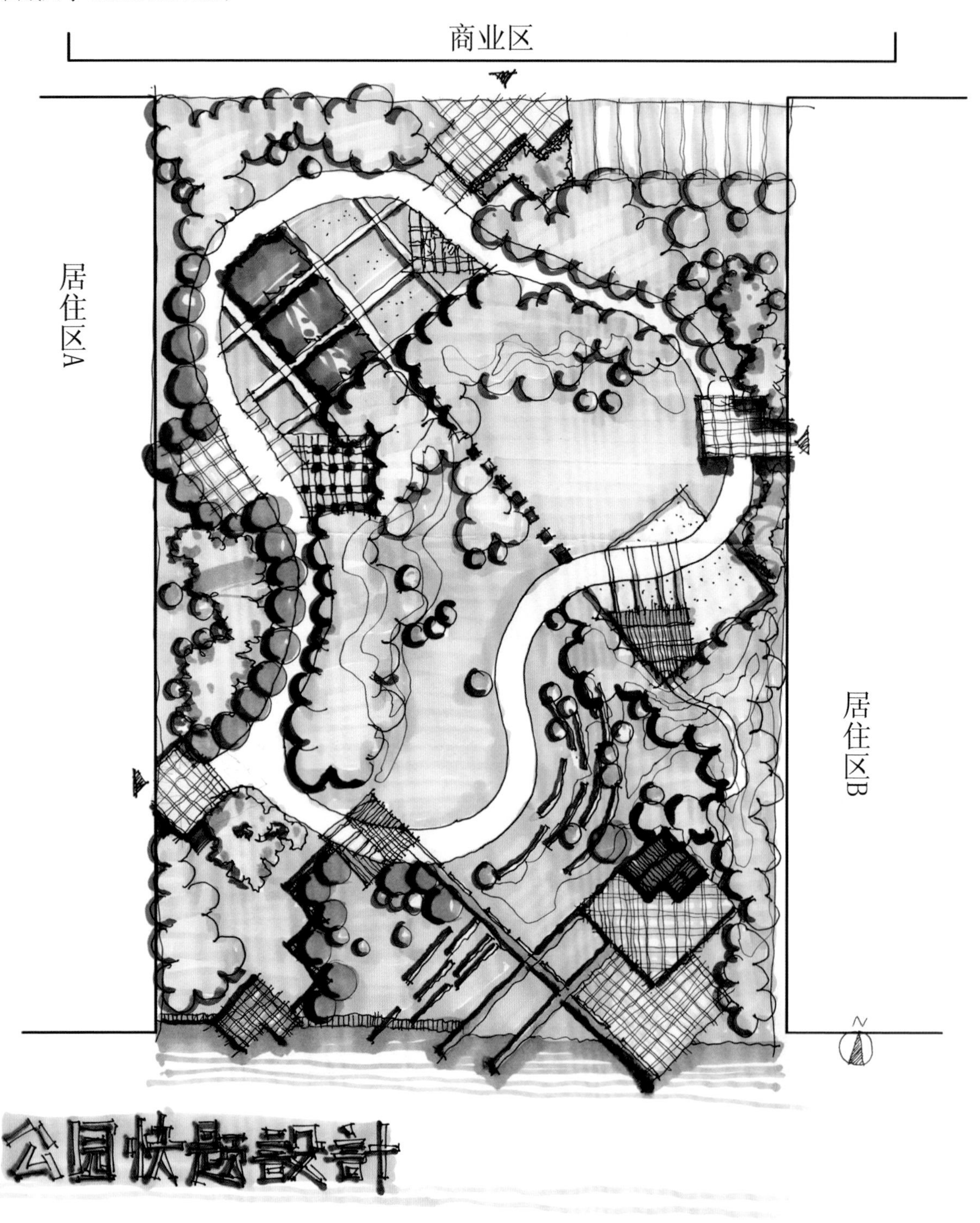

图 6-70　翠湖公园方案五　平面图

（4）展览花园:（题目详见第五章——5.4.1）

作者：汪在先（原图纸尺寸 420mm × 297mm）

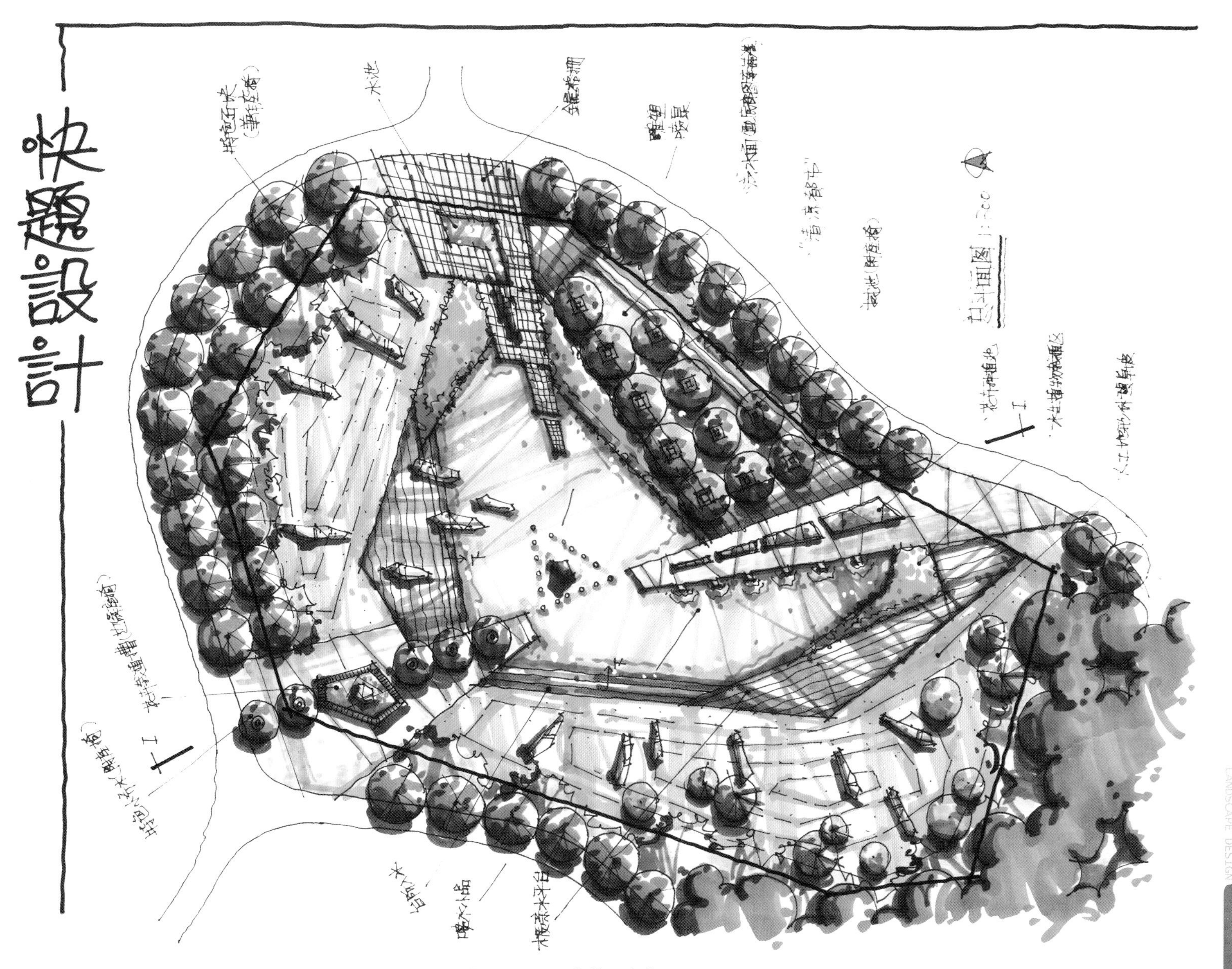

图 6–71　展览花园方案一　平面图

作者：石俊魁（原图纸尺寸 420mm × 297mm）

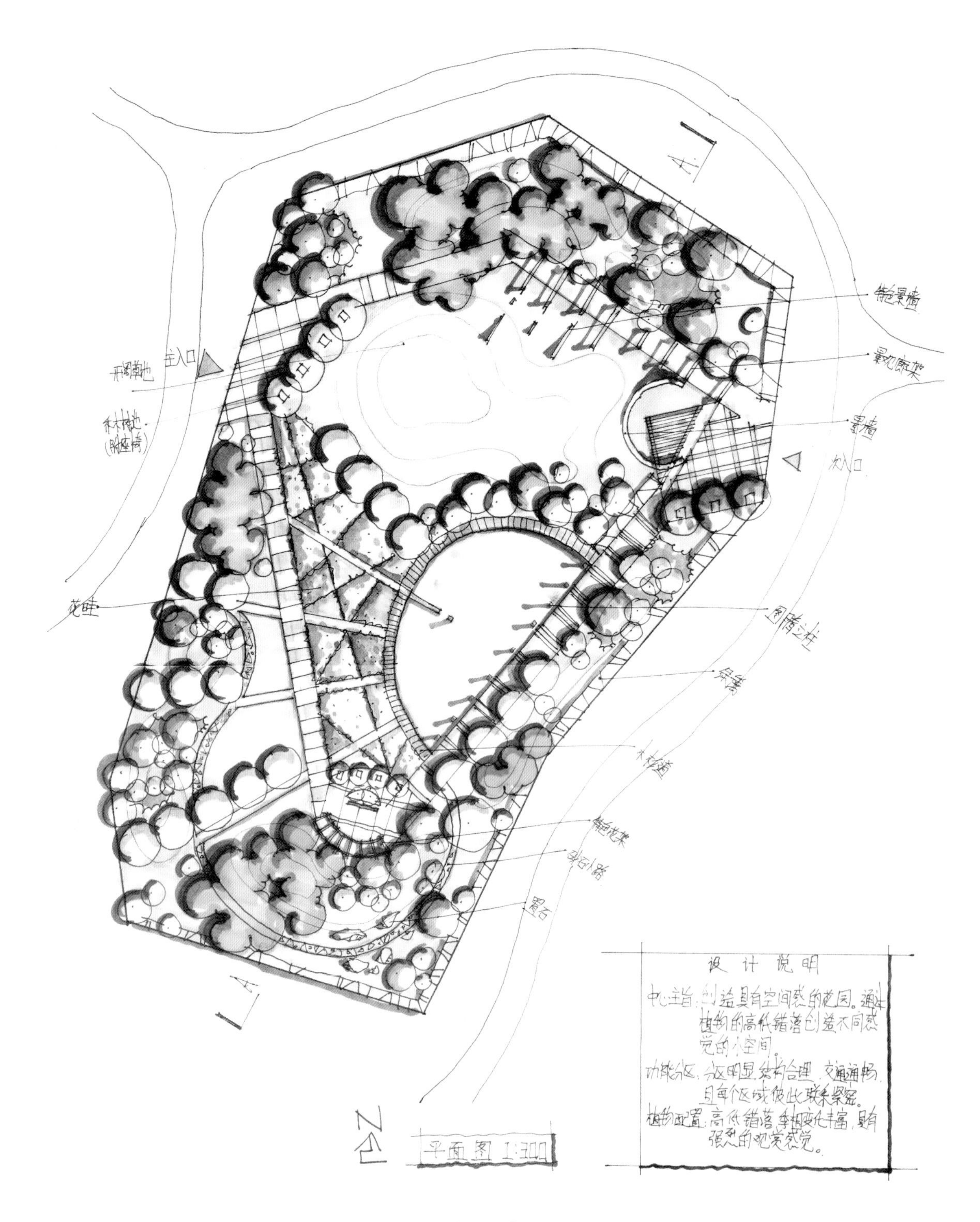

图 6-72　展览花园方案二　平面图

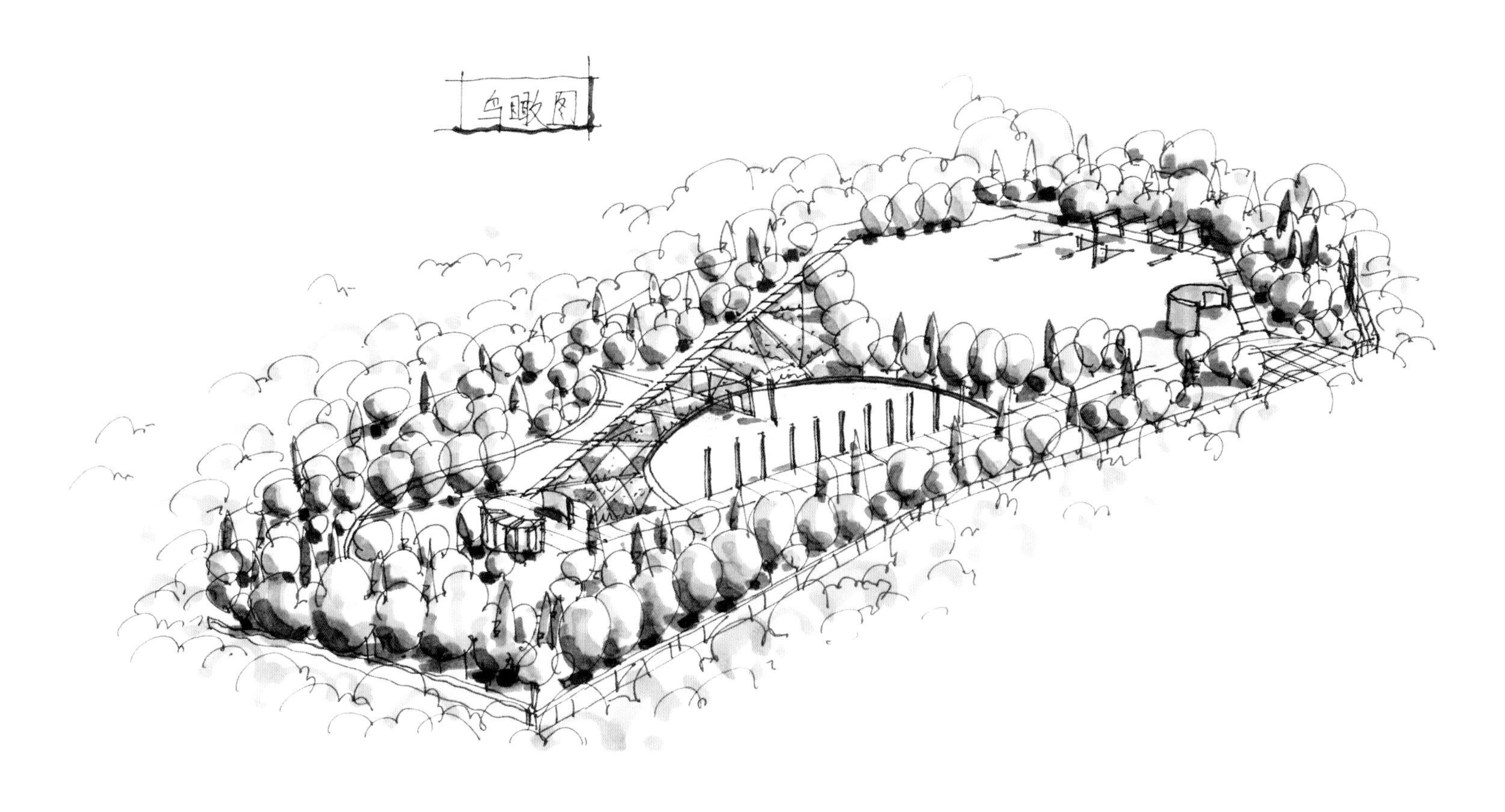

图 6-73　展览花园方案二　鸟瞰图

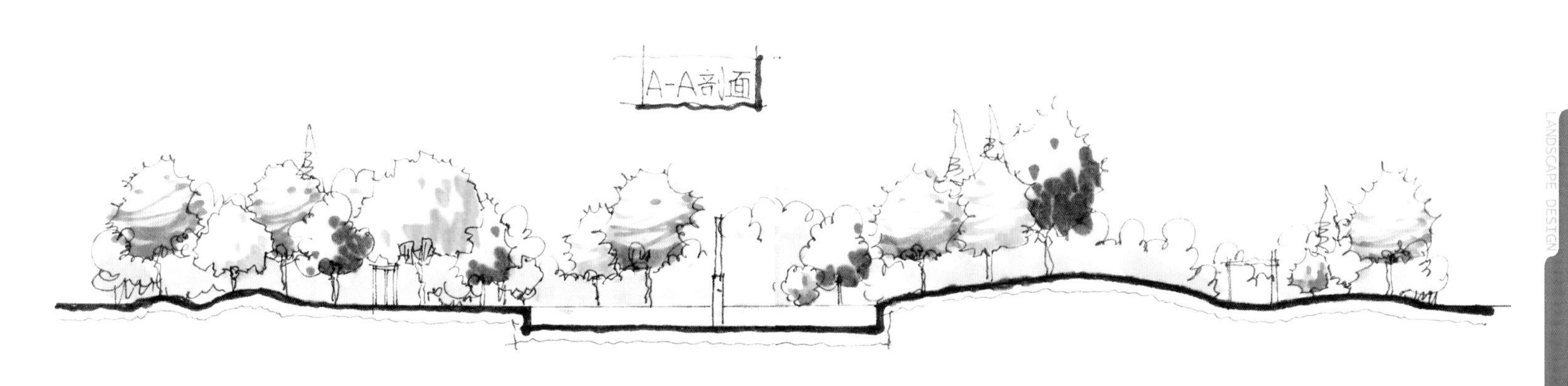

图 6-74　展览花园方案二　剖面图

作者：石俊魁（原图纸尺寸 420mm × 297mm）

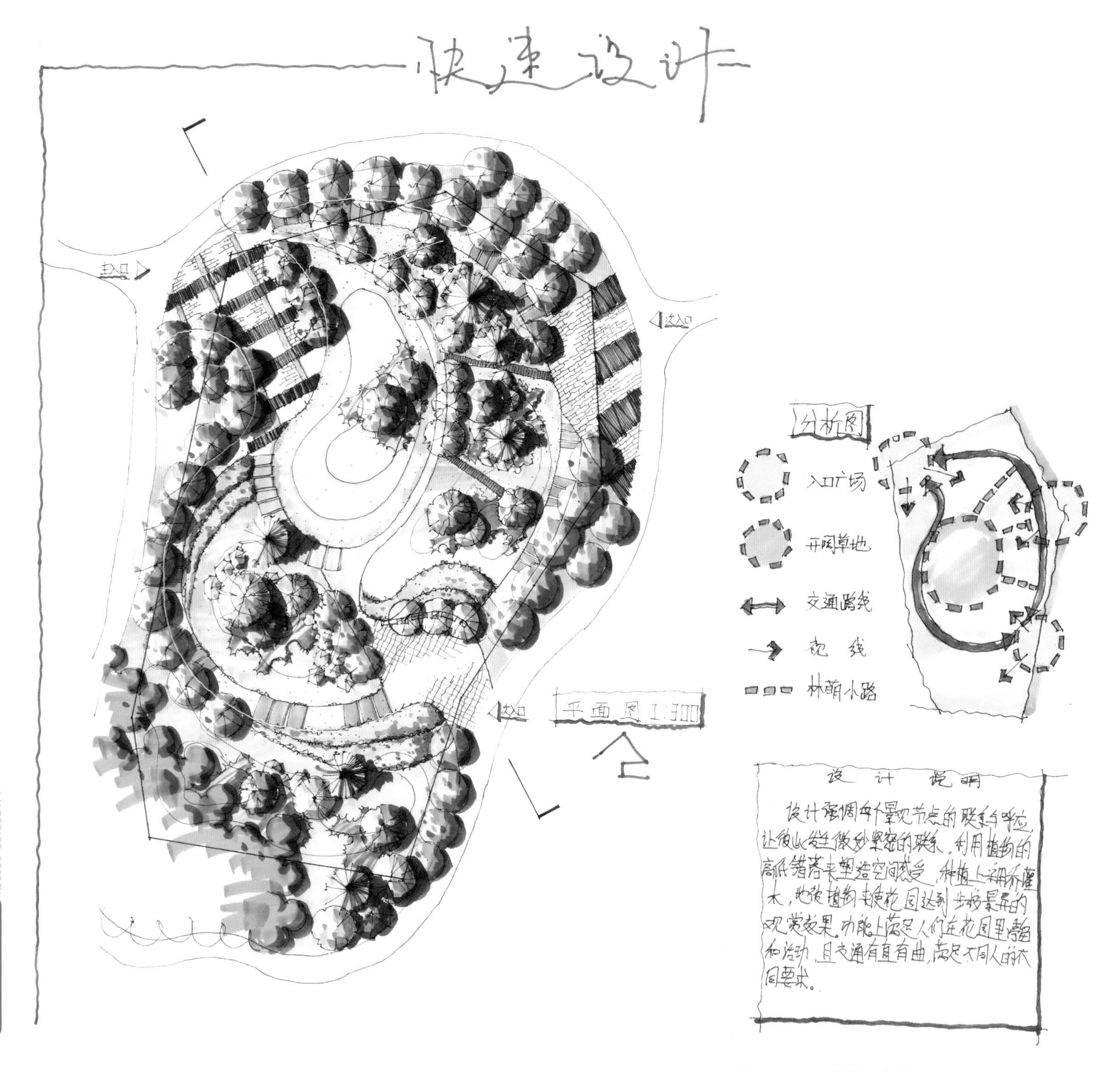

图 6–75　展览花园方案三　平面图

图 6–76　展览花园方案三　设计说明及分析图

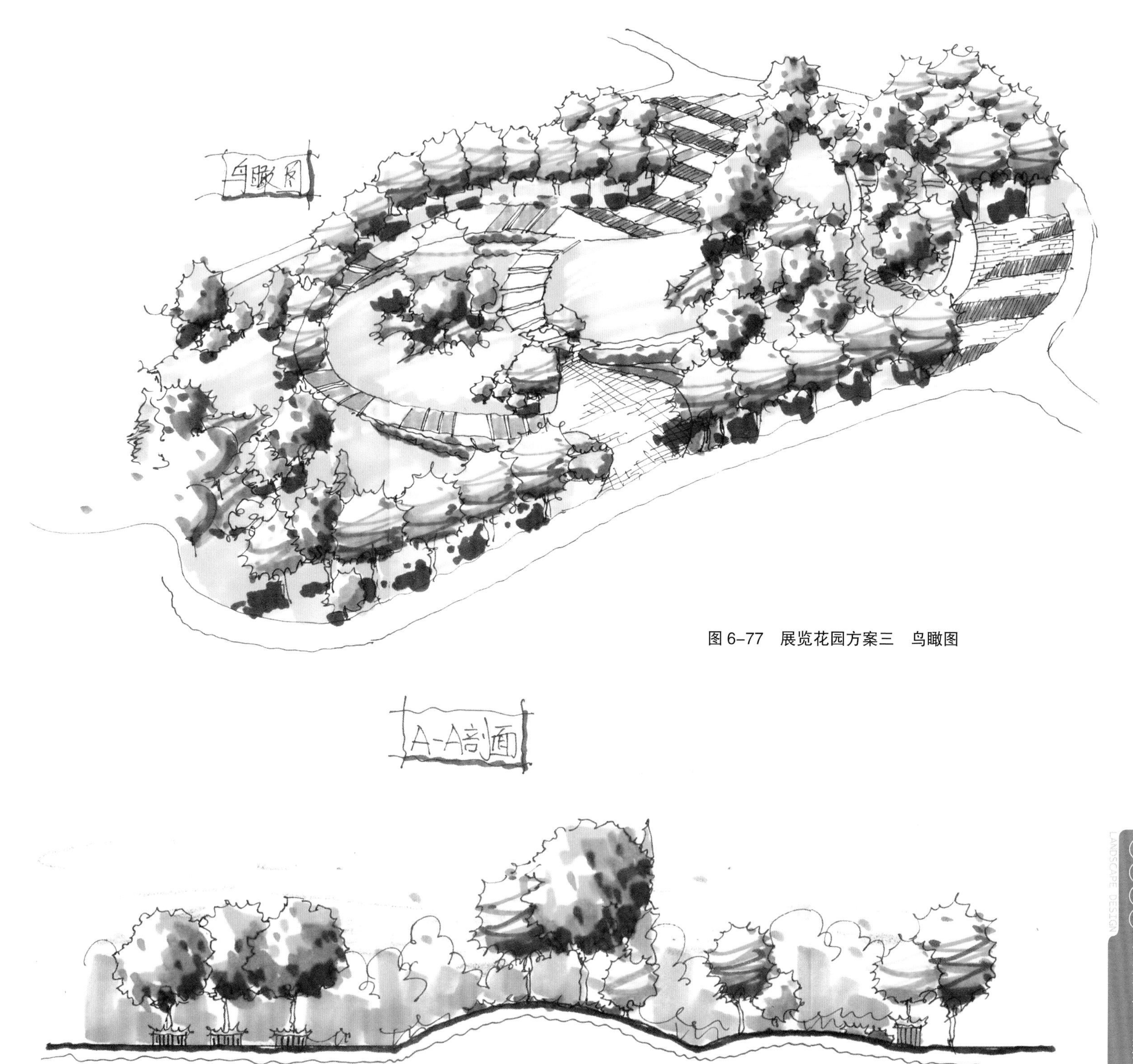

图 6-77　展览花园方案三　鸟瞰图

图 6-78　展览花园方案三　剖面图

作者：周叶子　阳烨（原图纸尺寸 420mm × 297mm）

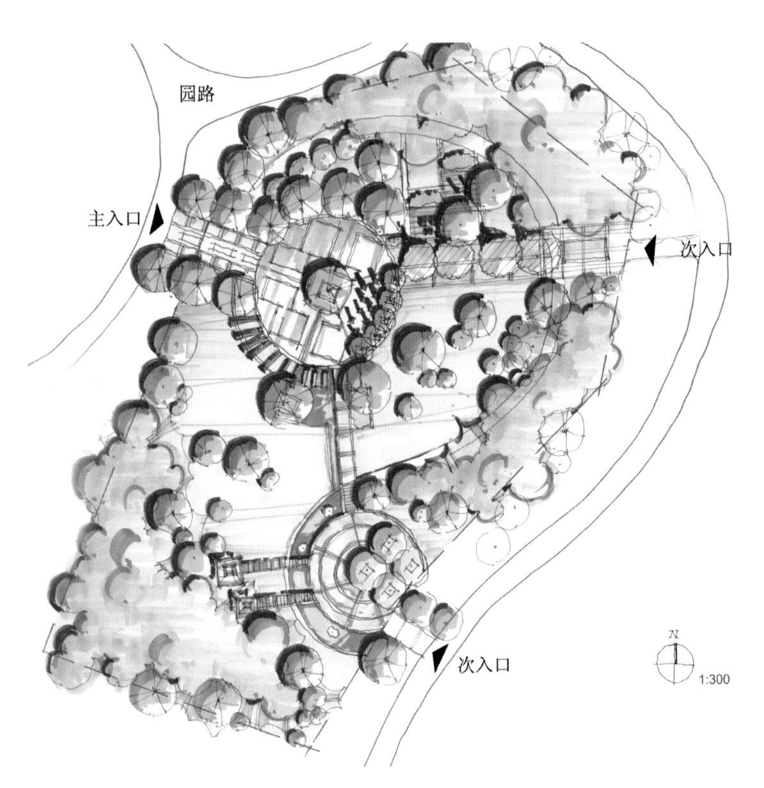

图 6-79　展览花园方案四　平面图

图 6-80　展览花园方案四　效果图一

图 6-81　展览花园方案四　效果图二

图 6-82　展览花园方案四　效果图三

作者：周叶子　阳烨（原图纸尺寸 420mm × 297mm）

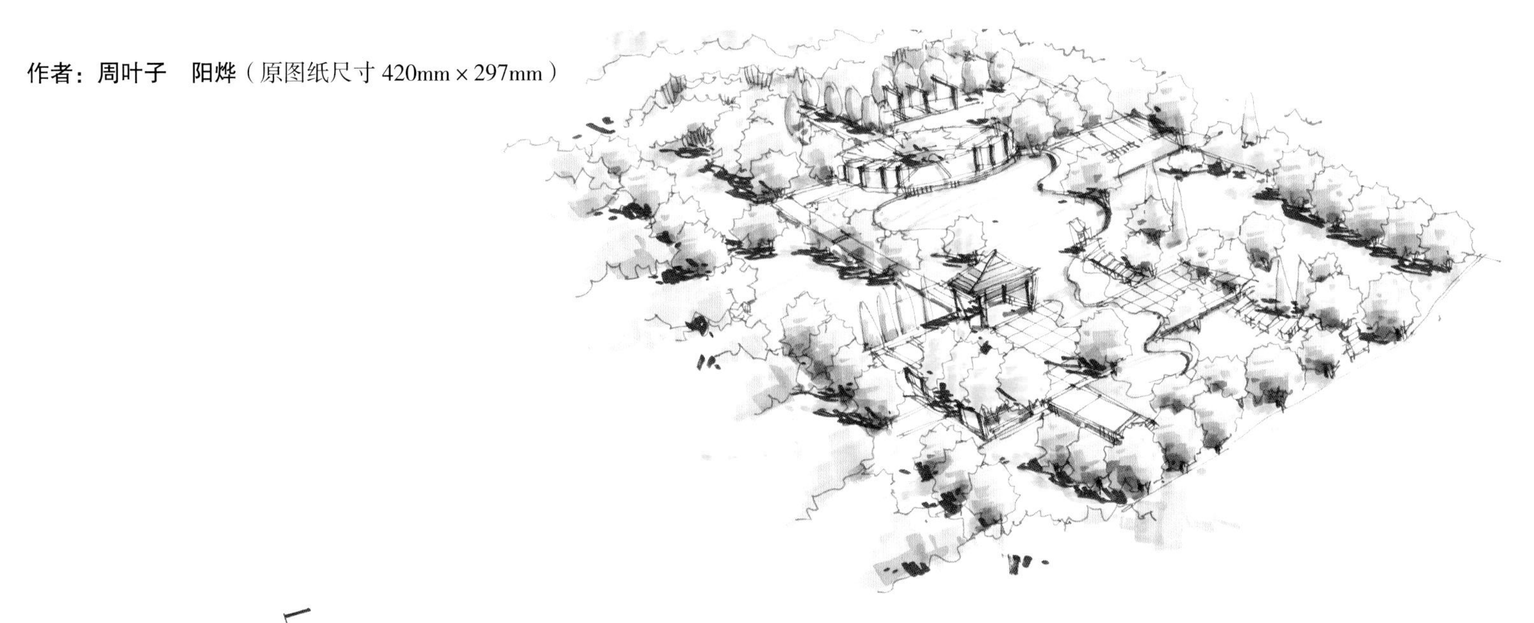

图 6–84　展览花园方案五　鸟瞰图

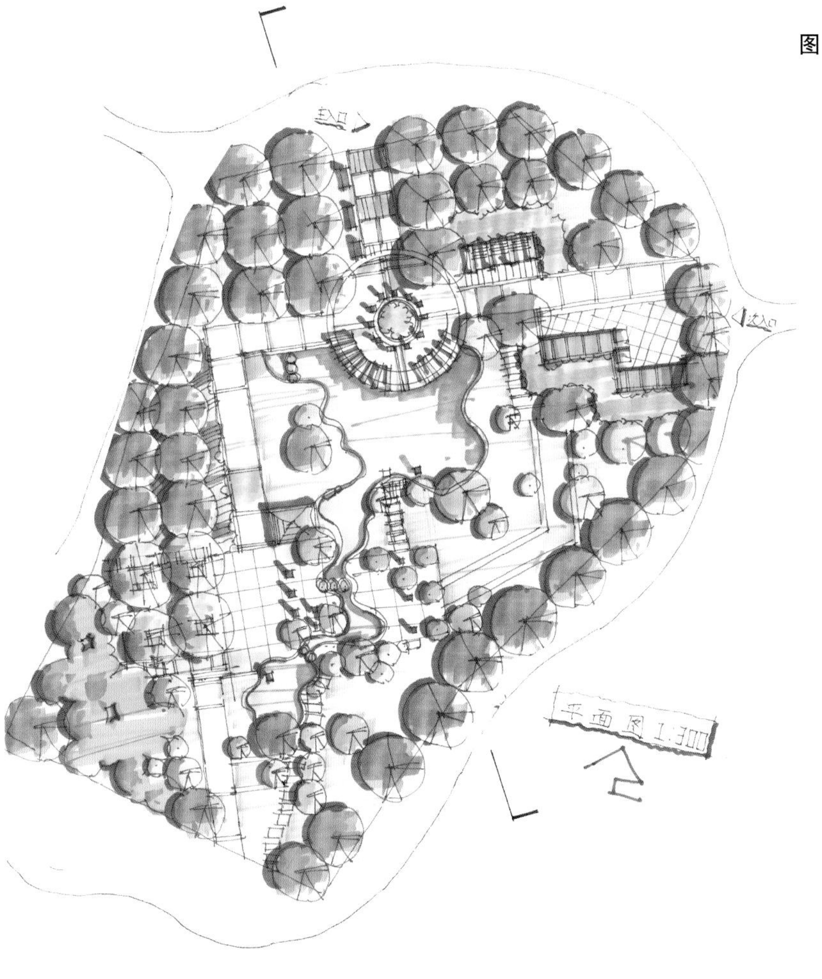

图 6–83　展览花园方案五　平面图

作者：牛苗苗（原图纸尺寸 420mm × 297mm）

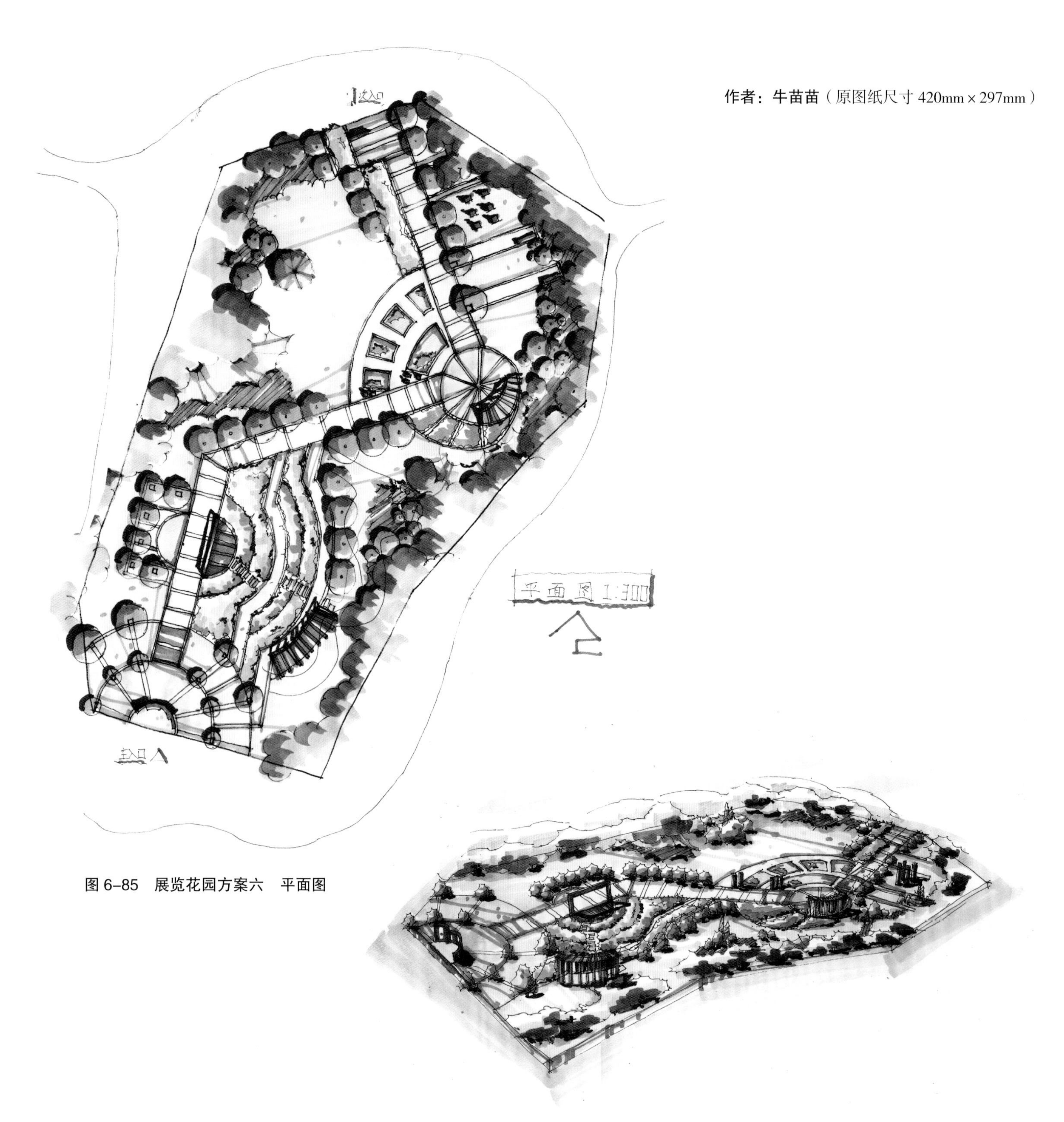

图 6–85　展览花园方案六　平面图

图 6–86　展览花园方案六　鸟瞰图

作者：许晓明（原图纸尺寸 420mm × 297mm）

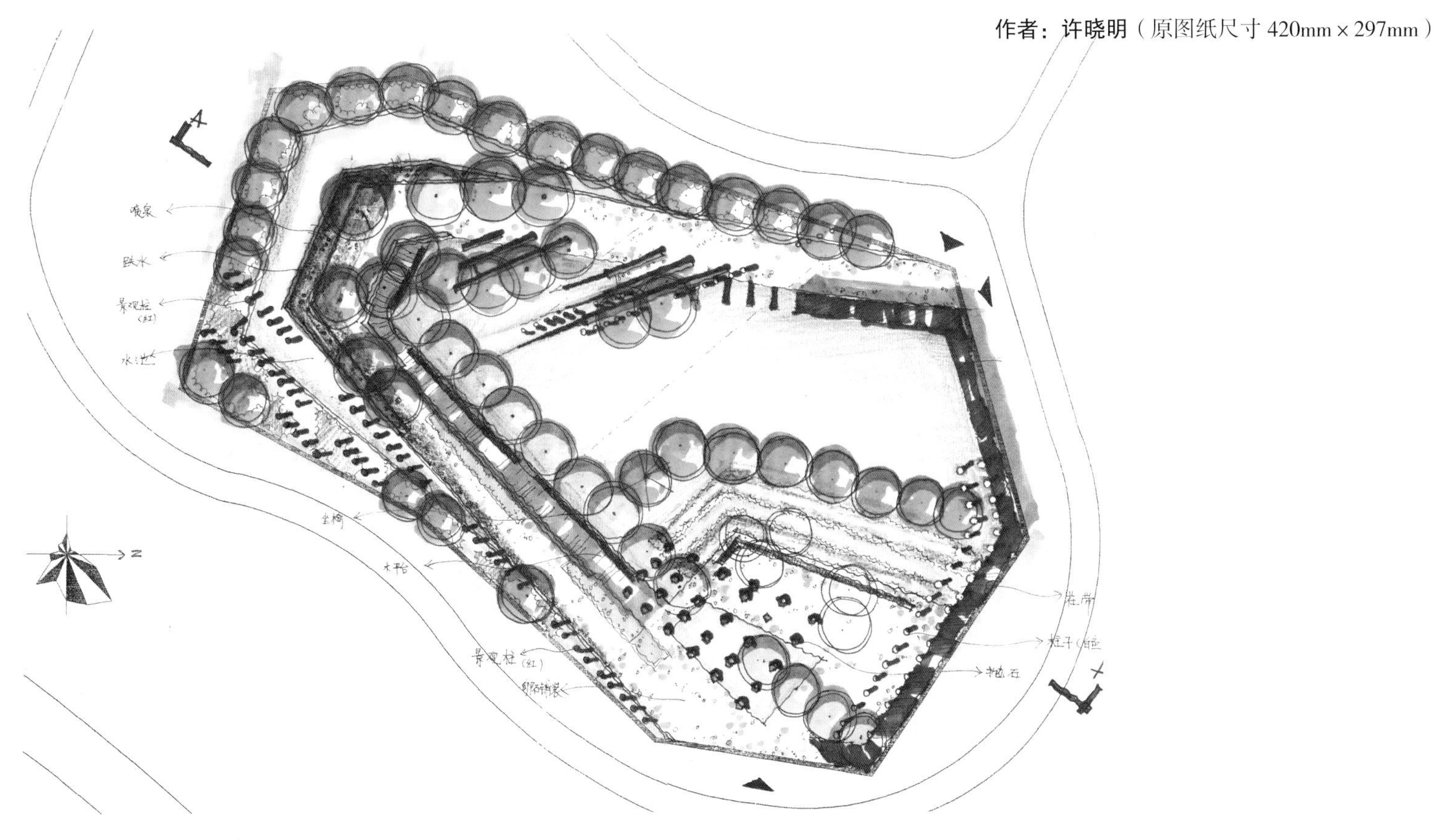

图 6–87　展览花园方案七　平面图

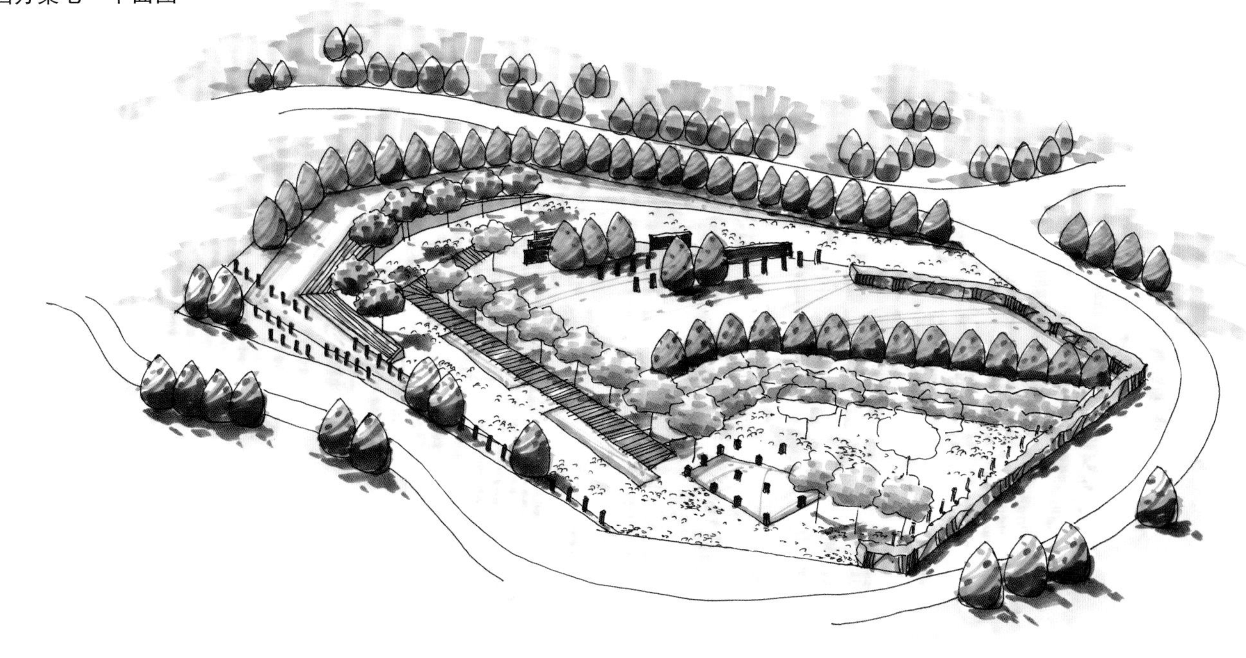

图 6–88　展览花园方案七　鸟瞰图

作者：骆杰（原图纸尺寸 420mm × 297mm）

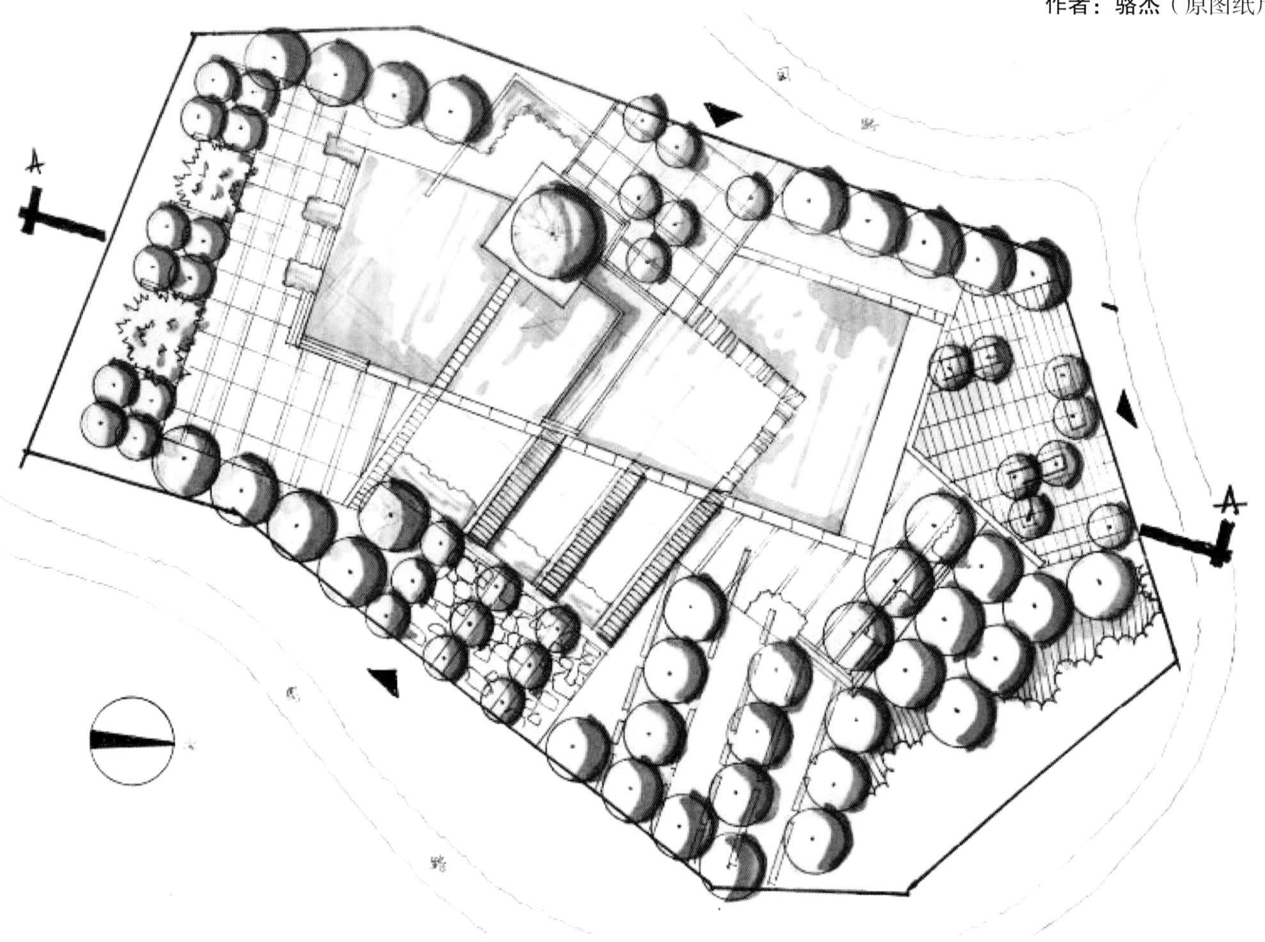

图 6–89　展览花园方案八　平面图

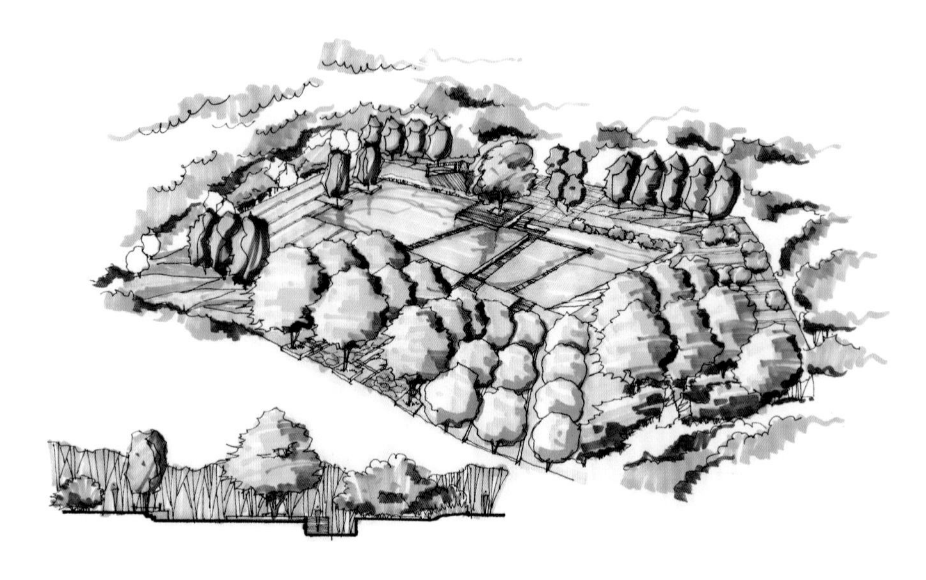

图 6–90　展览花园方案八　鸟瞰图及剖面

6.2.2 附属绿地

（1）建筑庭院:（题目详见第五章——5.5.1）

作者：骆杰（原图纸尺寸 420mm × 297mm）

图 6-91　建筑庭院方案一　效果图一

图 6-92　建筑庭院方案一　效果图二

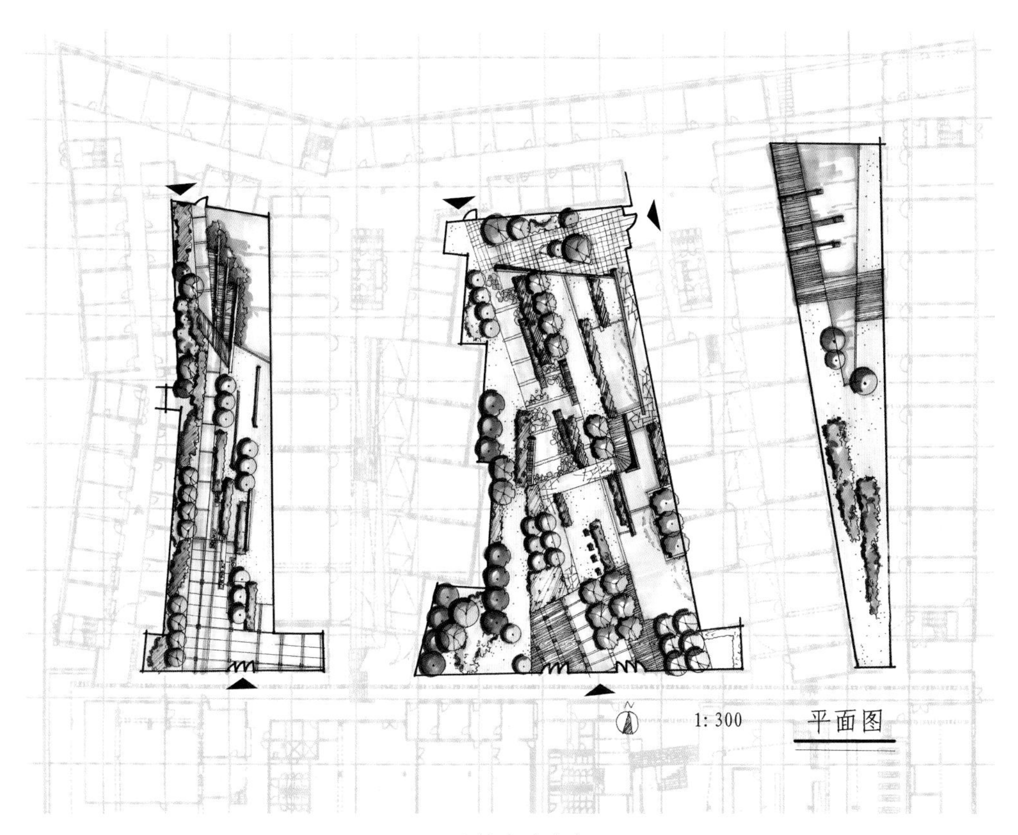

图 6-93　建筑庭院方案一　平面图

作者：汪在先（原图纸尺寸 420mm × 297mm）

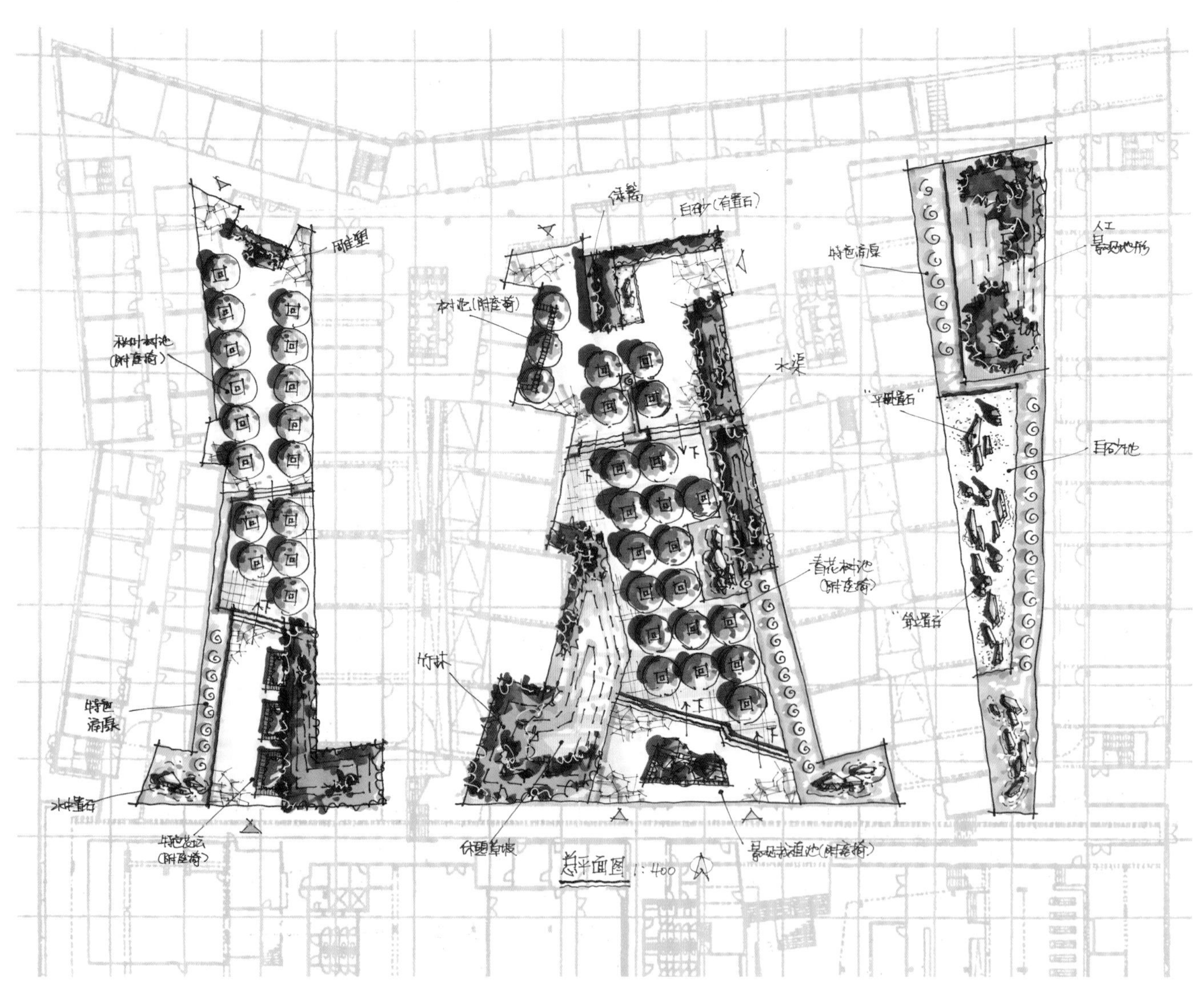

图 6–94　建筑庭院方案二　平面图

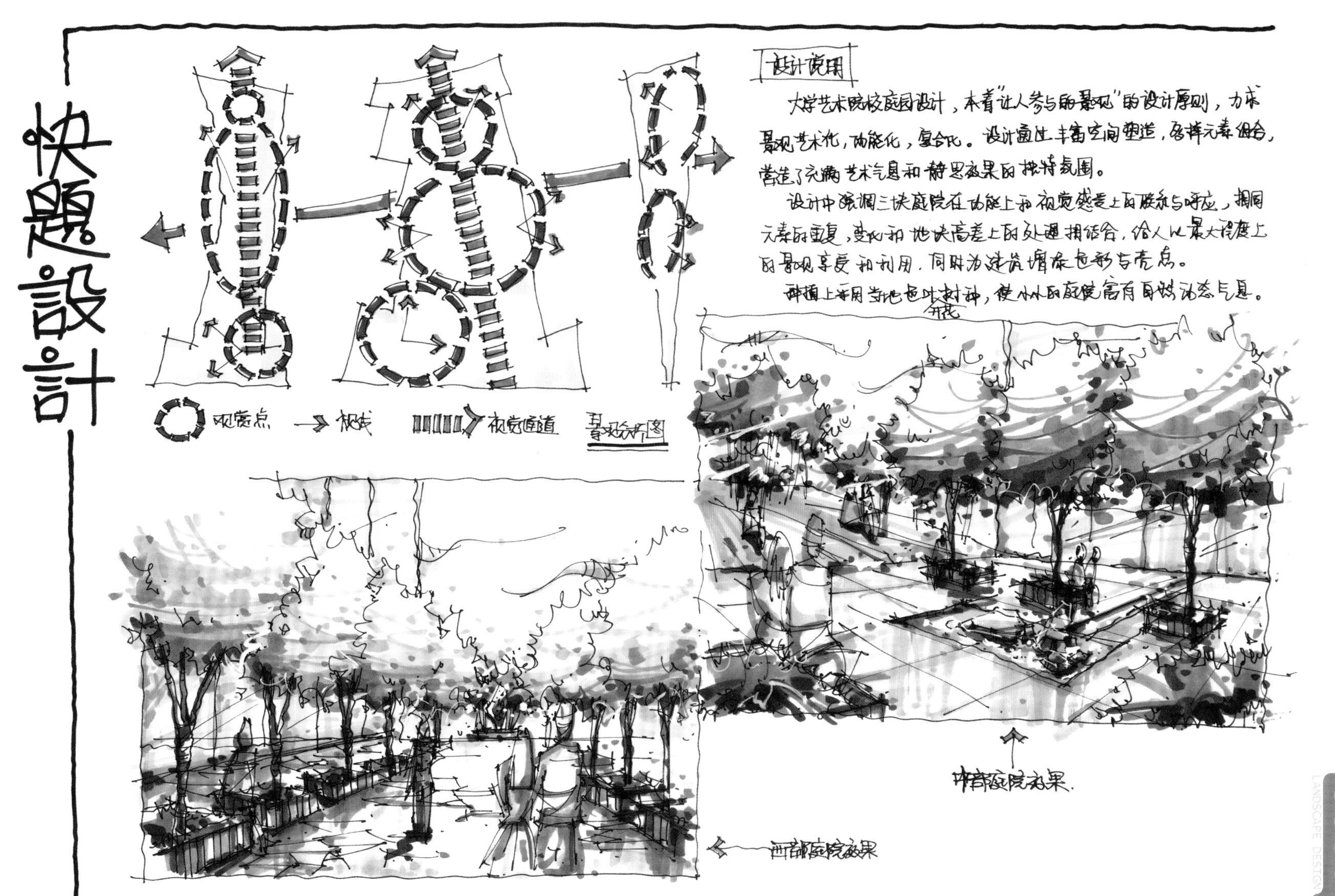

图 6-95　建筑庭院方案二　效果图、景观分析及文字说明

作者：刘卓君（原图纸尺寸 420mm × 297mm）

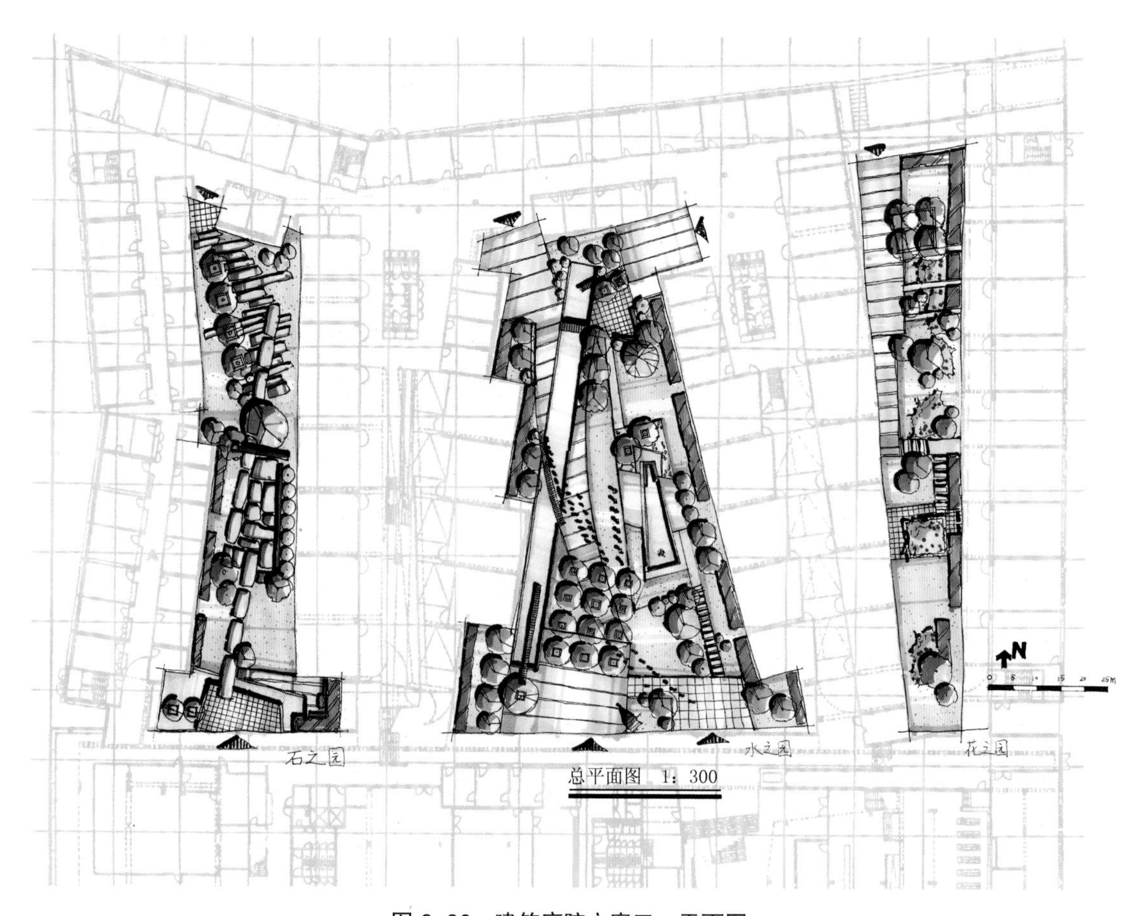

图 6–96 建筑庭院方案三 平面图

图 6–97 建筑庭院方案三 效果图

图 6–98 建筑庭院方案三 效果图二

作者：樊可（原图纸尺寸 420mm × 297mm）

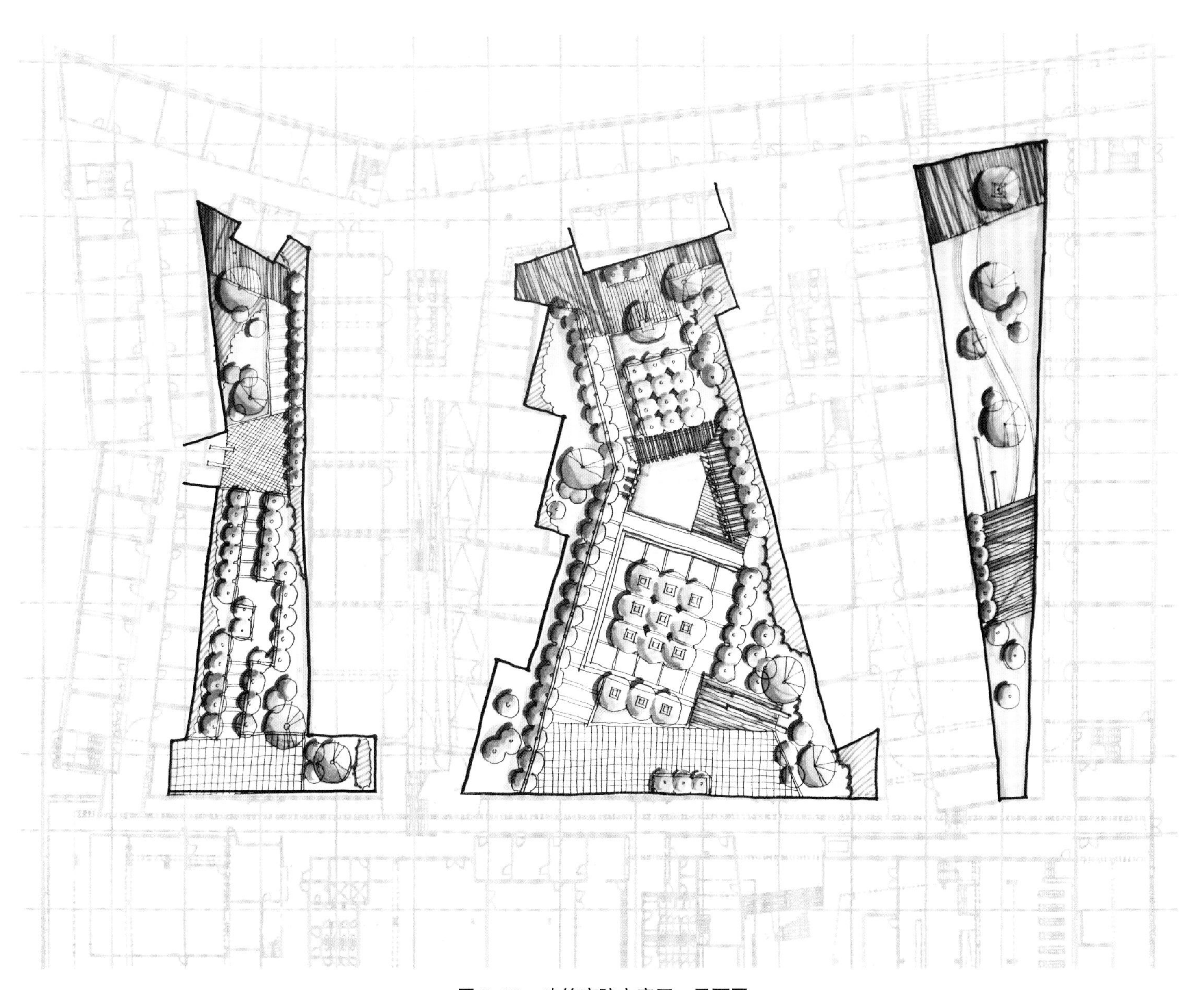

图 6–99　建筑庭院方案四　平面图

作者：牛苗苗（原图纸尺寸 420mm×297mm）

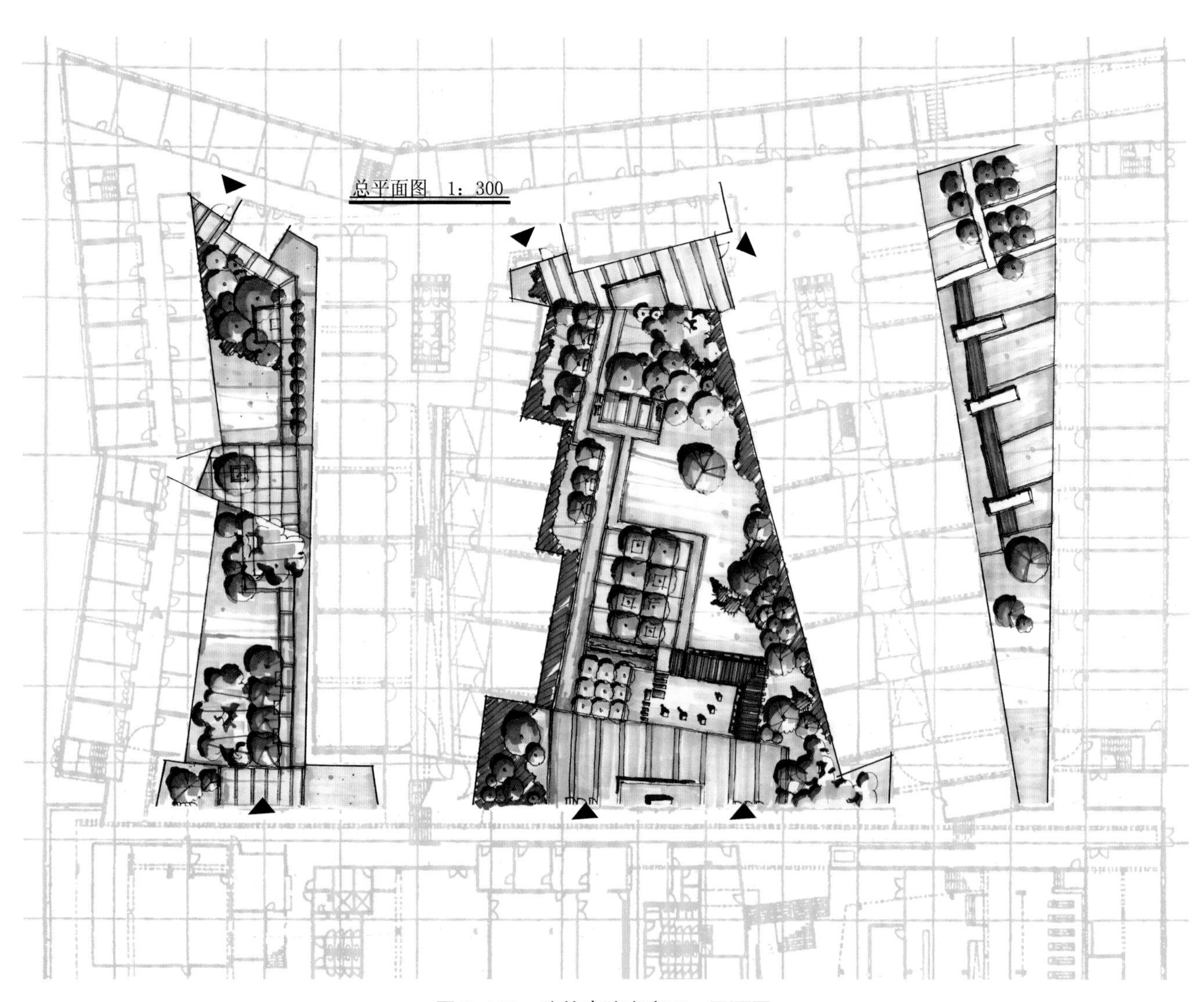

图 6-100 建筑庭院方案五 平面图

（2）校园环境设计（题目详见第五章——5.6.1）

作者：范崇宁（原图纸尺寸 420mm × 297mm）

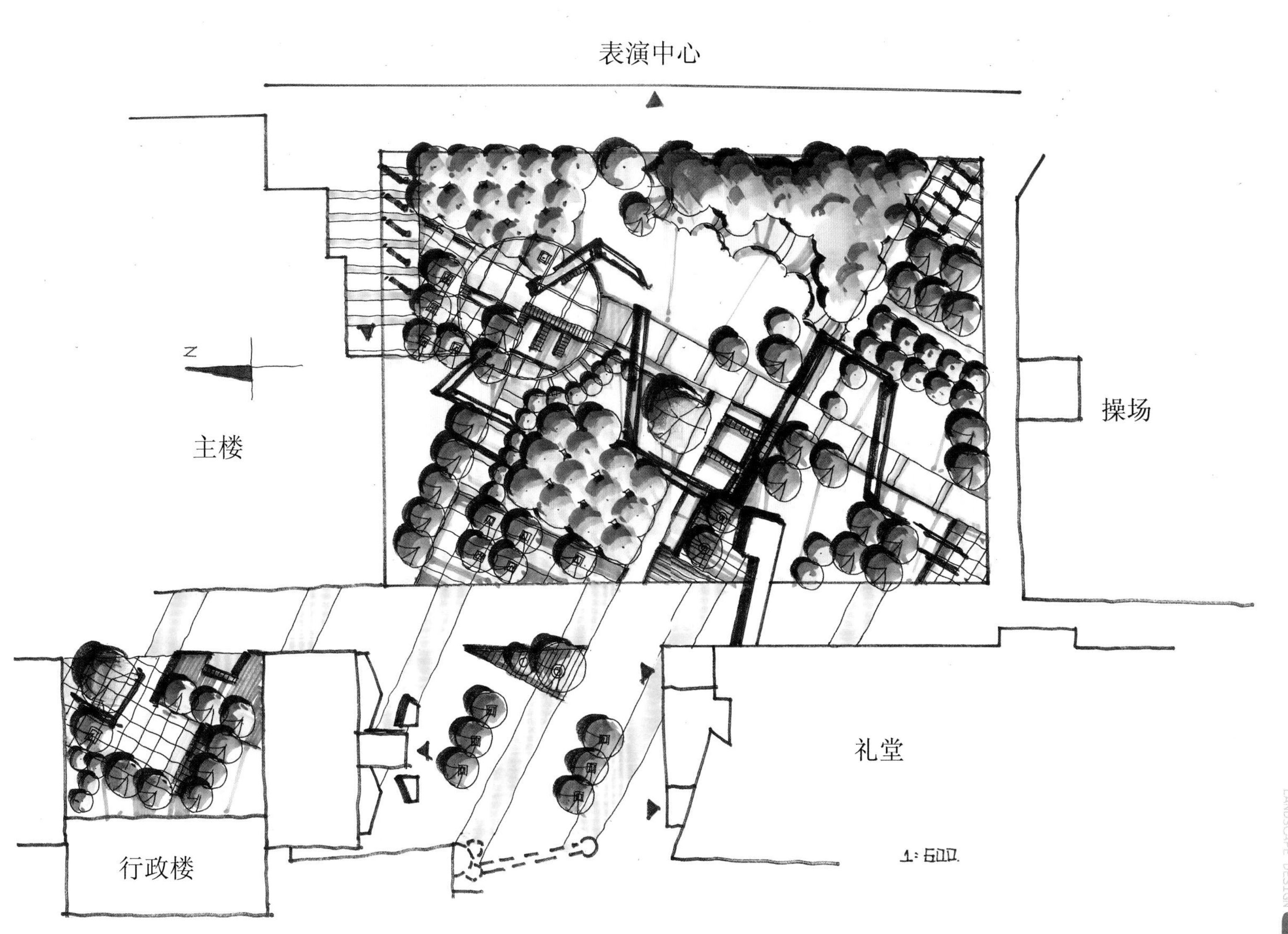

图 6–101　校园环境设计方案一　平面图

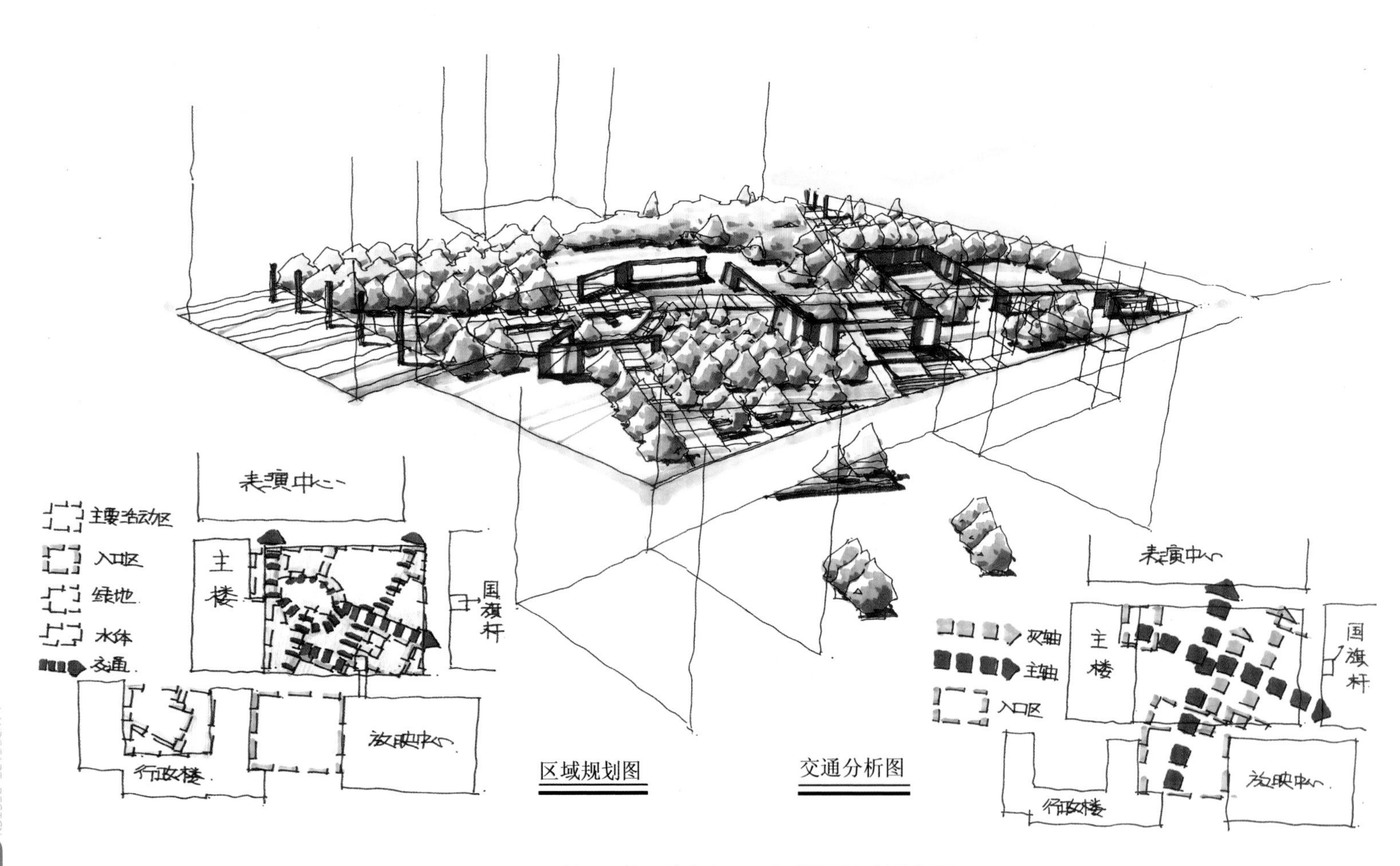

图 6-102　校园环境设计方案一　鸟瞰图及规划分析图

作者：周叶子　阳烨（原图纸尺寸 420mm × 297mm）

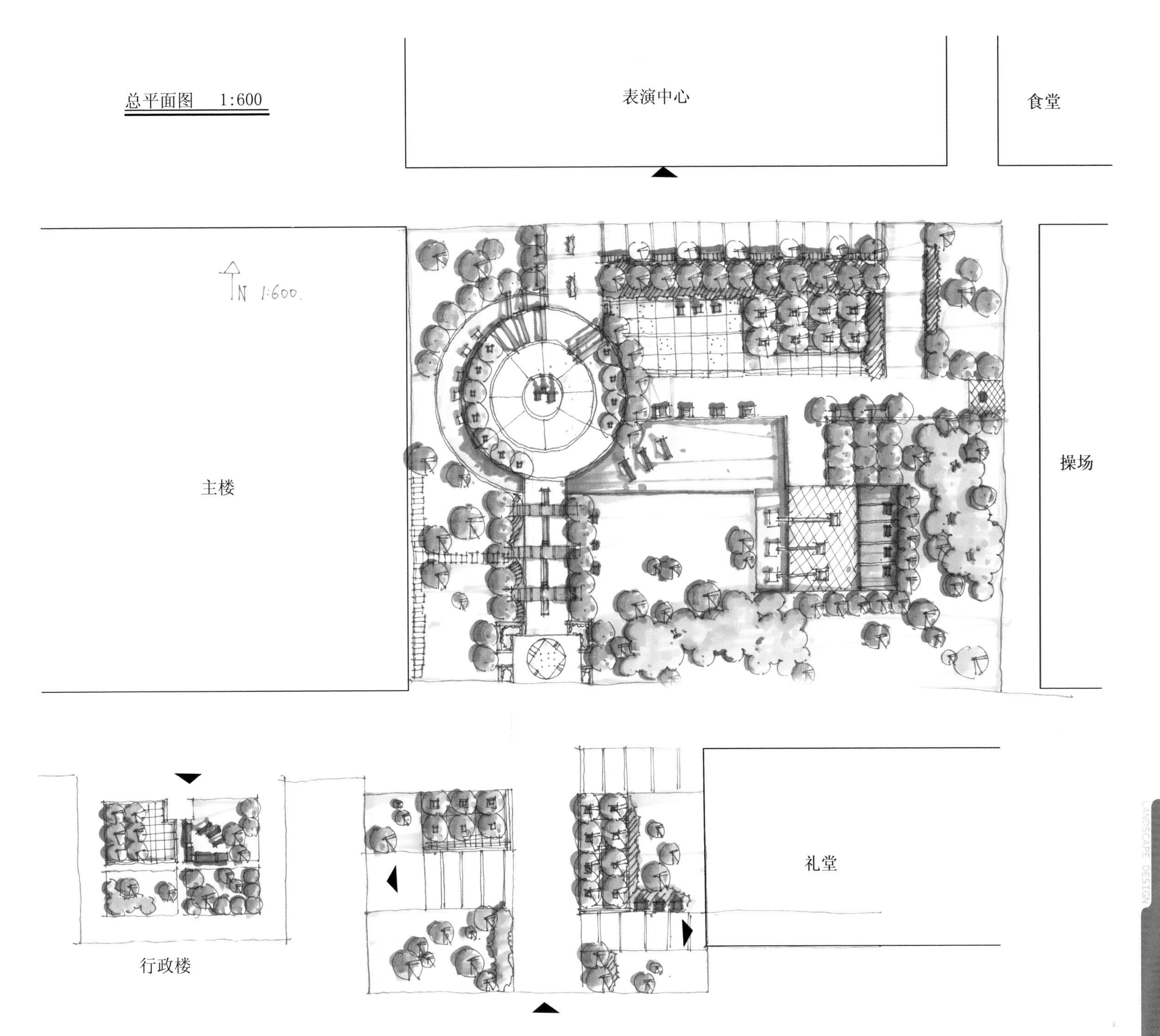

图 6-103　校园环境设计方案二　平面图

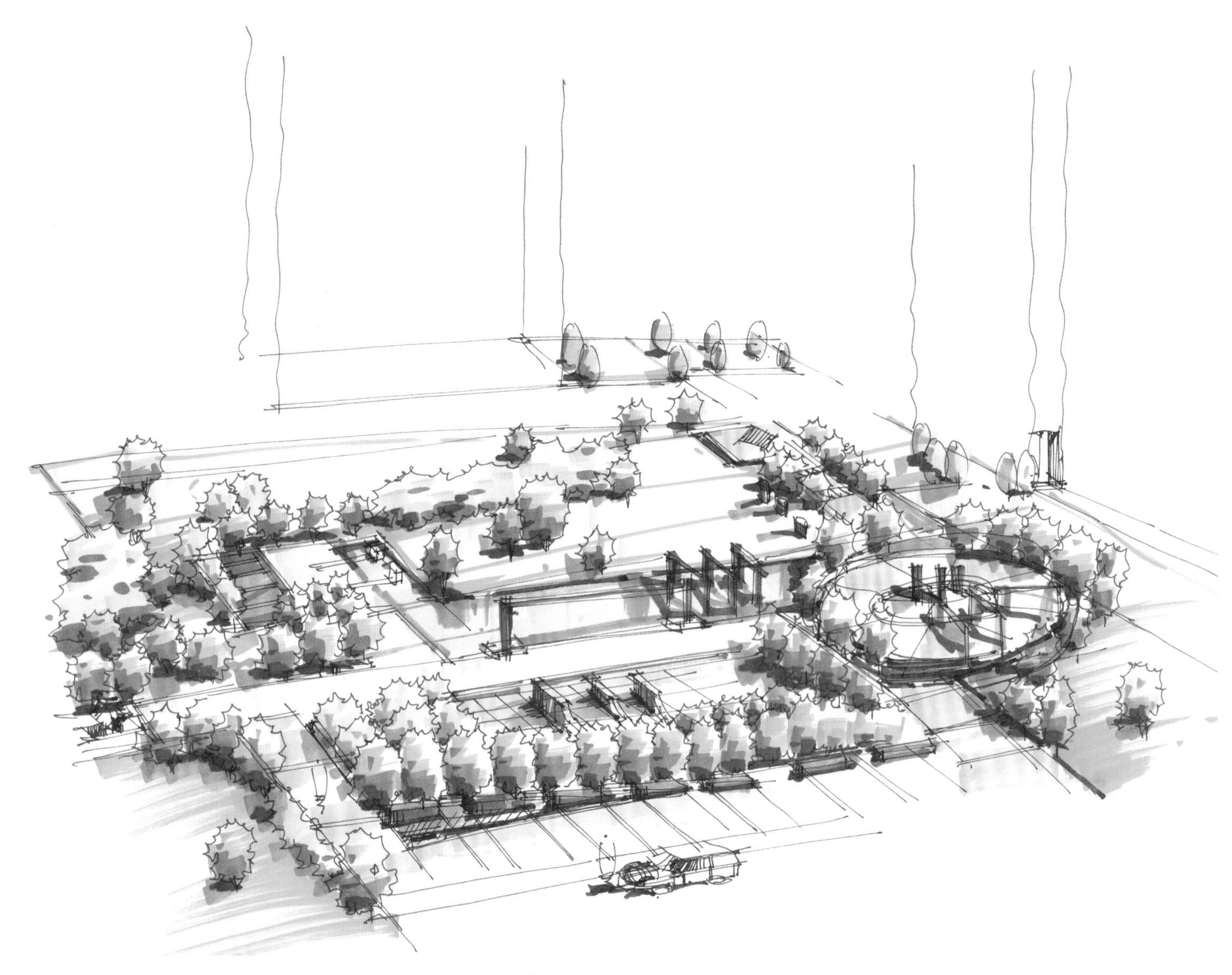

图 6-104　校园环境设计方案二　鸟瞰图

作者：汪在先（原图纸尺寸 420mm × 297mm）

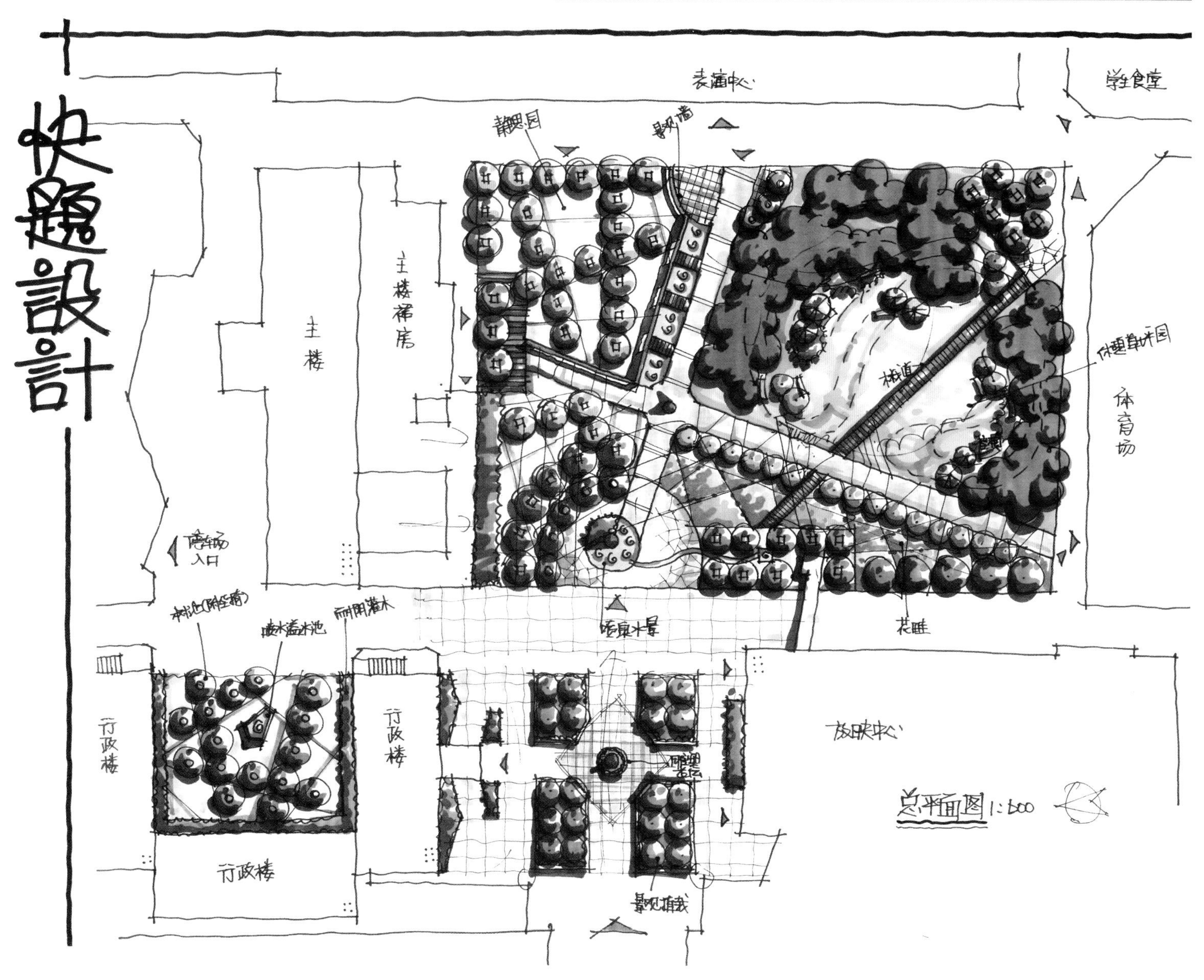

图 6-105 校园环境设计方案三 平面图

作者：汪在先

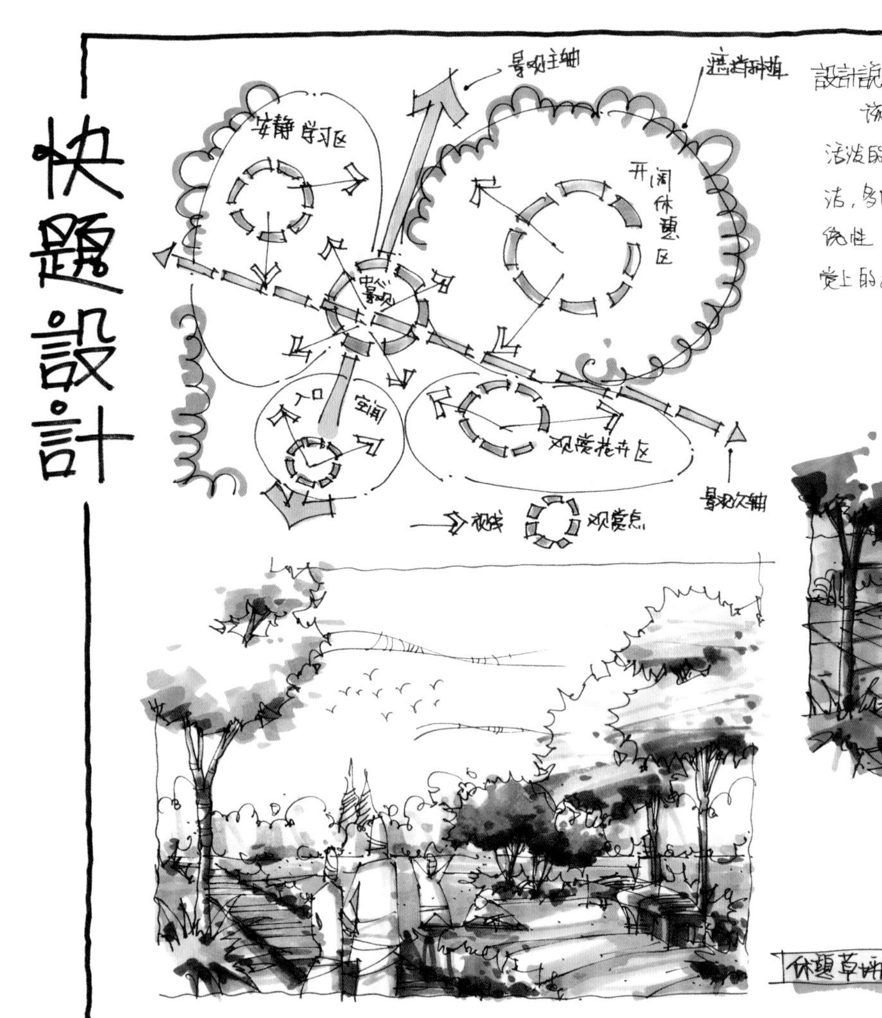

設計說明：

该电影艺术院校景观设计力求通过景观重新定位校园艺术，清新，学术，活泼的基调，并通过人的参与性体现其功能的完善。设计总体布局大气简洁，多向的道路不仅满足了交通需求，也反映了铺设的多向性和系统性，这些线性元素延伸到设计中的每一个角落，展现出其视觉上的张力和活泼，为师生提供了一个丰富，美丽的交流活动场所。

中心景观效果

图 6-106　校园环境设计方案三　效果图、分析图及设计说明

作者：石俊魁（原图纸尺寸 420mm × 297mm）

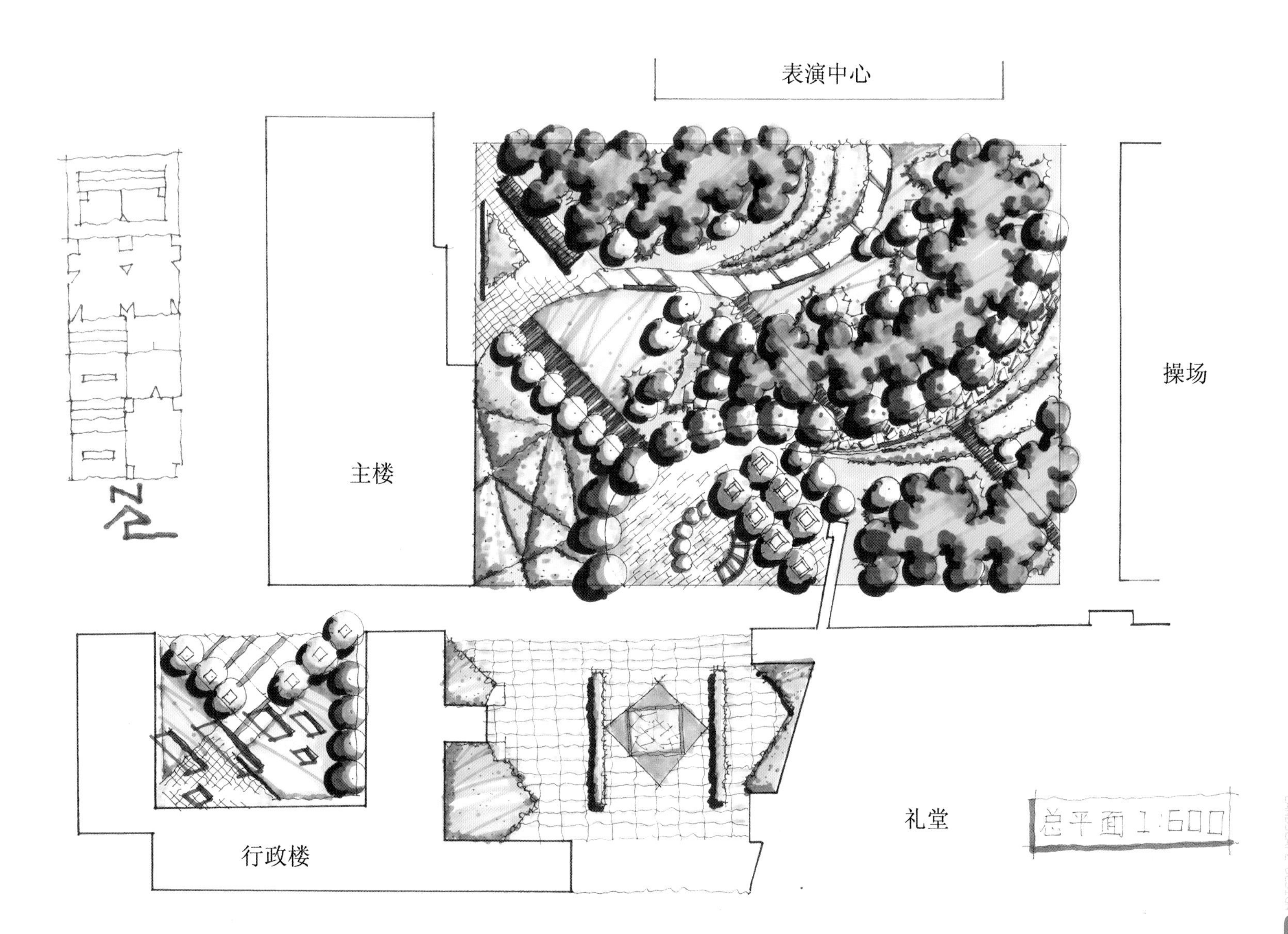

图 6–107　校园环境设计方案四　平面图

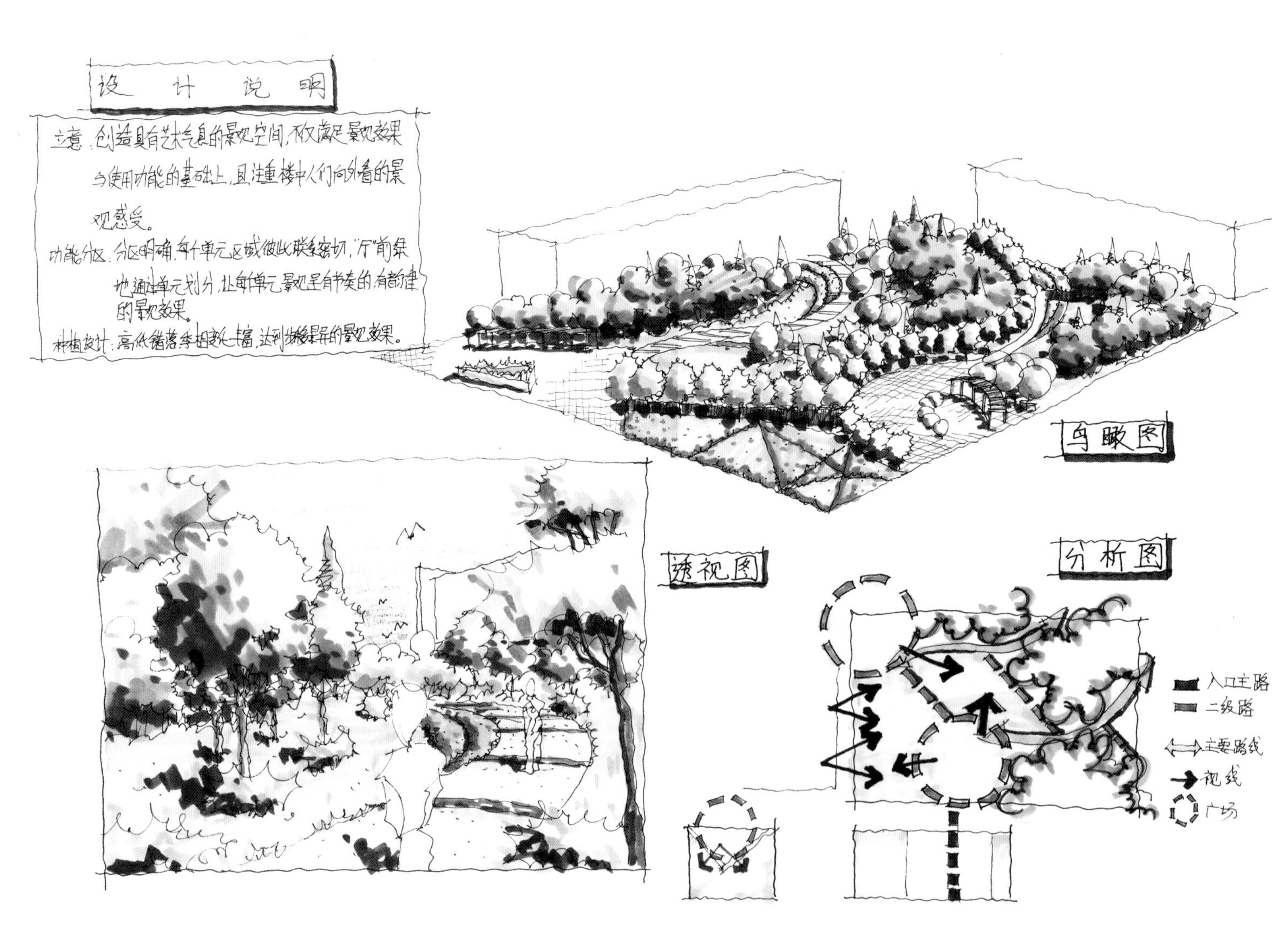

图 6–108　校园环境设计方案四　效果图、分析图及设计说明

作者：李子玉（原图纸尺寸 420mm × 297mm）

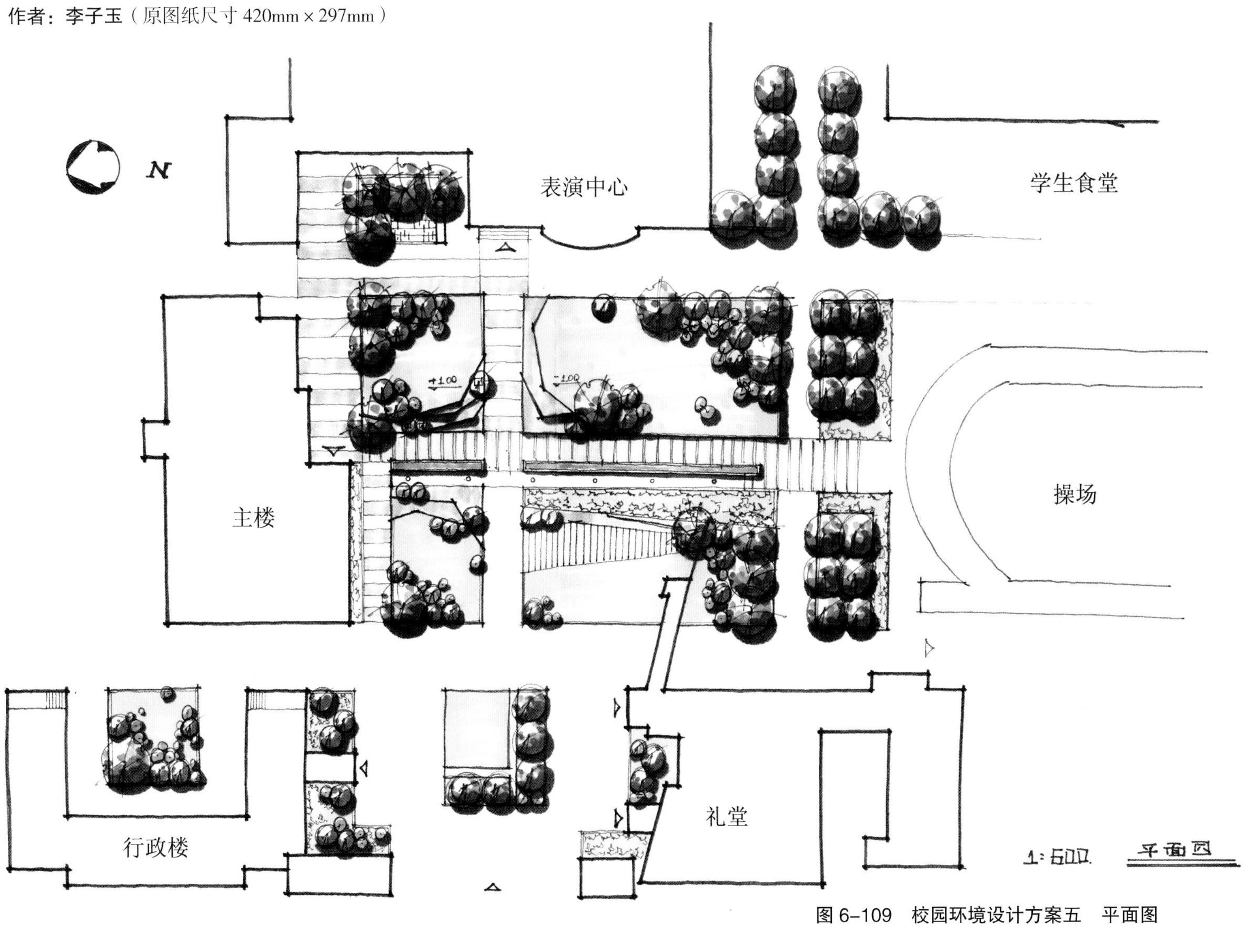

图 6–109　校园环境设计方案五　平面图

图 6–110　校园环境设计方案五　效果图

作者：满新（原图纸尺寸 420mm × 297mm）

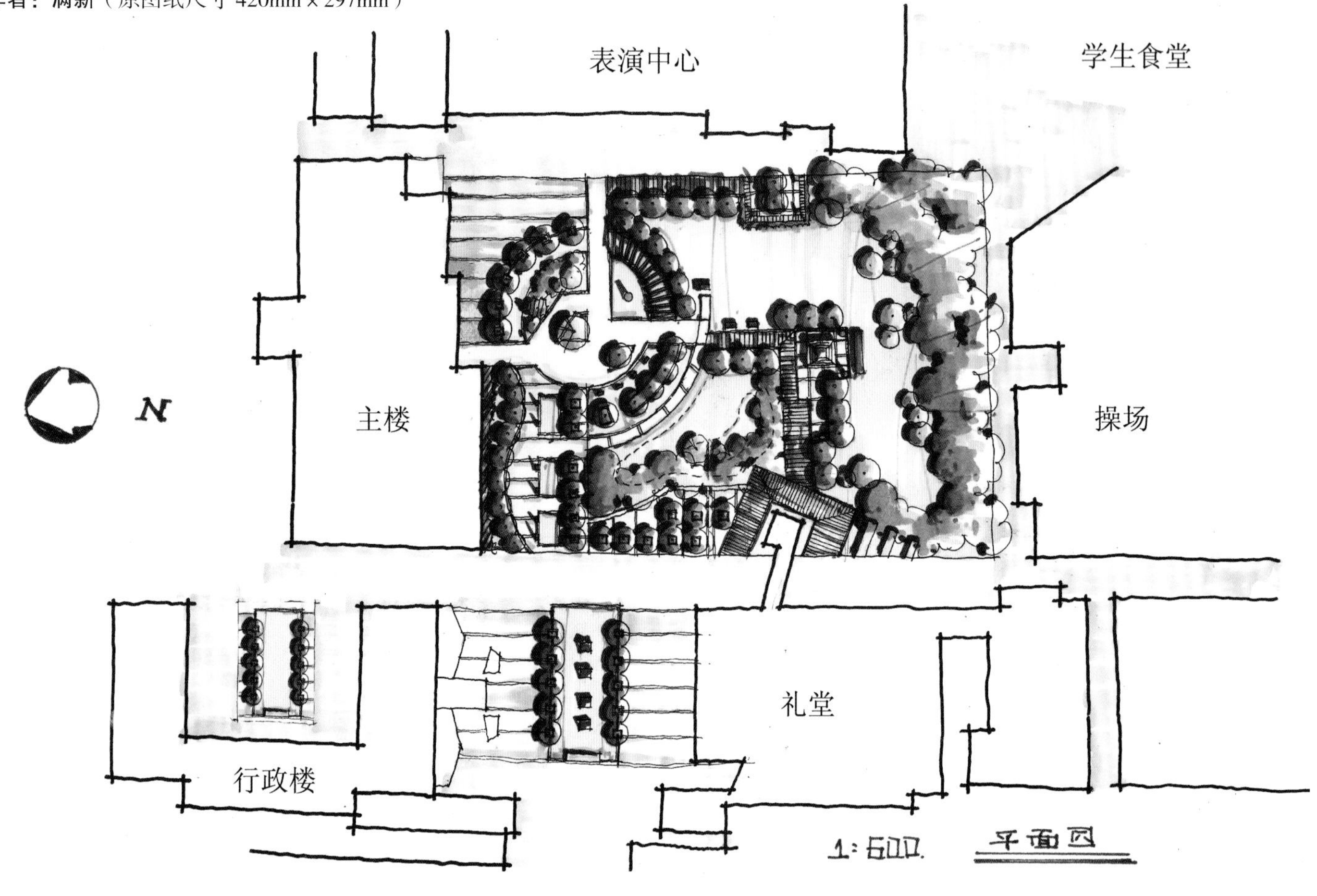

图 6-111　校园环境设计方案六　平面图

图 6-112　校园环境设计方案六　效果图

图 6-113　校园环境设计方案六　效果图二

（3）CBD 中心绿地：（题目详见第五章——5.8.1）

作者：周叶子 阳烨（原图纸尺寸 420mm × 297mm）

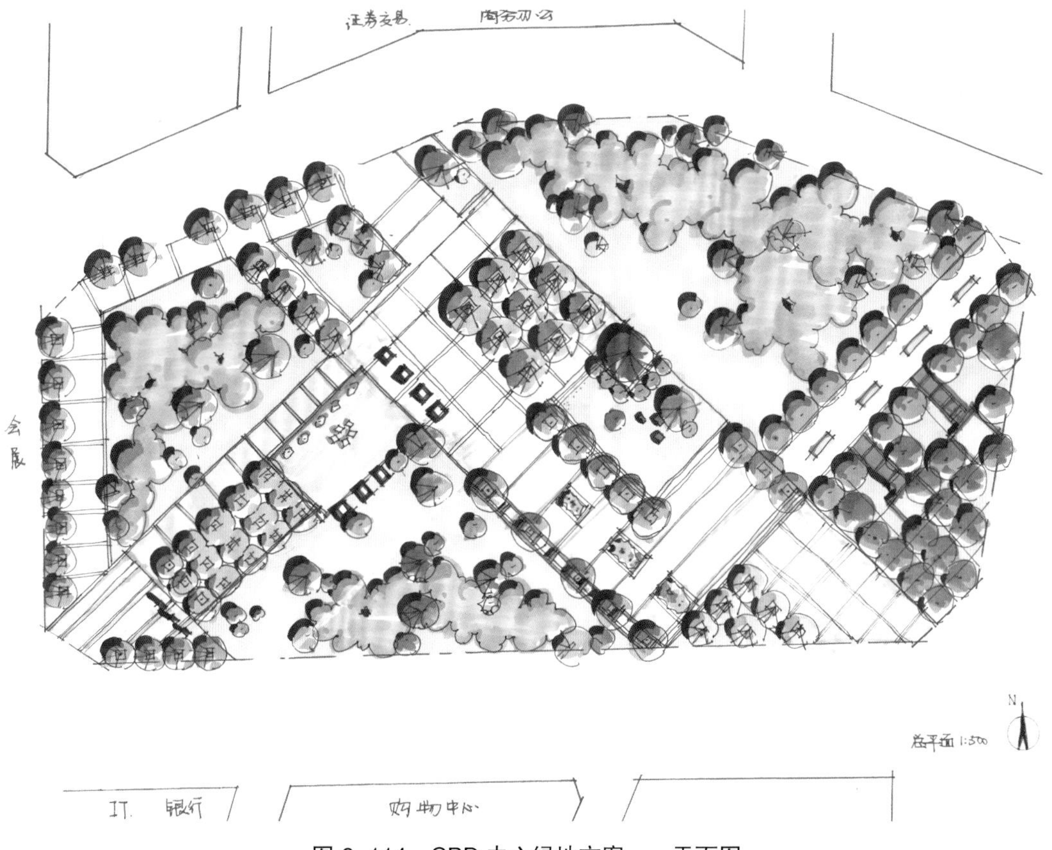

图 6-114　CBD 中心绿地方案一　平面图

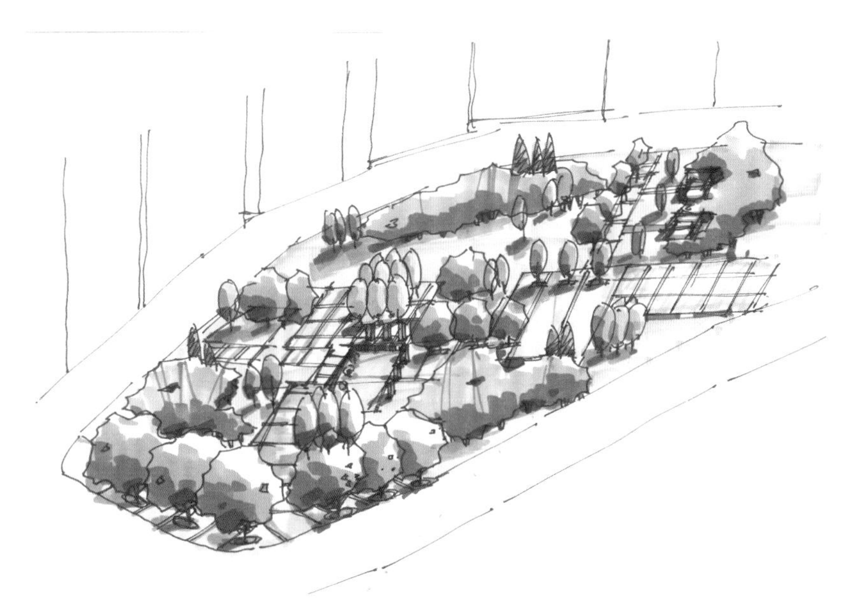

图 6-115　CBD 中心绿地方案一　鸟瞰图

作者：赵爽（原图纸尺寸 420mm × 297mm）

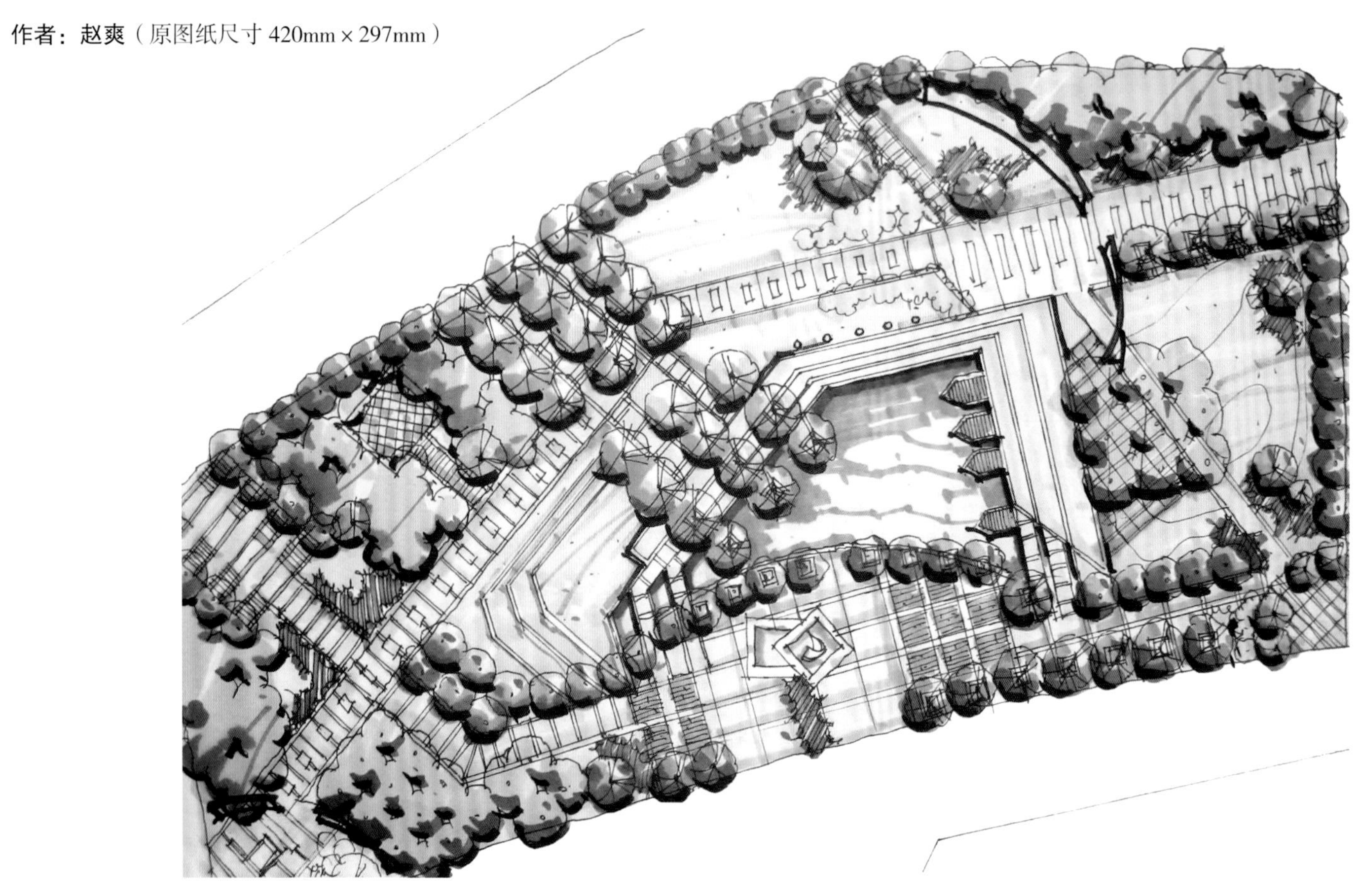

图 6-116　CBD 中心绿地方案二　平面图

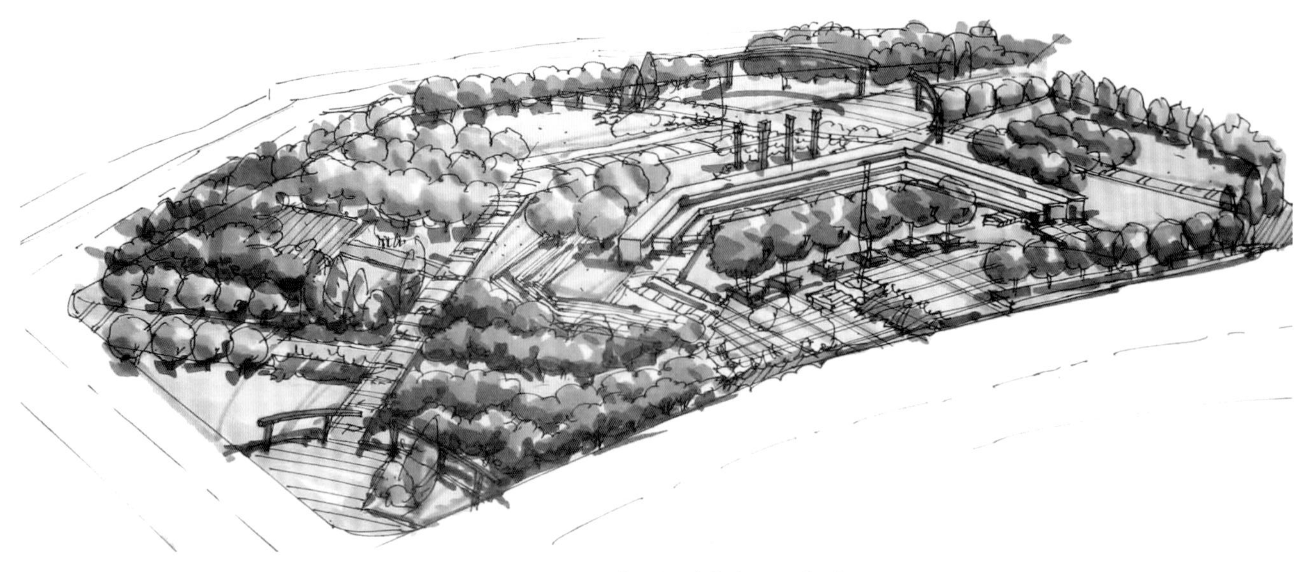

图 6-117　CBD 中心绿地方案二　鸟瞰图

作者：许晓明（原图纸尺寸 420mm × 297mm）

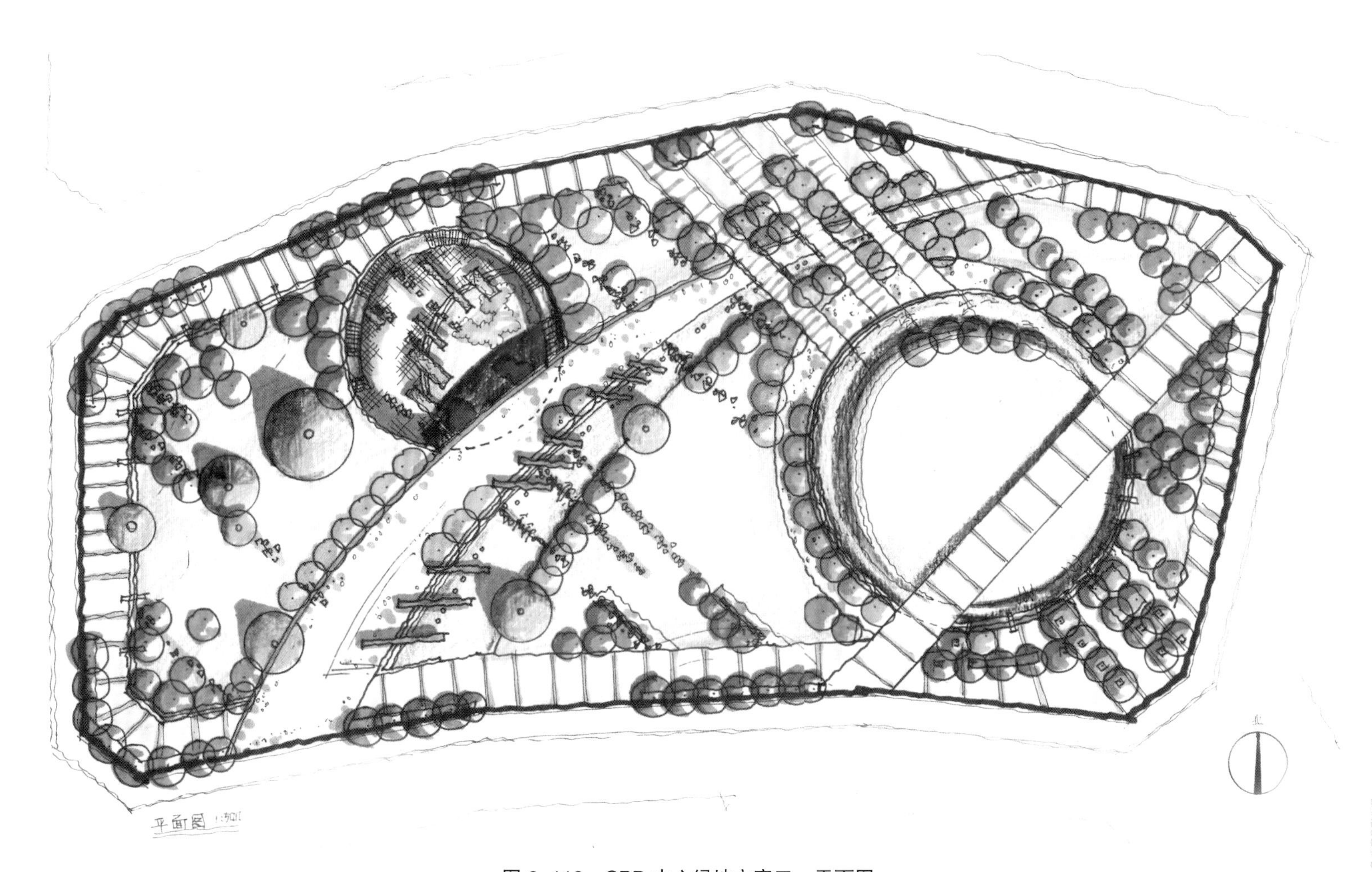

图 6–118　CBD 中心绿地方案三　平面图

（4）滨水绿地：

作者：周叶子　阳烨（原图纸尺寸 420mm × 297mm）

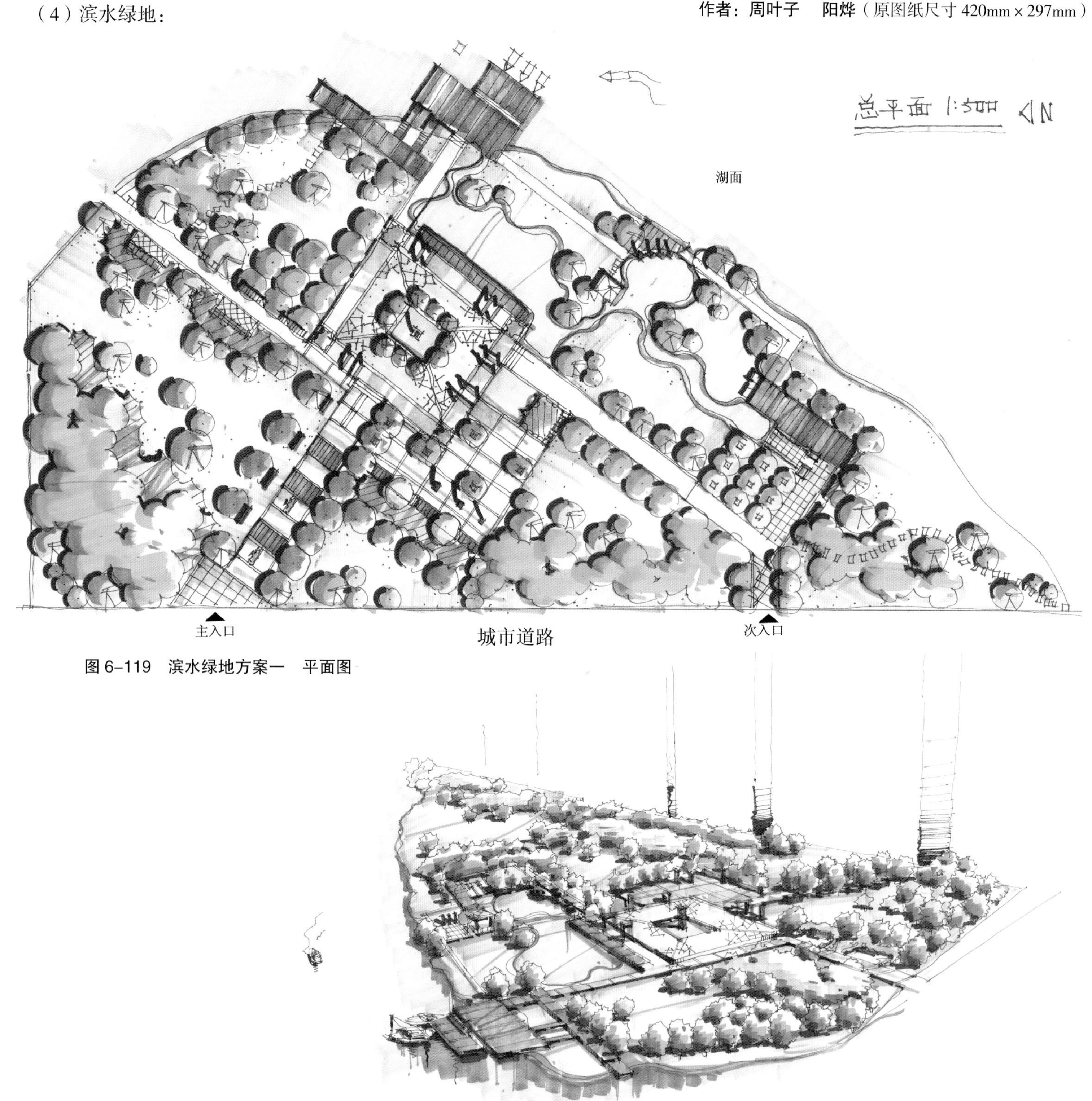

图 6-119　滨水绿地方案一　平面图

图 6-120　滨水绿地方案一　鸟瞰图

图纸目录

第二章

第三章

第四章

第五章

第六章

图纸参考文献：

一、《园林景观设计——从概念到形式》，[美] 格兰特 · W · 里德著，中国建筑工业出版社，2004
二、《建筑：形式、空间和秩序（第三版）》，程大锦著，天津大学出版社，2008
三、《西方现代景观设计的理论与实践》，王向荣 林箐著，中国建筑工业出版社，2002
四、《西方现代园林设计》，王晓俊著，东南大学出版社，2001
五、《现代景观设计理论与方法》，成玉宁著，东南大学出版社 ,2010
六、《中国古典园林史（第二版）》，周维权著，清华大学出版社，1999
七、《构成艺术 平面构成》，倪凤祥著，河南大学出版社，2004
八、《形态构成解析》，田学哲 俞靖芝 郭逊 卢向东著，中国建筑工业出版社，2005
九、《澳大利亚 AILA 获奖景观作品选（1996-2002）》，聂建鑫 陈向清译，中国建筑工业出版社，2004
十、《平面构成教程》，汪芳著，浙江人民美术出版社 ,2005
十一、《园林专业综合实习指导书——规划设计篇》，魏民著，中国建筑工业出版社，2007
十二、《园林设计》，唐学山 李雄 曹礼昆著，中国林业出版社，1997
十三、《景观设计学——场地规划与设计手册》，约翰 · 西蒙斯著，中国建筑工业出版社，2000
十四、《园林设计要素》，[美] 诺曼 K · 布思著，中国林业出版社，1989
十五、《景观建筑手绘效果图表现技法》，赵航著，中国青年出版社，2006
十六《EDSA(亚洲) 景观手绘图典藏》，上林国际文化有限公司，中国科学技术出版社，2005
十七、《北京香格里拉饭店庭院环境设计》，edsa 景观设计公司
十八、《土人景观手绘作品集，北京大学景观设计学研究院 编著，湖南美术出版社
十九、《马克笔的景观世界》，陈伟著 东南大学出版社
二十、《北京优秀园林设计集锦》，北京市园林局 编，中国建筑工业出版社

参考文献

1. [德] 罗易德（Loidl・H.）伯拉德（Bernard・S）. 开放空间设计 [M]. 北京：中国电力出版社，2007
2. 程大锦 . 建筑：形式、空间和秩序（第三版）[M]. 天津 : 天津大学出版社，2008
3. 杨赉丽 . 城市园林绿地规划（第二版）[M]. 中国林业出版社，2006
4. John. L. Motloch. 景观设计理论与技法 [M]. 大连 : 大连理工出版社
5. 彭一刚 . 中国古典园林分析 [M]. 北京：中国建筑工业出版社
6. [美] 保罗・拉索著 , 邱贤丰 , 刘宇光 , 郭建青译 . 图解思考 [M]. 北京：中国建筑工业出版社
7. [美] 格兰特・W・里德 . 风景园林景观设计——从概念到形式 [M]. 北京：中国建筑工业出版社，2004
8. 程大锦 . 建筑：形式、空间和秩序（第三版）[M]. 天津 : 天津大学出版社，2008
9. 王向荣 , 林箐 . 西方现代景观设计的理论与实践 [M]. 北京：中国建筑工业出版社，2002
10. 周维权 . 中国古典园林史（第二版)[M]. 北京：清华大学出版社，1999
12. 赵航 . 景观建筑手绘效果图表现技法 [M]. 北京：中国青年出版社，2006

致　谢

在平日的设计实践中，我深感快速设计的重要性；在指导学生快速设计时，我也越发感觉到快速设计方法的重要和资料的缺乏。因此，一直想写一本关于快设的书，现在终于如愿出版了。

首先 ，要感谢我的学生们，在编写过程中，他们的工作深入而具体，从资料查询到章节的编写、排版，常常互相穿插，每位同学都认真负责，相互密切配合、互帮互助，每一个章节都浸透着各位同学不倦的汗水，付出了辛勤的劳动。

许晓明在本书的编写过程中所作的大量工作。他工作兢兢业业，认真负责，在此特别感谢。

感谢各位为本书提供图纸的各位同学，他们是：于跃、汪在先、满新、蒋薇、刘圣雄、范崇宁、张婧雅、阎洪硕、樊可、罗彩云、王爽、满新、周叶子、牛苗苗、赵爽。

感谢林业出版社，他们对于本书的出版做了大量周到、细致的工作，没有他们的辛苦工作，本书很难这么快的与读者见面。感谢编辑李顺，本书从策划到最终出版都离不开他的积极努力与帮助。

最后我要特别感谢我的家人，感谢她们对我不倦的支持和鼓励。